堆浸法提铀的化学分析与环境监测

李远功　编著

中国原子能出版社

图书在版编目（CIP）数据

堆浸法提铀的化学分析与环境监测 / 李远功编著.
--北京：中国原子能出版社，2024.3
ISBN 978-7-5221-2684-5

Ⅰ. ①堆… Ⅱ. ①李… Ⅲ. ①堆浸–铀–金属提取–化学分析②堆浸–铀堆浸–金属提取–环境监测 Ⅳ. ①TL212.1

中国国家版本馆 CIP 数据核字（2024）第 039378 号

内 容 简 介

本书注重铀矿细菌堆浸提铀企业实际生产过程中的矿石分析、工艺参数监控、原材料与产品检验，以及辐射监测和环境监测的需要，选择适应性强、快速准确、操作方便的国家或行业标准方法，共分基础知识、化学分析方法、环境监测方法三部分十四章，可供各省市地方环保部门及从事铀矿冶联合企业化学分析、环境监测、工艺设计的专业技术人员阅读，也可供大专院校有关专业的师生作为课外参考书。

堆浸法提铀的化学分析与环境监测

出版发行	中国原子能出版社（北京市海淀区阜成路 43 号 100048）
责任编辑	胡晓彤 尚佳艺
责任校对	冯莲凤
责任印制	赵 明
印 刷	北京九州迅驰传媒文化有限公司
经 销	全国新华书店
开 本	787 mm×1092 mm 1/16
印 张	21.25
字 数	530 千字
版 次	2024 年 3 月第 1 版 2024 年 3 月第 1 次印刷
书 号	ISBN 978-7-5221-2684-5 **定 价** **88.00 元**

网址：http://www.aep.com.cn **E-mail：atomep123@126.com**

发行电话：010-68452845

前　言

我国的铀矿冶生产是从20世纪50年代建设和发展起来的，经过几十年来的艰苦奋斗，建成了一批铀矿冶生产企业，为我国的国防工业建设和核技术应用做出了巨大贡献。随着改革开放的深入发展，核技术在工业、农业、医疗卫生及国防建设等方面得到了更加广泛的应用，特别是核电事业的迅速发展，促使铀矿业也必将迈开大步，走上新的发展征程。紧跟新形势发展需要的队伍精干、技术先进、环保友好、探采冶并举的新型铀矿冶工业基地已在全国各地建立或即将建立起来。这些生产基地大都处在边远山区，条件艰苦、信息闭塞、技术力量薄弱，特别是极缺化学分析与环境监测复合型专业技术人员。目前积极培养化学分析和环境监测复合型专业技术人员是紧跟铀矿冶新形势发展的需要，也是提高企业整体经济效益的需要。

从我国的实际情况出发，经过几十年的改革和摸索，在铀矿冶相关的分析技术等方面有了很大进步。如原某矿的中心计量分析室，将原来测氡、测氡子体、测粉尘、测γ外照射、测表面沾污的各专业组建为综合监测组，人员减少三分之二。环境监测由过去的单一测铀、测总α、测总β，增加到测钍、镭、钋和^{40}K，同时还开展了有毒有害的非放元素分析。尽管如此，该矿到终产时还有60余人。如果按照现代企业发展模式，一个年产60～80 t金属铀的铀矿冶联合企业中心分析室有5个定编人员就足够了（其中室主任1人、技术员1人、分析工3人），矿石加工与分析、产品与原材料检验、环境监测和井下监测等都按上级部门规定一样也不能少，各项目分析一个也不能丢，除此之外，还要负责工业上的某些实验工作。这就要求具有高素质复合型的分析监测职工队伍，只有这样的职工队伍，才能更好地满足铀矿冶新形势发展的需要。所以，加快培养造就复合型分析监测职工队伍，才是铀矿冶化学分析与环境监测走上新征程的当务之急。为此，在分析和总结40年实际工作经验的基础上，特编著了《堆浸法提铀的化学分析与环境监测》一书，供有关人员学习和参考，以达到抛砖引玉的目的。

全书共分三部分十四章。

第一部分为基础知识，共分5章，主要介绍了铀矿堆浸提铀企业中从事化学分析和环境保护专业的人员必须了解和掌握的有关基础知识。第1章为采矿、细菌堆浸、离子交换和三废治理等工序的基本原理、生产流程、影响因素及有关生产和实验数据。第2章为铀矿堆浸提铀的辐射防护，第3章为铀矿堆浸的环境保护，这两章的基础知识包括原子核物理、放射化学、放射医学和放射剂量学等相关内容，并列出了大量的各类实测数据供参考。第4章为分析数据处理及质量管理图。第5章为常用标准溶液的配制与标定方法。

第二部分为铀矿堆浸提铀的化学分析方法，共分 6 章。第 6 章为矿石样品的加工，第 7 章为矿石样品的定性检验，第 8 章为矿石样品的定量分析。第 9 章为生产过程中的控制分析方法，其监控对象有淋浸剂的配制、浸取原液、吸附尾液、淋洗合格液、沉淀母液及外排废水等。第 10 章为生产过程中必需的原辅材料检验，炸药、硫酸、烧碱、纯碱、氨水、氯化钠、双氧水、氯酸钠、软锰矿、硝酸铵和树脂等主要化工原料都要在使用前，按国家规定的检验标准对其主要项目一一进行检验。第 11 章为产品分析，本章的产品分析是指目前我国大多数铀矿冶企业所生产的重铀酸盐中的铀及杂质元素的分析，分析项目有水、铀、二氧化硅、三氧化二铁、硫酸根离子、磷酸根离子、氯离子和氟离子等。

第三部分为辐射防护与环境监测方法，共分 3 章。第 12 章水质监测，第 13 章土壤监测与动植物监测，第 14 章大气监测。

本书在分析方法上从铀矿细菌堆浸提铀生产基地的实际情况出发，尽可能选用适应性强、准确度高、简单快速、操作方便的国家标准或行业标准的经典分析方法，在每种分析方法后面都有注意事项，这些分析方法和注意事项都是根据几十年来在分析工作中积累的实践经验和无数次实验成果提炼而成，也是积极参加部、省、地市及本矿本单位组织的有关学习资料，所有这些将有助于从事本专业的人员更好地掌握分析方法，确保分析结果的准确可靠。另外，为了适应新形势发展的需要，也选编了部分项目较为先进的分析方法，如原子吸收分光光度法、气相色谱法、铀激光荧光法，以及离子电极法等。

本书在编著过程中得到了中核金源铀业总公司张飞凤总工程师的大力支持，北京理化研究院中心分析室曹淑琴主任对本书提出了宝贵的修改意见。还有陈春祥和杨成星两位高级工程师及原分析室的领导和其他同志，在过去几十年的工作学习中给予了很大的帮助。另外，还有吴名德、李智两位高级技术人才在文字编辑和电脑操作等方面给予了热情的帮助。在此一一向他们致以最诚挚的感谢。

由于编著者知识有限，资料来源甚少，理论水平不高，加之时间仓促，本书的缺点和遗漏之处在所难免，诚恳希望同行和广大读者批评指正。

李远功

2010 年 6 月 20 日

目　录

第一部分　基础知识

第二部分 化学分析方法

第三部分 环境监测方法

第一部分

基础知识

铀是克拉普罗特（M.H. Klaproth）在 1789 年发现的天然放射性元素，至今已有 200 多年的历史，200 多年来许多科学家和专家为其开发利用付出了艰辛的劳动，甚至宝贵的生命。随着国民经济的迅速发展，铀已成为核技术最重要的基础原料，不仅用于国防领域制造原子弹、氢弹、核潜艇，而且还广泛用于工农业和医疗卫生事业。例如一艘万吨级的海轮横渡太平洋，用柴油大约需要 6 000 t，而改用浓缩铀仅需 2.5 kg；用辐射照射过的植物种子可以大大提高农作物的产量，辐射技术还可以为食品保鲜；在医疗卫生方面可以用放化治疗恶性肿瘤等。特别是 20 世纪中期，核电厂的研究建成为核能的和平利用开辟了更加广阔的前景。一座 100 万千瓦的火力发电厂一年耗标准煤 300 万吨，而一座 100 万千瓦的核电厂，一年仅需核燃料 30 t。从环境保护角度讲，一座 100 万千瓦燃煤电站，每年至少向大气中排放 24 000 t CO_2，360 t SO_2，67 t NO_2 和 3 t 其他有害气体，会对人类呼吸道有影响，而且对厂址周围附近的农作物生长有害，NO_2 和飞灰的危险也较大，而核电厂不存在这些问题。根据相对分析指数的分析计算，煤电站的气体排放对人们身体健康的危害比核电厂大 1 880 倍，燃油电站气体排放物对人们健康的危害比核电厂大 830 倍。另外，许多气象专家担心地球上 CO_2 的大量积累会对气候带来严重影响，而正常的核电厂气体排放物对公众和环境影响是极其轻微的。况且，当今世界由于煤、石油等天然燃料的储量有限，而且这些天然燃料往往又是化工生产不可缺少的原料，所以核电厂的建立对我国“水、火、核、新能源”并举的战略决策更具有深远的意义。

我国的核电发展虽然起步晚一些，但近年来作为一种高效、清洁的能源，核电的发展已被提升到保障国家能源安全的高度，自 1985 年秦山一期 30 万千瓦核电厂建成至今已有 30 多年了，30 多年来，我国的核电发展突飞猛进，不仅在沿海地区建核电厂，而且开始转向内地，核电占全国电力总装机容量的比重也将会大大提高。

铀作为核电的主要燃料，核电事业的迅速发展势必会为铀工业带来新的大发展。铀矿冶是铀工业的“排头兵”，首要地应有较大的恢复和发展。目前，铀矿业必须坚持科学发展观，走打破旧框架、建立新机制、采用新技术、因地制宜、因陋就简、快马加鞭、滚动发展的技术路线，采用非常规的采冶技术，例如地浸、原地爆破浸出和细菌堆浸等工艺。这是降低生产成本、解决难处理铀矿石的浸出问题、扩大资源利用率、提高经济效益、有利于环境保护和生态平衡、符合可持续发展的多、快、好地生产合格铀产品的一项新技术，尤其是细菌堆浸提铀是其中最受人们关注的铀矿水冶技术之一。

第 1 章　堆浸法提铀

1.1　铀矿石

在自然界，铀广泛存在于岩石、水、空气和动植物体内，主要存在于岩石中。铀在地壳中的存在比较分散，难富集成具有工业价值的铀矿床，提取也较为困难，在地壳中的平均含量为 $4\times10^{-4}\%$。目前已知的铀矿物和含铀矿物大约有数百种，其中矿物组成稳定、铀含量恒定、物化性质确定的铀矿物 200 多种，世界上已经开发利用的主要铀矿物有：晶质铀矿、非晶质铀矿、七水铀矿、钛铀矿、铈铀钛铁矿、红铀矿、钾钒铀矿、铜铀云母、钙铀云母、铀黑、硅钙铀矿和硅镁铀矿等（几种主要铀矿物列于表 1-1）。初步认识铀矿物的基本特征对于分析人员来说是必要的，因为这样可以帮助分析人员在较短时间内选用适合不同类型铀矿物的分析方法，有效地排除干扰元素的影响，使分析结果准确可靠。

不同的铀矿物，其铀含量差别很大。有的铀矿物铀含量在 30%～60%，也有的只含 0.03%～0.1%。在实际开采中的铀矿物，一般其铀含量为 0.1%～0.2%。在科学技术发展日新月异的今天，采用细菌堆浸技术，其铀的可开采品位已降到 0.05%左右，甚至 0.03%也可开采。

表 1-1　常见铀矿物的名称、化学式及主要特征

矿物类型	矿物名称	化学式	主要特征
氧化物类	深黄铀矿	$Ca[(UO_2)_6O_4(OH)_6]\cdot 8H_2O$	斜方晶系，褐色或淡黄色，不发荧光
	非晶质铀矿	PUO_2quo_2rPbO 或 U_3O_8	非晶质铀矿与晶质铀矿的区别为 UO_2 含量多，沥青光泽，不发荧光
	方钍矿	$(Th,U)O_2$	等轴晶系，黑色或黑褐色，风化后变黄
	水铅铀矿	$(Na_2Ca,Pb)(UO_2)\cdot(UO_4)_2$	不呈完整的晶体存在，深褐色
	板铅铀矿	$Pb_2[(UO_2)O_4(OH)_6]\cdot H_2O$	斜方晶系，红橙黄色，金刚光泽，不发荧光
	铀黑	UO_2 或 UO_3	相似于非晶质铀矿，硬度小，烟末状，黑绿色，不发荧光
	七水铀矿	$2UO_2\cdot 7H_2O$	斜方晶系，针状结晶，性脆，晶体紫，不发荧光
	橙红铀矿	$Pb(UO_2)_3O_3(OH)_2\cdot 3H_2O$	红色
	铅钙铀矿		柱铀矿的变种
	水铀铜矿	$Cu(UO_4)\cdot 2H_2O$	三斜晶系，深绿到黑色，玻璃光泽
	柱铀矿	$(UO_2)_8O_2(OH)_{12}\cdot 12H_2O$	斜方晶系，为粒状或板状，柠檬黄色，发荧光

续表

矿物类型	矿物名称	化学式	主要特征
氧化物类	铀钍矿	$(Th,U)O_2$	等轴晶系，铁黑色
	晶质铀矿	UO_2	等轴晶系，钢灰褐色，沥青油脂光泽，不发荧光
	纤铀铋矿	$Bi_2U_2O_9 \cdot 3H_2O$	斜方晶系，橙黄、红色，油脂光泽，发荧光
硅酸盐类	硅铀矿	$(UO_2)_2SiO_4 \cdot 2H_2O$	斜方晶系，琥珀黄色，半透明，发橙黄色荧光
	硅镁铀矿	$Mg(H_3O)_2(UO_2)_2(SiO_4)_2 \cdot 3H_2O$	斜方晶系，柱状至针状，柠檬黄色，玻璃光泽
	硅钙铀矿	$CaH_2(UO_2)(SiO_4)_2 \cdot 5H_2O$	斜方晶系，晶体呈针状，形成放射状集合体，纤维状，黄色或淡黄色
	脂铅铀矿	$Pb_2[(UO_2)O_4(OH)_6] \cdot H_2O$，$(UO_2)_2SiO_4 \cdot 2H_2O$	为板铅铀矿与硅铀矿的混合体，桔红色及橙色、褐色，树脂光泽，为次生矿物
	硅铀铅矿	$Pb(UO_2)(SiO_4) \cdot H_2O$	单斜晶系，有时呈致密块状，褐黄及琥珀黄色，半透明，脂肪光泽，不发荧光
	钍石	含 UO_2 10%～16%	正方晶系，常呈致密状，褐色或橙黄色，玻璃及沥青光泽
	锆英石	$ZrSiO_4$	含铀 2%，正方晶系，红褐色，金刚光泽
钛酸盐类	钛铀矿	$(U,Ce,Fe,Y,Th)Ti_5O_{16}$	铀的钛盐和锆铁酸盐，成分复杂，矿物中含千分之几的铀，钍 1.5%
	铀钇钛铁矿	$(Y,U,Fe)(Ti,Sn)_3O_8 \cdot TiO$	黑色
钽酸盐，铌酸盐，钽钛铌酸盐类	铌钽铀矿	$(Fe,Mb,UO)(Nb,Ta)_2O_6$	铀呈类质同象状态存在于钽铁矿，铌铁矿中 Fe，Mn 为 U 所置换，黑色
	黑稀金矿	$(Y,Ca,Ce,U,Th)(Nb,Ta,Ti)_2O_6$	斜方晶系，晶体呈柱状，扁平状，常成略显放射状集合体，黑色有时带有微绿及微褐色，生于伟晶岩中
	钇易解石	$(Y,Er,Ca,Th)(Ti,Nb)_2O_6$	斜方晶系，晶体呈长柱状，黑色
	褐钇钽矿	$(Y,Er,Ce)(Nb,Ta)O_4$	正方晶系，有时呈纺锤状，性脆，深棕色
碳酸盐类	纤碳铀矿，菱铀矿	$(UO_2)CO_3$	斜方晶系，淡绿色
	七水碳铀矿	$5(UO_2)CO_3(UO_2)(OH)_2 \cdot 7H_2O$	斜方晶系，成放射状，黄色，淡绿色，发淡绿色荧光
	铀钙石	$CaUO_2(CO_3)_2 \cdot 10H_2O$	斜方晶系，晶体呈磷片或磷片集合体，绿色
铀云母类	磷铀矿	$Ca(UO_2)_3(PO_4)_2(OH)_2 \cdot 6H_2O$	斜方晶系，假斜方晶系，片状，深黄色
	镁磷铀云母	$Mg(UO_2)_2(PO_4)_2 \cdot 8H_2O$	斜方晶系，薄片状，柠檬黄色，发柠檬黄色荧光
	钙铀云母	$Ca(UO_2)_2(PO_4)_2 \cdot 8H_2O$	正方晶系，晶体成细磷片状，柠檬黄色，发淡黄色荧光
	钡铀云母	$Ba(UO_2)_2(PO_4)_2 \cdot 8H_2O$	正方晶系片状，黄到淡黄色，发绿色荧光
砷酸盐类	砷铜铀矿	$Cu(UO_2)_2(AsO_4)_2 \cdot 12H_2O$	正方晶系片状或鳞片状，珍珠光泽
钒酸盐类	钒钾铀矿	$K_2(UO_2)_2(VO_4)_2 \cdot 2H_2O$	单斜晶系，黄绿色，绿色，发污黄色，绿色弱荧光
硫酸盐类	铜铀钒矿	$Cu(UO_2)_2(SO_4)_2(OH)_2 \cdot 8H_2O$	三斜晶系，草绿色
	铀钙矿	$(UO_2)_6(SO_4)(OH)_{10} \cdot 12H_2O$	三斜晶系，为纤维状结晶所造成贤状集合体，鲜黄色

注：资料来源：铀矿物（学习讲义）。

1.2 采矿

铀矿的开采方法与有色金属矿的开采方法基本相同。根据矿石与围岩石的性质、矿体大小、埋藏深浅及周边地形地质状况，经设计部门充分论证后，采用露天开采或井下开采。井下开采又分充填法、留矿法和向上空场采矿法等。用打眼放炮的作业形式，采用有轨或无轨运输，将矿石运至地表矿仓或其他指定的地点作进一步的加工处理。在铀矿开采的过程中，为了防止出现采掘失调，浪费资源的现象，必须遵循**采掘并举、以采促掘、以掘保采**的原则（这里的**掘**是指包括探矿在内的意思），这是许多铀矿山在长期生产实践中总结出来的经验，也是充分挖掘矿山潜力、延长矿山服务年限、最大限度地利用铀矿资源的主要措施之一。

1.3 铀矿的细菌堆浸

1.3.1 细菌堆浸的基本情况

细菌浸出的创始人是鲁道夫（Rudolf）和海尔布劳涅尔（Helronner）。他们在 1922 年就叙述了氧化硫杆菌可作用于硫化铁矿及硫化锌矿，并且有将这两种矿物变成硫酸盐的能力[1]。20 世纪 50 年代加拿大、南斯拉夫、南非、巴西和美国等国的有关研究单位对细菌浸出有价金属进行了广泛的实验，美国于 20 世纪 60 年代率先将细菌氧化浸矿技术应用于铜的堆浸。细菌浸出铀矿方面，最早是葡萄牙的镭公司在 1953 年开始进行铀矿自然浸出研究，1966 年加拿大将微生物浸铀成功地应用于工业生产，此后，苏联、智利、日本、澳大利亚、巴西等十多个国家先后将细菌浸出技术应用于铜、锌、锰、金、铀的工业生产[2]。

随着我国国民经济的快速发展，铀矿业也步入以经济效益为中心的轨道。从 20 世纪 70 年代末至 80 年代初，许多铀矿企业和研究院所在吸收国外先进经验的基础上，结合国内的实际情况，对铀矿细菌浸出进行了卓有成效的研究。例如，郴州铀矿是一个老矿山，矿石中黄铁矿含量高，对铀含量小于 0.05%的边界品位矿石进行原地爆破，用自来水进行间断式淋浸（该矿井下污水 pH=2～3），使该矿产量大幅度增加，实现了十分好的经济效果。对于铀含量较高，细粒级、原生铀矿石（四价铀含量占 85%）堆浸实验结果表明，25 t 矿石单堆（铀品位 0.42%，粒度－6 mm，堆高 3.0 m）淋浸 50 d，每吨矿石耗酸 40 kg，渣品位＜0.018%，铀浸出率＞95%；对于耗酸量大、难处理、粗粒级矿石，淋浸实验结果表明，在相同浸出效率条件下，细菌浸出比常规水冶淋浸耗酸量减少 35%～40%，浸出时间缩短一半[3]。另外原地占孔细菌浸出与加入双氧水浸出效果比较列于表 1-2。

表 1-2　双氧水、细菌浸出效果比较

	9464 抽出液		9465 抽出液		溶浸液	
	ρ_U/（mg/L）	电位/mV	ρ_U/（mg/L）	电位/mV	$\rho_{Fe^{2+}}$ /（mg/L）	电位/mV
双氧水	90～118	～-400	70～90	-390～-370	100～130	-420～-390
停加双氧水	80～96	-390～-370	45～50	-380～-370	200～260	-400～-380
细菌	170～190	-470～-450	80～90	-440～-420	20～30	-510～-490

表 1-2 结果说明，当用细菌氧化进行占孔抽注试验时，两个占孔抽出的浸出液中铀浓度和氧化还原电位明显高于双氧水[4]。广西某矿始建于 1998 年，到 2005 年该矿已建成 8 个地表堆场，堆有矿石十多万吨，全部采用细菌堆浸方法提出铀，特别是 2003 年开始引用坑口污水配制淋浸剂以后，每吨矿石酸耗已降低到 1.51 kg，渣品位降低到 0.01%以下，淋浸效率达到了 96%。

总之，铀矿的细菌浸出具有以下几方面的特点：（1）可以处理较低品位的铀矿石，增加了资源利用；（2）可以就地筑堆，减少了运输费用；（3）有利于铀矿基地建设，可以就地筑堆建厂，基建时间短，资金回收快；（4）设备简单，操作方便，只需较低的筹建费用和生产费用，生产成本低；（5）环境污染少，终产治理费用低；（6）利用生产坑口污水配制淋浸剂，一方面较好地处理了坑口污水，另一方面又解决了细菌浸出过程中的氧化剂和水冶中的补充水源。当然细菌浸出也存在浸出周期长、速度慢，资金周转持后等不足之处。不过在生产实践中发现，如果在细菌堆浸过程中采用当地坑口污水配制淋浸剂，可以缩短浸出周期，加快浸出速度，提高淋浸效率。

综上所述，经实践证明，铀矿石的细菌堆浸与常规浸出法相比，细菌浸出已经显示了强大的竞争优势，它在铀矿业发展的新征程中具有更加广阔的前景。

1.3.2　细菌堆浸的基本原理

在细菌堆浸中，硫的存在是一个非常重要的条件。硫是大自然中不断循环的元素之一，也是构成生命物质的主体元素，它在细菌作用下能发生一系列氧化还原反应，从元素硫转变成硫酸盐，硫酸盐被动植物吸收固化为动植物体内的蛋白质硫，蛋白质硫又在细菌作用下分解为硫化物，最后硫化物还原成单质硫。可以看出，在硫的循环中，细菌的作用是硫循环的唯一推动力。正是由于硫的这一循环，产生了硫和金属硫化物被细菌氧化浸出的基本原理。

铀矿石的细菌浸出是基于细菌将矿石中的黄铁矿氧化为硫酸高铁和硫酸，然后硫酸高铁再将矿石中的不溶性的四价铀氧化为可溶性的六价铀（UO_2SO_4）进入浸出溶液中。铀矿物细菌堆浸的几个主要反应式如下：

$$4FeS_2+15O_2+2H_2O \longrightarrow 2Fe_2(SO_4)_3+2H_2SO_4 \tag{1}$$

$Fe_2(SO_4)_3$ 氧化 FeS_2：

$$FeS_2 + 7\,Fe_2(SO_4)_3 + 8H_2O \longrightarrow 8H_2SO_4 + 15FeSO_4 \quad (2)$$

$Fe_2(SO_4)_3$ 将铀矿物中的四价铀氧化为六价铀，在硫酸介质中，六价铀转变成可溶性的硫酸铀酰（UO_2SO_4）而被浸取到溶液中：

$$UO_2 + Fe_2(SO_4)_3 \longrightarrow UO_2SO_4 + 2FeSO_4 \quad (3)$$

在细菌作用下，Fe^{2+}被氧化为 Fe^{3+}：

$$4FeSO_4 + O_2 + 2H_2SO_4 \longrightarrow 2Fe_2(SO_4)_3 + 2H_2O \quad (4)$$

坑口污水中亚硝酸根离子（NO_2^-），同样可以代替氧气（O_2）将二硫化铁氧化分解成硫酸高铁和硫酸，同时也可以氧化浸出液中的硫酸亚铁（$FeSO_4$）

$$2FeS_2 + 10HNO_2 \longrightarrow Fe_2(SO_4)_3 + H_2SO_4 + 5N_2\uparrow + 4H_2O \quad (5)$$

$$6FeSO_4 + 2HNO_2 + 3H_2SO_4 \longrightarrow 3Fe_2(SO_4)_3 + 4H_2O + N_2\uparrow \quad (6)$$

从上述反应式（1）和反应式（5）可以看出，二者都是氧化还原反应，其中（1）式中的氧化剂是空气中的氧（氧化还原电位 0.40），（5）式中的氧化剂是坑口污水中的亚硝酸根（NO_2^-），（氧化还原电位 1.29），亚硝酸根的氧化还原电位比氧的氧化还原电位高得多，氧化能力更强。另外，堆场的矿石高度一般在 20～40 m，仅仅依靠空气在矿堆中的自然流动取得的氧是极其微量的。因此，利用生产坑口污水中的亚硝酸根作为铀矿堆浸过程中的氧化剂是合理的。反应式（5）的反应速度比（1）式要快得多。

其次，生产坑口污水中含有多种细菌和供细菌生长繁殖的有利条件，如氧化硫铁杆菌、氧化铁硫杆菌、氧化硫杆菌、氧化铁杆菌、磷细菌和钾细菌等。这些细菌属于自养型微生物。自养型微生物具有完备的酶系统，生长能力强，能直接利用空气中二氧化碳（CO_2）或碳酸盐等无机化合物作为碳源，利用铵盐、硝酸盐、亚硝酸盐和空气中氮气作为氮源，在适宜的酸度和温度介质中，这些细菌就会迅速生长繁殖。

最后，微生物具有一般生物共有的活动规律，当然也有它们特殊的地方，即微生物的营养和代谢的复杂性。微生物的主要营养有水、碳源、氮源、磷酸盐、硫酸盐，以及含钾、钠、镁等无机盐。另外微生物以氧化分解矿物或有机物获取能源，所有这些就是维持细菌生长繁殖必须的营养和能源。坑口污水恰恰具备了细菌生长繁殖最好的条件，从而加快了铀矿物中铀被细菌浸出的速度，同时降低了浸取过程中的酸耗，提高了铀的浸取效率。

值得指出的是，铀矿石在用细菌堆浸过程中，为了提高浸取效率，往往加入一定量的氯酸钾、双氧水、二氧化锰之类的氧化剂。这些氧化剂只对浸取过程中的化学反应起作用，而对堆浸过程中的细菌生长繁殖作用不大，甚至是有害的。因为这些氧化剂对细菌具有抑制作用或具有灭菌性能。如氯酸钾中的氯离子，双氧水和高价锰都是杀菌用的药剂。另外，浸出液中氯离子含量多了，对下一步用离子交换树脂吸附处理也是不利的。在细菌堆浸的实际工作中，加入这些氧化剂后浸出效果并不明显，有时甚至所得其反，恐怕就是上述原因所致。

1.3.3 细菌堆浸工艺简介

1. 堆场建设

铀矿石堆场建设要从当地的实际情况出发，本着就矿建堆、因地制宜、勤俭节约的原则。一般堆浸场选址是在三面环山、山口较小的土箕状地形，并且距出矿坑口较近，运输方便的合适地点。然后在选好的地方平整场地，清除树根杂草，低洼的地方填平夯实，要使整个堆场地面保持 3%～5%的坡度均向集液池方向倾斜，以便浸出溶液及时流往集液池（千万不允许堆场内积有浸出液）。场地平整好后，应铺设厚度为 1.5～2.0 mm 的高密度型 PVC 胶板，铺设时应从下往上铺，两块板之间应有 100 mm 宽搭接处，并用 PVC 胶水粘好压平，其缝口用塑料热焊处理。这类 PVC 胶板可重复使用，每次堆浸完成后，可将已浸矿渣卸掉，但堆场底层应留 300 mm 厚的矿渣，以保证下次新矿入堆时，不会使底部胶板受到损坏。

其次，对于低品位矿石、尾矿石或高品位矿石浸出后的废渣可建立永久性堆场。这种堆场就是在堆场胶板衬垫上，用 30～50 mm 大小尾矿（最好用河流中的鹅卵石）堆置宽 300 mm、高 200 mm 的通气道，通气道的布设好像倒放着的树叶叶脉状（叶柄朝着集液池方向）。这样便于堆场空气流通，促使细菌氧化，同时也有利于浸出液的流出。

最后，堆场还要修筑防洪沟，不要让山沟洪水或地表渗水流入堆场。对于永久性堆场，还要用井下的废石修筑拦砂坝，防止废矿渣流失，污染环境。

2. 筑堆

矿石从井下运至地表矿仓，由板式给矿机将矿石送入破碎机进行破碎后，用皮带运输机将破碎后的矿石在筛孔为 10 mm 的振动筛上进行筛分，其筛下产品运至堆场筑堆，筛上产品进入第二次破碎，筛分。一般堆矿高度为 3～5 m。

3. 喷淋

喷淋布液是细菌堆浸重要环节之一。首先将水冶厂树脂交换后的尾液输送到配制槽，并加入一定量的坑口污水和硫酸，控制 pH 在 1.2～1.8，然后利用耐酸泵输送（或者利用地势高差顺流）至堆浸场的布液管网系统进行布液淋浸。在布液方式上我国目前采用堰塘式、喷淋式、滴淋式 3 种布液方式，这 3 种布液方式或多或少地存在某些不足。据有关资料介绍，雾化布液喷淋均匀性好，浸出液平均铀浓度比滴淋布液高 4.1%，在 65 d 时间内其浸出率比滴淋布液高 3.4%[5]。具体采用哪种布液方式，要根据各矿山的矿石性质和当地的气象条件，通过实验比较，然后采用合适的布液方式，以达到最好的淋浸效果。

另外在淋浸方法上可分为连续淋浸和间竭式淋浸两种。对于新矿堆，在头 25 d 一般可采用连续淋浸方法，之后可采用间竭式淋浸，间竭的时间开始控制在 2～3 h，以后间竭时间可以逐渐增长至白天喷淋，晚上停喷。也可停喷数天或数月后，再接着连续喷淋几天。对于旧矿堆一般采用间竭式淋浸。间竭式淋浸方法有利于细菌的生长繁殖，在此期间淋浸液中不需要加酸，其酸耗主要依靠细菌氧化矿石中黄铁矿中的硫生成的酸加以补充。

其次，在淋浸工艺流程方面，从当地实际情况出发，可采用串联淋浸方式，以便提高浸出原液中的铀浓度。

堆场的浸出溶液流入集液池后，应及时输送到水冶厂原液池。

1.3.4 细菌堆浸的影响因素

1. 矿石性质的影响

细菌堆浸效果的好坏，主要取决于脉石矿物的组成和铀矿物组成（原生铀矿、次生铀矿及混合矿物）。脉石矿物以硅酸盐和硅铝酸盐为主的铀矿石适用酸法浸取，而硫化物含量低、以方解石、白云石等碱性碳酸盐脉石矿物为主的铀矿石适用碱法浸取。在浸取过程中为了提高浸取效率，可有针对性地添加一定量的氧化剂，如以六价铀为主的次生铀矿石一般不加或少加氧化剂，而含有较多四价铀的原生铀矿石（如晶质铀矿、非晶质铀矿）都要添加一定的氧化剂，才能达到预期的浸出效果。以黄铁矿、石英胶结角砾岩石的铀矿石，黄铁矿（FeS_2）含量高达11.380%，即使用自来水淋浸，也可获得极好的效果。由白云母碎裂花岗岩、泥质、萤石和少量黄铁矿胶结而成的角砾岩石的铀矿石，淋浸时渗透性能差，酸耗高，是一种难浸出的铀矿石，这类矿石最好与其他矿物混合浸出，并注意开始淋浸时酸度不能太高，否则萤石中的钙与硫酸根生成难溶性的硫酸钙附着在矿物表面，阻碍了淋浸剂的作用，减弱了淋浸效果。

2. 环境温度影响

淋浸环境的温度对细菌生长繁殖有很大的影响。一般认为合适的温度 20～30 ℃。有人在实验中发现在不同温度下细菌的繁殖情况和二价铁（Fe^{2+}）的氧化率，如表1-3所示。

表1-3 培养基温度对 Fe^{2+} 氧化的影响

培养温度/℃	开始培养时 Fe^{2+}/%	培养3日后		
		Fe^{2+}/%	Fe^{2+}的氧化率/%	菌体数/（×10^8个/ml）
7	0.82	0.82	0	0.0
15	0.87	0.54	38	2.4
20	0.89	0.00	100	5.4
26	0.84	0.00	100	3.8
30	0.85	0.00	100	3.1
35	0.85	0.46	46	2.4
40	0.86	0.62	29	0.0
50	0.86	0.61	29	0.0

表 1-3 的实验结果表明，当培养基的培养温度为 20～30 ℃时，经过培养 3 日后，培养基的 Fe^{2+}完全转化为 Fe^{3+}，而在低于 15 ℃和 40 ℃以上时，Fe^{2+}氧化速度显著变慢。在 15 ℃下，经过 12 日培养后 Fe^{2+}才可以全部转化为 Fe^{3+}。当培养基温度在 20～30 ℃时，细菌繁殖很快，在 20 ℃时，菌体数达到最高值，为 5.4×10^8 个/ml，这与生产实际中出现的现象是一致的。

以某矿 2003 年 8 号堆场为例，当环境温度发生变化时，淋浸液中铀浓度也随之发生变化，现将观测结果列于表 1-4。

表 1-4　实际生产过程中环境温度对淋浸效率的影响

日期	气温/℃	铀浓度/（g/L）	总铁浓度/（g/L）	天气状况
2003 年 3 月 11 日	−1.0	0.090	0.200	堆场上面一层冰雪，阴天有雾，北风
2003 年 3 月 13 日	3.0	0.088	0.200	堆场上面有冰，阴天有雾，北风
2003 年 3 月 18 日	4.0	0.090	0.200	堆场上冰全部融化，多云，气温回升
2003 年 3 月 31 日	20.0	0.867	1.985	晴天，南风
2003 年 4 月 2 日	21.0	0.449	1.529	白天晴转阴，晚上下大雨，南风转北风
2003 年 4 月 6 日	18.0	0.642	2.352	阴天有小雨，北风
2003 年 4 月 7 日	16.0	0.540	2.000	阴天有雾，静风
2003 年 4 月 8 日	14.0	0.662	2.234	阴天有雾，北风
2003 年 4 月 9 日	17.0	0.428	1.352	中雨有雾，北风
2003 年 4 月 10 日	18.0	0.489	1.705	中雨有雾，北风转南风，晚上大雨
2003 年 4 月 11 日	18.0	0.418	1.323	阴天有小雨
2003 年 4 月 12 日	20.0	0.423	1.411	阴转多云，南风
2003 年 4 月 13 日	18.0	0.443	1.470	阴天有雾，中雨，南风
2003 年 4 月 16 日	18.0	0.640	1.737	阴天有小雨，南风

表 1-4 可以看出：当气温在−1～4 ℃时，淋浸液中铀浓度 3 d 平均值为 0.089 g/L，总铁浓度 3 d 平均为 0.200 g/L。当平均气温上升至 15 ℃以上时，连续观测了 11 d，平均铀浓度为 0.546 g/L，总铁浓度 11 d 平均为 1.736 g/L，铀浓度提高了 5.13 倍，铁浓度提高了 7.68 倍。另外，该堆场从 2002 年 12 月 1 日到 2003 年 3 月 14 日停产 104 d，最低气温为−5 ℃，最高气温也不过 8 ℃，其平均气温为 4.8 ℃，淋浸液中铀浓度由 0.068 g/L 上升至 0.089 g/L，在 104 d 时间里，虽然有坑口污水流入堆场，但由于气温低，不利于细菌生长繁殖，淋浸液中铀浓度只增加 0.31 倍。由此，可见温度对淋浸效果影响是极大的。

3. 淋浸酸度的影响

淋浸剂的酸度不同，细菌繁殖生长的数目也不同。有资料介绍，大部分细菌最活跃的 pH 在 1.6～3.0 的范围，在这个范围内溶液中亚铁氧化率最高[1]。下面做了如下的实验，用 9 个淋浸柱分别装入不同粒度、不同品位的矿石，在相同的淋浸条件下（温度、淋浸强度、淋浸时间）用不同的淋浸酸度进行淋浸，其实验结果列于表 1-5。

表 1-5　酸度对淋浸效果的影响

编号	矿石粒度/mm	矿石品位/%	淋浸剂酸度（pH）	淋浸时间/d	淋浸效率/%
1	−30	0.199	自来水（pH＝6.8）	75	1.86
2	−50	0.403	自来水（pH＝6.8）	75	1.09
3	−100	0.100	自来水（pH＝6.8）	75	2.96
4	−30	0.199	1%H_2SO_4（pH＝0.69）	75	78.90
5	−50	0.403	1%H_2SO_4（pH＝0.69）	75	75.70
6	−100	0.100	1%H_2SO_4（pH＝0.69）	75	50.36
7	−30	0.199	3%H_2SO_4（pH＝0.21）	75	73.93
8	−50	0.403	3%H_2SO_4（pH＝0.21）	75	72.80
9	−100	0.100	3%H_2SO_4（pH＝0.21）	75	48.90

表 1-5 结果说明，自来水淋浸效果极差，1%硫酸比 3%硫酸稍好一些，这种趋势与矿石粒度大小和矿石品位高低无关，说明高酸度就堆浸而言是不合适的。因为高酸度淋浸一方面增加了浸出液中的杂质含量和酸度，不利于树脂吸附处理，另一方面，在高酸度环境中，细菌的繁殖速度极慢。在实际生产中，一般淋浸剂的硫酸含量在 1.5～3.0 g/L（pH＝1.51～1.21）范围内变化，这个酸度条件是有利于细菌生长繁殖的，而用自来水淋浸，酸度低不利于细菌生长繁殖，其淋浸效果也就差了。

4. 细菌繁殖的养料

坑口污水中存在的氧化铁杆菌、氧化硫杆菌和氧化铁硫杆菌等几种细菌都是自养型无机营养性细菌，这类细菌具有完备的酶系统，合成能力强，能直接利用空气中的二氧化碳或碳酸盐等无机化合物作为碳源，以无机氨作为氮源，以氧化还原矿物中的硫或硫化物作为能源。生产过程中坑口污水的化学成分恰好为这些细菌提供了足够的养料，这就为堆场中的细菌生长繁殖提供了最佳环境。

另外，水分也是细菌生长繁殖的首要营养要素，为了保持堆场湿润，最好在矿石堆上盖一层黑色海绵，这样不仅可以保持堆场表面经常性的湿润环境和淋浸液均匀分布，又可以防止晴天紫外线对细菌的影响，特别是间歇式淋浸的堆场复盖尤为重要。

1.4　离子交换法提铀

铀矿物中的铀被浸出后，在 pH＝1.8 的硫酸介质中，铀以硫酸铀酰络离子 UO_2SO_4、$UO_2(SO_4)_2^{2-}$、$UO_2(SO_4)_3^{4-}$形式存在，其络合常数之比 K_1:K_2:K_3＝50:350:2 500，所以在硫

酸淋浸液中，铀主要是以三硫酸铀酰络合物形式存在。硫酸铀酰络合物能被强碱型阴离子交换树脂选择性吸附，而与淋浸液的 Fe、Mn、Ca、Mg、Al、Zn、Ti 等杂质元素分离。然后用淋洗剂将吸附在树脂上的铀淋洗下来，加碱以重铀酸盐的形式沉淀，压滤洗涤吹干后，得到铀的粗产品，即“黄饼”。

1.4.1 离子交换树脂对铀的吸附、淋洗、沉淀及其影响因素

1. 吸附

常用的吸附树脂是 201×7 的强碱型阴离子交换树脂，将树脂装入固定床、流化床或密实移动床内，用水浸泡 24 h 以上，再用 pH=2 的硫酸酸化水转型，即可将调节好 pH=1.8～2.0 的含硫酸铀酰浸取原液流入树脂床内进行吸附交换，其化学反应式如下：

$$UO_2(SO_4)_3^{4-}+4R_4NX \longrightarrow (R_4N)_4UO_2(SO_4)_3+4X^-$$

$$UO_2(SO_4)_2^{2-}+2R_4NX \longrightarrow (R_4N)_2UO_2(SO_4)_2+2X^-$$

强碱型阴离子交换树脂（201×7）对铀的选择性吸附影响因素如下：

（1）pH 值影响

浸取原液中 H^+的浓度直接影响溶液中的 SO_4^{2-}与 HSO_4^-之间的平衡（$SO_4^{2-}+H^+ \longrightarrow HSO_4^{2-}$），由于强碱型阴离子交换树脂对原液中 HSO_4^{2-} 的吸附竞争能力大于对 SO_4^{2-}的吸附竞争能力。如果在没有其他有害离子影响的硫酸浸出液中，适当提高 pH 有利于提高树脂对铀的吸附容量。pH 从 0 上升至 3.5 时，铀的吸附量随 pH 的增加而增加，pH 超过 3.5 后，铀吸附量增加很慢，最后一直到铀产生沉淀时的 pH（6.5），铀吸附量达到了最大值。过高的 pH 造成 UO_2^{2+}水解，影响树脂对铀的吸附速度，增加树脂对杂质元素硫酸铁络合物（$Fe(SO_4)_3^{3-}$和 $Fe(SO_4)_2^-$）的吸附，还会使 UO_2^{2+}生成磷酸铀酰络合物（$UO_2(H_2PO_4)_3^-$）被树脂所吸附，这种络合物较难被淋洗下来。一般水冶吸附原液的 pH 控制在 1.8～2.2 为佳。

（2）接触时间的影响

接触时间是吸附原液从开始接触树脂到脱离树脂所需的时间。即原液进入树脂床到流出树脂床所需的时间。接触时间与流量的关系可按下式计算：

$$Q=\frac{W\times n\times P}{T}=\pi\times r\times\left(\frac{D}{2}\right)^2$$

式中：Q——流量/（m^3/h）；

W——吸附塔内干树脂重量/t；

n——换算系数（取 1.25）；

P——树脂的孔隙率，新树脂为 40%，旧树脂为 30%；

π——圆周率（约为 3.14）；

D——吸附塔直径/m；

r——吸附原液通过树脂层的线速度/（m/h）；

T——接触时间（将分化成小时）。

在吸附原液铀浓度和 pH 一定时，接触时间越短，铀的穿透柱体积和饱和柱体积也就越少，铀的吸附容量也会降低。延长接触时间，铀的穿透柱体积和饱和柱体积增加，铀的吸附容量也会提高。

图 1-1 是原液铀浓度为 100 mg/L 时，pH=2.0 的条件下进行的吸附实验，从图中可以看出接触时间是 3 min 时，吸附尾液到 380 倍柱体积时，就已经饱和了。而当接触时间为 5 min 时，到 400 倍柱体积还没有饱和。

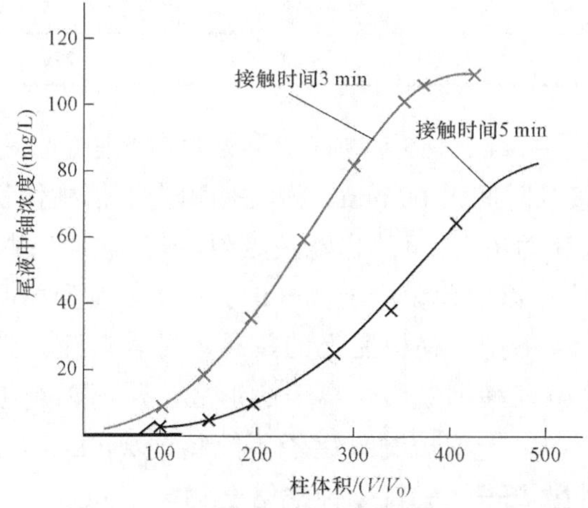

图 1-1　吸附接触时间对吸附的影响

（3）铀浓度的影响

吸附原液中铀浓度高低发生变化，树脂上的铀容量也必然发生变化，不同铀浓度对吸附效率的影响如表 1-6 所示。

表 1-6　不同铀浓度对吸附效率的影响

吸附原液铀浓度/（mg/L）	13	33	100
穿透体积（V/V_0）	866	534	266
饱和体积（V/V_0）	1 100	790	656
树脂对铀的吸附容量/（mg/g 干树脂）	28.6	47.6	95.3
穿透体积/饱和体积	0.788	0.676	0.405

从表 1-6 可以看出，不同铀浓度对吸附效果影响非常明显，吸附原液中铀浓度越高，树脂对铀的吸附容量就越大，穿透和饱和体积就越小，二者的比值也越小。因此，固定床的串塔个数就必须增加，密实移动床中的树脂吸附层高度也会提高，这是在实际工作中应该注意的。一方面尽可能地控制吸附原液中铀浓度稳定在一定范围内，另一方面要掌握好串塔或提取树脂的时间，以保证吸附尾液中铀浓度低于允许外排标准，从而达到提高铀回收率之目的。

（4）有害离子的影响

有害离子除三价铁离子以外，还有硅、钼使树脂中毒及氯离子的影响。在吸附原液中硅以硅酸和硅胶的形式存在，当它以硅酸盐形式存在，钼以钼酸根（MoO_4^{2-}）形式存在时，都能被阴离子交换树脂所吸附，而且不会被淋铀淋洗剂淋下来，因此时间久了就会在树脂上越积越多，从而降低树脂对铀的吸附容量。

表 1-7　树脂中硅、钼中毒影响吸附效果对比表（表内数据为固定床）

树脂类别	穿透体积（V/V_0）	饱和体积（V/V_0）	淋洗液体积/ml	饱和树脂容量/（mg/g 干树脂）
已淋硅、钼树脂	360	750	235	86.50
未淋硅、钼树脂	150	840	270	72.60

从表 1-7 看出，树脂中毒以后必须进行解毒处理。处理方法是采用 2% NaOH 与 3% NaCl 溶液进行淋洗，接触时间为 60 min，淋洗体积为 5 倍柱体积。

氯离子对树脂的亲和力不大，虽然也能被吸附，但易被亲和力大的阴离子（如 SO_4^{2-}）所代替，即溶液中 SO_4^{2-} 可以取代树脂上的（Cl^-）。所以氯型树脂可以用硫酸转型，也就是将氯型树脂转化为硫酸型，使树脂上的氯离子进入溶液。当吸附原液中氯离子增加到一定量时，就会影响硫酸铀酰络合离子的形成，从而影响阴离子交换树脂对铀的吸附。在实际生产过程中，一般控制氯离子不能超过 2 g/L。但当氯离子增加到 2 g/L 以上时，氯离子能与铀酰离子生成氯化铀酰络合物（$UO_2Cl_6^{4-}$），这种氯化铀酰络合物同样可以被阴离子交换树脂所吸附。因此，对饱和树脂在用氯化物淋洗工艺流程中，应严格控制氯离子进入吸附原液，以免影响树脂的吸附效果。

2. 饱和树脂淋洗

当树脂对铀的吸附达到饱和后，就要用淋洗剂将铀从树脂上淋洗下来，淋洗是吸附的逆过程。淋洗除了根据质量作用定律，用置换铀的络合离子进行淋洗外，还可以利用铀与硫酸根不生成络合离子的条件，使吸附在树脂上的硫酸铀酰离子被破坏，如加入氯化钠或硝酸钠等，它们对铀与硫酸根结合都不利，则起到淋洗的效果。

在淋洗过程中，淋洗液与树脂的接触时间是由淋洗剂的阴离子和树脂上的硫酸铀酰络阴离子之间达到平衡的速率来决定的。

$$(R_4N)_4UO_2(SO_4)_3+4X \longrightarrow 4R_4NX+UO_2(SO_4)_3^{4-}$$

$$(R_4N)_2UO_2(SO_4)_2+2X \longrightarrow 2R_4NX+UO_2(SO_4)_2^{2-}$$

上两式就是依照质量作用定律进行交换的反应式，氯离子置换出树脂上的硫酸铀酰离子而被淋洗下来进入溶液。为了防止淋洗过程中铀被水解而生成沉淀，要求淋洗液保持一定的酸度，太高的酸度也是不可取的，因为这样会在沉淀时增加碱的用量。

常用的淋洗剂有硝酸盐与硝酸、硫酸盐与硫酸、氯化钠与硫酸等，不同淋洗剂对淋洗效果的影响如图 1-2 所示。

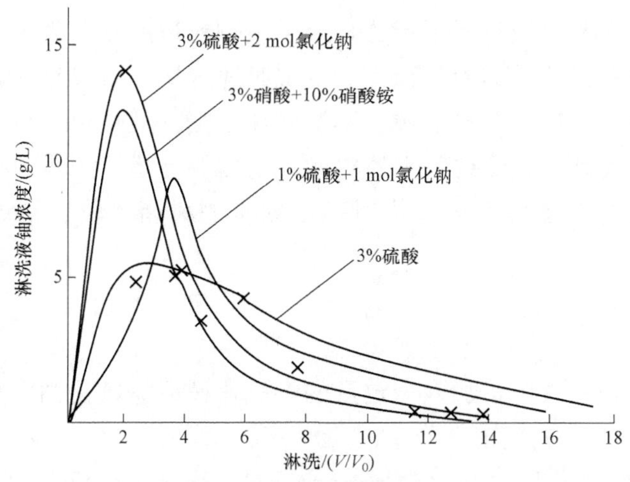

图 1-2　不同淋洗剂对淋洗效果的影响曲线图

（1）硫酸盐淋洗

铀在较高浓度的硫酸盐溶液中能吸附在阴离子交换树脂上，因此，弱酸性的硫酸盐溶液对铀的淋洗是无效的。要提高淋洗效率，就需要提高淋洗剂的酸度，增加硫酸用量使溶液中硫酸氢根的浓度提高。（$H^{+}+SO_4^{2-}\longrightarrow HSO_4^{-}$）

由于硫酸氢根对树脂的亲和力大于硫酸铀酰络合物的亲和力，当溶液中硫酸氢根离子的浓度增加时，硫酸氢根离子就会强烈地吸附在树脂上，将原来吸附在树脂上的硫酸铀酰络物置换下来。用硫酸淋洗酸度高，能保持树脂是硫酸型，不过沉淀铀时耗碱量大。在实际生产中，遇到特别难淋洗的时候偶尔采用，一般情况下比较少用硫酸作为淋洗剂。

（2）氯化钠淋洗

用氯化钠作淋洗剂是最便宜的。其氯化钠浓度一般为 58～80 g/L，太高的浓度对提升淋洗效率并无多大好处。在用氯化钠作淋洗剂时，为了防止铀在淋洗中产生沉淀，要求保持一定的酸度，其硫酸浓度控制在 4～6 g/L 为宜。

（3）硝酸盐淋洗

硝酸盐作淋洗剂效果比氯化钠稍好一些，但由于一方面硝酸盐价格比其他淋洗剂贵，另一方面硝酸盐及硝酸对环境影响大，外排指标控制严等原因。一般水冶生产基本上不用硝酸盐作淋洗剂。

（4）影响淋洗的因素

淋洗效果的影响因素主要有接触时间、淋洗介质的温度和酸度，以及树脂的粒度等。一般来讲淋洗时的接触时间越长，淋洗体积越小，合格液铀浓度就越高，铀的淋洗越完全。对固定床而言，接触时间控制在 45 min 左右。淋洗时的温度大都为常温，加温淋洗虽然好一些，但从经济上看还是不合算的。

从树脂对铀的吸附与淋洗特性来看，其基本因素是树脂的扩散速率，交联度小的树脂孔隙率大，使淋洗剂溶液在树脂中较快地运动，淋洗效果自然也就好。当然，树脂的机械强度小、容易破损也是不行的。至于小颗粒树脂表面积大，溶液在树脂中的扩散路程短，与淋洗剂接触的表面积大，淋洗时速度快，效果也好。大颗粒树脂则相反，它的表面积小，路程长，扩散慢，淋洗时速度慢，效果也就差一些。颗粒太大或太小的树脂都是不可取的，颗粒太小的树脂容易结块堵塔，尤其当吸附原液中含泥量多的条件下，堵塔现象更加严重，同时颗粒太小的树脂比较容易流失，引起树脂耗量大。

3. 沉淀与压滤

沉淀是在淋洗合格液中，加入一定量的氢氧化铵或氢氧化钠中和至生成重铀酸铵或重铀酸钠沉淀。其反应式如下：

$$2UO_2(SO_4)_3^{4-} + 14NaOH \longrightarrow Na_2U_2O_7\downarrow + 6Na_2SO_4 + 7H_2O$$

$$2UO_2(SO_4)_3^{4-} + 14NH_4OH \longrightarrow (NH_4)_2U_2O_7\downarrow + 6(NH_4)_2SO_4 + 7H_2O$$

六价铀开始沉淀的 pH 为 3.5，当 pH=6.5 时就会全部水解，在 pH 小于 3.5 的酸性溶液和 pH 大于 7.5 的碱性溶液中都能与水溶液中的阴离子（SO_4^{2-}、NO_3^-、CO_3^{2-}等）结合成铀酰离子而溶于水溶液中，但水解不完全。而只有当 pH=7 时，重铀酸盐才能完全沉淀。实际生产中控制 pH 在 6.5～7.5 之间。另外为了得到颗粒大的沉淀物，适当加热至 50 ℃左右，之后才能缓慢地加入碱，并且要做到边加边搅拌，这样得到的重铀酸盐沉淀物颗粒大，易过滤，产品质量好。将沉淀好并已老化 1 h 以上的重铀酸盐用泵打入板框压滤机中进行压滤，在进料完成后，接着用水进行洗涤，洗涤的目的主要是洗掉产品中的十水硫酸钠（$Na_2SO_4 \cdot 10H_2O$）和氯离子，用硝酸银检验洗涤液中氯离子浓度应小于 0.05 g/L。最后吹风干燥 1～2 h，即可卸料装桶，取样后方可入库保存。

1.4.2 废水处理

细菌堆浸法生产过程中的外排废水主要包括沉淀母液（含滤液）、产品洗涤水、化验室分析废水、冲洗地面废水、吸附尾液（约占全部尾液的 7%～10%）、坑口少量污水及其他必须外排而又未达到外排标准的各种废水，统一收集在废水预处理池中，这些废水成份复杂、酸度大，不仅含有放射性元素，而且还包含有毒有害非放元素。必须经过处理，达到外排标准以后方可外排。生产外排废水中和处理工艺流程示意图如图 1-3 所示。

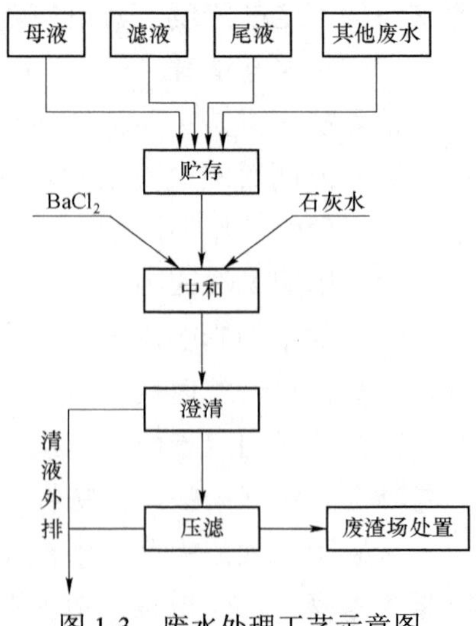

图 1-3　废水处理工艺示意图

废水处理的基本原理是采用酸碱中和（即石灰中和）生成的氢氧化物，与放射性核素及非放有害元素形成共沉淀共吸附现象而达到处理目的。其基本操作见图 1-3。首先将水冶生产的各种外排废水统一收集于废水池内，再由废水池流入石灰中和搅拌池，在中和池内加入氯化钡溶液（每 5 m^3 废水加 1 L 5%氯化钡溶液即可）和石灰乳，边加边搅拌，直至溶液的 pH 等于 7～8，停止加石灰乳和氯化钡后，继续搅拌 5 min，放入澄清池澄清，清液经检验达标外排（若不达标返回重新处理），沉淀物送压滤机压滤，压滤以后的干渣送专用堆渣场处置。

从表 1-8 可以看出，用石灰乳中和处理的酸性废水，对废水中的铀、镭、钍和钋等天然放射性核素和有毒有害元素的处理效果均可达到 99%，除硫酸根离子和氯离子偏高外，其余全部达到了铀矿冶废水外排水质标准。硫酸根离子与氯离子偏高，主要是沉淀母液所致。如果将母液返回配制淋洗剂，既可以节约工业用盐，又可以大大降低外排水质中的氯离子和硫酸根离子。当硫酸根离子浓度达到 60～100 g/L 时，可以用冷冻法生成的十水硫酸钠（$Na_2SO_4 \cdot 10H_2O$）结晶而除去，如表 1-9 所示。

表 1-8　废水处理前后效果对照表

项目	处理前	处理后	效果/%	项目	处理前	处理后	效果/%
U/（mg/L）	2.890	0.025	99.13	Pb/（mg/L）	0.195	0.008	95.90
Ra/（Bq/L）	546.00	0.89	99.84	Cr/（mg/L）	0.899	0.035	96.11
pH	2.00	8.50	合格	Ca/（mg/L）	206.400	788.800	增加
As/（mg/L）	4.56	0.025	99.45	Mg/（mg/L）	78.800	18.800	76.14
Cd/（mg/L）	0.456	0.004	99.12	Fe/（mg/L）	548.560	0.037	99.99
Zn/（mg/L）	5.887	0.026	99.56	Al/（mg/L）	295.560	0.176	99.94
Cu/（mg/L）	2.447	0.008	99.67	SiO_2/（mg/L）	376.520	2.800	99.26
Mn/（mg/L）	35.295	0.015	99.96	SO_4^{2-}/（mg/L）	2 308.320	2 101.310	8.97
Ni/（mg/L）	13.730	0.038	99.72	PO_3^{3-}/（mg/L）	48.143	0.840	98.25
NO_2^-/（mg/L）	2.385	0.053	97.78	NO_3^-/（mg/L）	3.795	1.409	62.87
Cl^-/（mg/L）	4 641.00	4 596.00	0.97	F^-/（mg/L）	68.503	14.726	78.50
COD/（mg/L）	45.670	13.456	70.54	Th/（mg/L）	0.250	0.001	99.60
^{210}Po/（Bq/L）	23.200	0.115	99.50	Mo/（mg/L）	7.690	0.050	99.35

表 1-9　用冷冻法去除沉淀母液中硫酸根离子的实验结果

编号	母液/（g/L）		实验现象
	$Na_2SO_4 \cdot 10H_2O$	Cl^-	
1	29.62	35.00	溶液温度为 0 ℃放置 18 h，无结晶析出
2	59.25	50.00	溶液温度为 0 ℃放置 18 h，无结晶析出
3	118.50	100.00	溶液温度为 0 ℃放置 18 h，开始有结晶析出
4	177.74	200.00	溶液温度为 0 ℃放置 18 h，有细微结晶析出
5	236.99	250.00	溶液温度为 0 ℃放置 18 h，有大量结晶析出
6	355.49	250.00	溶液温度为 0 ℃放置 18 h，有大量结晶析出

另外，放置时间越长，溶液中的硫酸钠越来越少，十水硫酸钠结晶颗粒也不断增大，但到第 5 d 以后就停止变化（饱和硫酸钠溶液中的十水硫酸钠结晶在 30 ℃时就可结晶析出）。将除去硫酸钠以后的母液返回配制淋洗剂用，其淋洗效果与新鲜淋洗剂是一样的。说明沉淀母液返回作淋洗剂影响淋洗效果的主要原因是母液中的硫酸钠浓度过高，降低了溶液中离子的活度，防碍了氯离子的与负载树脂中的硫酸铀酰络阴离子交换，从而影响了淋洗效果。所以除去母液中的硫酸钠，就可以当新鲜淋洗剂使用了。

在这里顺便提一下，用中和法处理外排废水是目前铀矿冶系统传统的最经济、最简单、效果最好的方法。但要特别注意的是，加入石灰乳和氯化钡调至 pH=8.5 时，必须搅拌 5 min，方可达到处理效果。如果不搅拌，虽然 pH 达到要求，但铀、镭、钍和钋等天然放射性核素仍然达不到要求，这是因为放射性元素都是极其微量的，只有当铁、锰、铝等氢氧化物沉淀时，使之与铀、镭、钍和钋等放射性核素产生共沉淀共吸附的载带作用，这种作用通过搅拌才能完成，如果不搅拌，沉淀物对放射性核素的吸附效果极差，虽然 pH 值达到要求，但放射性核素和有毒有害元素含量仍然达不到外排水质要求。因此，用石灰中和法处理铀矿冶酸性废水时一定要遵守操作规程，否则前功尽弃。

石灰是中和酸性废水最廉价的原料，而华湘化工公司生产的废电石渣处理酸性废水比工业石灰更加便宜，效果更为可靠。这是因为电石渣的主要成份是氢氧化钙，其含量可达 99%。而目前市场上出售的工业石灰氧化钙含量大都在 80%～85%，所以从氧化钙的有效成分来说，工业石灰还不如电石渣。另外，刚生产出来的电石渣还含有极其微量的硫化氢气体，这对废水中大多数能生成硫化物沉淀的重金属元素来说又是一种极好的沉淀剂。在 1994 年 5 月曾经用电石渣和工业石灰对铀矿山井下酸性污水做了对比实验，实验结果说明电石渣完全可以代替工业石灰使用。此项成果通过了专家评审，为后来淹井时的数百万吨酸性污水处理所利用，节约了 7 500 多吨工业石灰。这一经验可以在铀矿冶系统处理酸性废水时推广使用。

1.4.3 综合利用

合理部署，全面规划，综合利用，变废为宝，这是 20 世纪 70 年代提出的一条重要环境保护十六字方针，也是当今企业发展**循环经济**的一项基本原则。30 多年来许多企业在综合利用方面做出了巨大成绩，从废气、废渣和废水中回收了大量有用的东西。例如，广西壮族自治区河池市，通过大力发展循环经济，年烟气制酸能力已达到 60 万吨，铋、镉等贵重金属年回收能力分别达到 60 t 和 300 t，水泥企业年利用废矿渣 60 万吨以上，二氧化硫等有害气体排放量明显减少。目前，河池铅、锑、锌、锡等有色金属综合回收利用率已进入全国领先行列，全市 2006 年从“三废”中淘回 14 多亿元。石油化工行业 2006 年综合利用年产值达 62 亿元，其中固体废物年综合利用量 5 975 万吨，达到 75%。铀矿冶系统在综合利用方面也取得了很大成绩，如从燃煤炉渣中回收铀和从铀矿坑道污水中回收铀，从铀水冶厂吸附尾液中回收钼或其他稀有金属等。但尽管如此，铀矿冶系统在综合利用方面仍然大有文章可做。例如，如果将现在铀水冶厂吸附尾液中的铀含量降低，就可以从尾液中多回收铀。另外，特别是目前采用细菌堆浸技术的铀矿冶联合企业，许多与铀共生的稀有金属或贵重金属在细菌的作用下也可以随铀一道被浸出，再经吸附尾液的多次循环返复使用，使过去不被重视的稀散元素得到浓集，如尾液中的镍含量达到了 30～40 mg/L，钒、钼也有 6～15 mg/L，镓、锗、铊和稀散元素等也都达到了 2～3 mg/L。曾在某矿山的一个溜矿井流出的酸性污水中发现镍含量高达 600 mg/L，当时认为是亚铁就白白地让其流走了。据不完全统计，该矿每年从污水中流走镍 17.56 t，钼 7.78 t，铊 2.44 t 等。这些宝贵的国家资源就这样白白付之东流了。如果能将这些东西回收起来利用，不仅是一笔可观的收入，而且又保护了环境，是一举两得的大好事，何乐而不为呢。

1.5 堆浸法提铀的生产实例①

1.5.1 堆浸法提铀生产工艺流程简介

首先将出坑矿石由计量站经过物测和计量，并进行化学分析采样，然后进入矿仓，由板式给矿机将矿石送往鄂式破碎机进行破碎，破碎以后的矿石经皮带运输机运往振动筛进行筛分，其筛上产品返回进行第二次破碎，筛下产品运至堆场进行筑堆。将堆好的矿石扒平，就可以接管布液喷淋，浸出液经集液池收集，用耐酸泵输送或以自流方式送至水冶厂原液池。用 201×7 阴离子交换树脂吸附铀，其尾液流入尾液池，补加适量硫酸和坑口污水混合后，返回堆场作为淋浸剂。饱和树脂用氯化钠和稀硫酸溶液进行铀淋洗，淋洗合格液进入合格液池，贫液返回用作饱和树脂淋洗。在合格液中加入工业氨水或 30%的氢氧化钠溶液，将铀沉淀为重铀酸铵或重铀酸钠沉淀物（沉淀上清液以及下部沉淀滤液经脱去硫酸钠后返回配制淋洗剂），沉淀用泵送入压滤机进行压滤，水洗、吹风干燥，装桶，得到“黄饼”，即 111 产品。堆浸法提铀工艺生产流程示意图如图 1-4 所示。

1.5.2 堆浸法提铀生产工艺参数

1. 堆浸参数

矿石品位 0.10%～0.20%；矿石粒度 – 10 mm；堆场高度 4～5 m；喷淋强度 12.5～25.0 L/（m^2 • h）；淋浸液硫酸浓度 1.5～2.5 g/L；浸出液铀含量≥100 mg/L；淋浸时间 240～300 d；酸耗 1.5～5.0 kg/t 矿石；浸出效率≥95%；矿渣铀含量≤0.010%。

2. 树脂吸附、淋洗、沉淀参数

（1）固定床

吸附原液 pH＝1.8～2.0；吸附接触时间 5 min；穿透点铀浓度≤0.5 mg/L；饱和树

① 李远功. 用坑道污水配制铀矿石堆浸淋浸剂的实践［J］. 铀矿冶，2004，（4）：215-216.

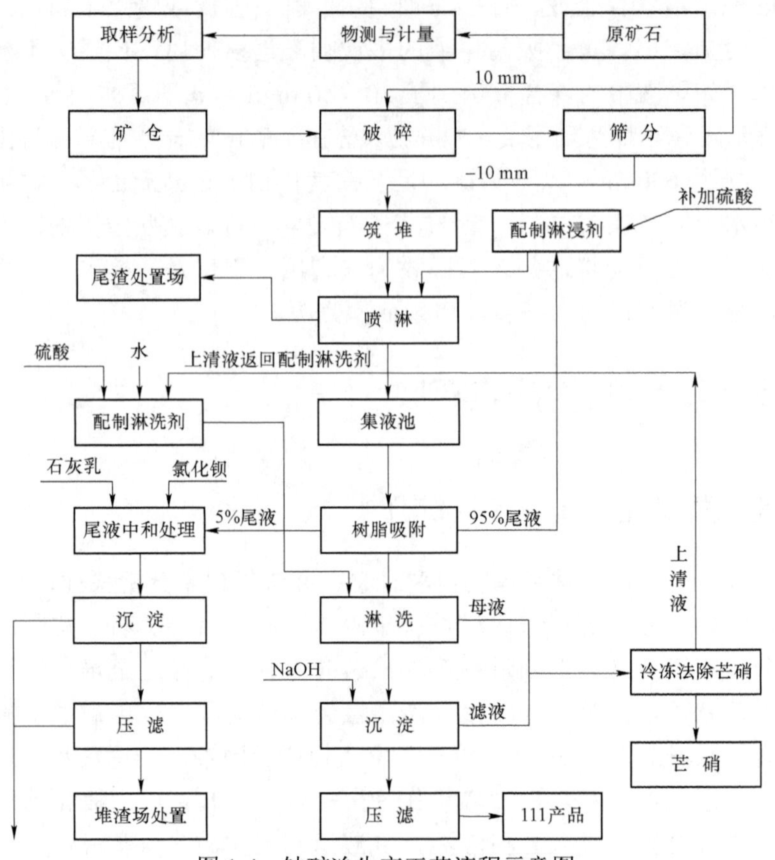

图 1-4 铀矿冶生产工艺流程示意图

脂返冲水 pH＝1.8～2.0；

淋洗剂组成为 5 g/L H_2SO_4＋58 g/L NaCl；淋洗接触时间 60 min；淋洗总体积 $15V/V_0$；合格液体积、一次贫液体积、二次贫液体积各均为 $5V/V_0$；淋洗终点铀浓度≤30 mg/L；淋洗液温度为常温；

沉淀试剂为工业氨水或 30%的氢氧化钠溶液；沉淀终点 pH＝6.5～7.5；沉淀温度为常温；沉淀老化时间≥30 min；沉淀母液铀浓度≤1 mg/L；

滤液铀浓度≤5 mg/L；洗涤水中最终氯离子含量≤0.05 g/L。

（2）密实移动床

吸附原液 pH＝1～2；铀浓度≥80 mg/L；尾液排放铀浓度≤3 mg/L；硫酸浓度＝1.5～3.0 g/L；吸附空塔线速度 40～50 m/h；日处理原液量≥1 000 m^3；树脂铀饱和度（操作容量）＝30～45 mg/ml（湿树脂）（该项指标随原液中铀浓度高低变化而变化）；

淋洗剂组成为 70 g/L NaCl＋10 g/L H_2SO_4；空塔淋洗速度 1.6～2.5 m/h（1 号淋洗塔 1.51～2.49 m/h，2 号淋洗塔 1.01～1.65 m/h）；淋洗合格液铀浓度 5～8 g/L；淋洗流比 2.8～5.0；再生树脂铀含量≤1.5 mg/ml；

沉淀、压滤、洗涤参数同固定床。

1.5.3 生产过程中实测的有关数据

在我国南方某铀矿，发现利用坑口污水配制淋浸剂对铀的浸取有更加明显的作用。该矿属花岗岩地区，始建于 1998 年，至今已有 10 年的历史了，10 年来已建成了 8 个堆场。开始几年他们为了提高浸取效率，降低酸耗，曾经采用加入氯酸钾、双氧水、软锰矿和三价铁等氧化剂的方法，但效果始终不明显。后来一个偶然的机会，发现坑口污水对铀的浸取有明显的作用。那是在 2002 年 12 月至 2003 年 3 月放假期间，由于坑口污水尚未形成系统的排水沟，使得有少量坑口污水流进 8 号、4 号和 3 号堆场，当气温上升至 16～23 ℃时，取样分析发现这三个堆场的浸出液中铀浓度大大提高，尤其是紧靠坑口污水入口处的 8 号堆场，浸取液中铀浓度由 0.090 g/L 上升至 0.565 g/L，提高了 5.28 倍；与 8 号堆场相邻的 4 号堆场铀浓度由 0.733 g/L 上升到 2.638 g/L，提高了 2.60 倍；而与 4 号堆场相邻的 3 号堆场铀浓度由 0.400 g/L 上升到 0.809 g/L，提高了 1.02 倍。而没有坑口污水流入的 1 号、2 号、5 号、6 号和 7 号 5 个堆场浸出液铀浓度前后无变化或变化不大，如表 1-10 结果。还有表 1-11、表 1-12，都说明了坑口污水对提高铀矿石浸出效率有显著作用。

表 1-10　在相同自然条件下（停产时间、天气状况）各堆场浸出液中铀浓度变化情况①

堆场编号	2003 年 3 月 1—3 日（3 次均值，气温 2～4 ℃）	2003 年 4 月 1—14 日（10 次均值，气温 16～23 ℃）	备注
1	0.075	0.072	没有坑口污水
2	0.085	0.102	没有坑口污水
3	0.400	0.809（3）	坑口污水最后流入
4	0.733	2.638（2）	坑口污水其次流入
5～6	0.182	0.177	没有坑口污水
7	0.182	0.193	没有坑口污水
8	0.090	0.565（1）	坑口污水首先流入

注：表内第 3 列括号内数字是表示坑口污水流入堆场的顺序号。

表 1-11　历年停产期间每天每万吨矿石从堆场自然流出的铀量比较①

项目	未用坑口污水（2002 年停产 98 d）	用坑口污水（2003 年停产 100 d）	未用坑口污水（2004 年停产 95 d）
流出液铀浓度/（g/L）	0.374	0.627	0.424
流量/（m^3/d）	31.54	33.85	25.00
堆场的总矿量/t	66 011.08	70 294.98	87 351.33
每天流出的量/（kg/d）	11.785	21.224	10.609
万吨矿石每天流出铀量/［kg/（10^4 t · d）］	1.785	3.021	1.213

① 李远功. 用坑道污水配制铀矿石堆浸淋浸剂的实践［J］. 铀矿冶，2004，（4）：215-216.

表 1-12 年生产期间用坑口污水配制淋浸剂与未用坑口污水淋浸效果比较①

项目	未用坑口污水		用坑口污水
	2001 年	2002 年	2003 年
进堆矿量（湿吨）/t	26 022.0	22 634.0	37 834.0
平均品位/%	0.222	0.145	0.134
铀金属/t	54.250	30.540	47.210
浸出液年平均铀浓度/（g/L）	0.219	0.163	0.239
停产前最后一次浸出液铀浓度/（g/L）	0.118	0.071	0.147

另外，在实验室里做了 2 个柱浸实验，1 号柱用坑口污水配制淋浸剂淋浸，2 号柱用自来水配制淋浸剂淋浸。在矿石粒度、品位、酸度和喷淋强度等条件均相同的前提下，实验结果发现用坑口污水配制淋浸剂淋浸的 1 号柱，其淋浸效率比用自来水配制淋浸剂淋浸的 2 号柱高 7.19%，酸耗降低 20.64%。

其次，利用生产坑口污水配制淋浸剂，还可以降低铀水冶生产主要化工原材料的消耗。现将历年水冶生产消耗的主要化工原材料情况列于表 1-13。

表 1-13 历年水冶生产消耗的主要化工原材料情况一览表 单位：t/t 产品

年份	生产方式	硫酸（H_2SO_4）	氯化钠（NaCl）	硝酸铵（NH_4NO_3）	石灰（CaO）	烧碱（NaOH）
1998 年	未用坑口污水配制淋浸剂，固定床树脂吸附铀	7.46	4.68（8.66）	3.98	2.39	1.69
1999 年		6.21	4.38（8.00）	3.62	3.39	1.50
2000 年		12.81	4.46（6.38）	1.92	6.06	1.65
2001 年		7.84	5.89（6.59）	0.70	5.40	1.52
平均		8.60	4.85（7.41）	2.56	4.31	1.59
2002 年	未用坑口污水密实移动床生产	5.83	6.49	停用	3.46	1.28
2003 年	用坑口污水配制淋浸剂，密实移动床生产	3.05	4.65	停用	1.67	1.08
2004 年		2.54	5.41	停用	1.24	1.22
2005 年		2.92	4.37	停用	0.83	0.94
平均		2.63	4.83	停用	1.26	1.08
2006 年						
2007 年		7.18				
2008 年		8.37				
2009 年		10.60				
引用坑水与不用坑水相比/%		69.42↓	34.82↓		70.77↓	32.08↓
用坑水与不用坑水移动床之间相比/%		31.33↓	25.58↓		63.58↓	15.62↓

注：表中第四列括号内数据是氯化钠与硝酸铵之和（因当时树脂上的铀是用氯化钠和硝酸铵混合淋洗剂淋洗）。

① 李远功. 用坑道污水配制铀矿石堆浸淋浸剂的实践［J］. 铀矿冶，2004，（4）：215-216.

第2章　堆浸法提铀的辐射防护

为了保障从事铀矿冶工作人员与居民的身体健康与安全，保护环境，促进铀矿业的发展，国家制定了铀矿冶辐射防护的有关规定和政策，凡从事铀矿冶生产的企业都必须认真实施。这是因为铀是一种天然放射性元素，放射性元素的原子核是不稳定的，能自发地放射出某种射线而转变为另一种元素或转变到另一种状态，这种过程称为衰变。原子核的衰变方式有α衰变、β衰变和γ衰变，放出的射线有α射线、β射线和γ射线，即称3种射线。

2.1　α、β和γ 3种射线的性质

α射线是高速运动的带正电荷α粒子流。α粒子是由2个质子、2个中子组成的核子结合体，它实际上就是惰性气体氦的原子核。刚从原子核射出的α粒子运动速度很大，但在物质中的射程不大，天然放射性原子放出的α粒子一般在空气中的射程只有2～10 cm，在固体物质中的射程更短，一张普通的纸就能将α粒子挡住，所以对人体外照射几乎毫无影响。由于α粒子射程短，它的能量可以集中地传输给物质的某个局部，引起局部物质的变化，所以当吸入或食入有α放射性的物质，使得α射线从体内照射人体时，就比在相同条件下β射线或γ射线的照射危险大得多，因此，在卫生防护上要特别注意有α放射性物质进入人体产生内照射危害。

运动着的β粒子组成β射线。β粒子的本质是电子，所以β射线是高速运动的电子流。β粒子比α粒子轻小得多，其质量只有α粒子的万分之几。所以它的穿透能力比α粒子强。在空气中它的射程可达十几米；在生物软组织和水中的射程可达十几毫米；在铝中最大可达几毫米。由于β粒子穿透能力比α粒子强，所以，β粒子不仅在内照射上，而且在外照射上也可能造成危害，特别是对于皮肤和眼睛的晶体。

γ射线是从原子核发出的一种电磁波。它具有很强的穿透力，各种放射性元素的原子核所发射的γ射线具有几千电子伏特至几百万电子伏特的能量。在铀矿山的井下，从矿体上射出的γ射线也具有不同的能量，因而穿透力也不同，如果把从矿体上射出能量最大的γ射线减弱一半大约需要11～15 cm厚的混凝土，而把从矿体上射出的低能γ射线减弱一半仅需要大约3～5 cm厚的混凝土。由于γ射线穿透力强，所以在三种射线中γ射线的外照射对人体的危害性最大。

人过多地接受射线是有害的。这是因为当射线进入人体后，就会在它经过的路途上与人体中的细胞原子发生数万次至十几万次的碰撞，造成人体大量细胞原子的电离和激发，从而引起人体内一系列异常的生物化学反应，正是这些异常的生物化学反应

会使人体代谢功能产生障碍，给人体造成比初始的电离和激发更为严重的不良后果，这常常称之为射线对人体损伤。

由于 α 射线、β 射线和 γ 射线都能引起物质的电离，所以这三种射线又称作电离辐射。为了减少电离辐射对从事铀矿冶员工和居民的危害，确保他们的身体健康，确保环境不受污染，这就是铀矿冶辐射防护工作的最根本任务。

2.2 辐射剂量的几个常用单位

2.2.1 剂量

电离辐射作用于生物体时，能引起各种生物效应。剂量一词是沿用医学上的术语，是用来度量射线对物质作用的程度。在医学上应用药物治疗疾病，或确定药物毒性时，需要掌握所使用的药物量，即药物剂量。同样在应用射线治疗疾病，或防御射线有害作用时，也需要知道人体受到了多少照射，这就是辐射剂量这一概念的由来。现在国际上通用的叫作**吸收剂量**。

2.2.2 吸收剂量

电离辐射授与某一体积元中物质的平均能量除以该体积元中物质的质量的商，即 $D=\mathrm{d}\varepsilon/\mathrm{d}m$。通俗称作被照物质吸收的电离辐射的能量，1 拉德的吸收剂量就是被照物质吸收 100 尔格的能量。单位为**拉德（rad）**。用于内、外照射。

2.2.3 拉德（rad）

拉德是吸收剂量的专用单位。1 rad $=10^{-2}$ J/kg。

2.2.4 戈瑞（Gy）

戈瑞是 1980 年，ICRU 提出的吸收剂量单位。1 Gy＝1 J/kg；1 Gy＝100 rad。

2.2.5 居里（Ci）

居里是度量放射性物质多少和强弱的单位。1 居里 $=3.7\times10^{10}$ 衰变/秒，每秒钟的衰变次数也叫放射性强度。这是过去使用的单位，现在通用的是贝克勒尔（Bq）。1 Bq＝1 次衰变/秒。1 Ci $=3.7\times10^{10}$ Bq。

在实际工作中，往往需要了解一定量物质中的放射性强度（如空气、水、土壤等），常常使用 $\mathrm{Bq/m^3}$、Bq/L、Bq/g 和 Bq/kg 等单位表示。在铀矿山往往把氡气浓度称作爱曼，1 爱曼＝3.7 Bq/L，也就是 1 爱曼＝3.7 次衰变/升或者是每分钟 $3.7\times60=222$ 次衰变/升。

2.2.6 放射性强度与质量的关系

设某放射性核素的质量为 G g，原子量为 A g，半衰期为 $T_{1/2}$，求它的放射性强度（Ci 或 Bq）。根据阿伏加德罗常数可知，1 g 原子质量的任何物质，所包含的原子数目为 6.023×10^{23} 个，那么 G g 物质的原子数目 N 应为：

$$N=\frac{G}{A\times6.023\times10^{23}}$$

某放射性核素的衰变率 $J=\lambda N=\dfrac{0.693}{T_{1/2}}\times\dfrac{G}{A\times6.023\times10^{23}}$，这是 G g 某核素衰变的原子数目（即为 Bq）。将衰变数除以 3.7×10^{10} 所得的商，就是居里数。

居里数 $C=\dfrac{0.693\times G\times6.023^{23}}{T_{1/2}\times A}\div3.7\times10^{10}=1.13\times10^{13}\times\dfrac{G}{A\bullet T_{1/2}}$（$T_{1/2}$ 以秒计）

$C=1.89\times10^{11}\times\dfrac{G}{A\times T_{1/2}}$（$T_{1/2}$ 以分计）

$C=3.14\times10^{9}\times\dfrac{G}{A\times T_{1/2}}$（$T_{1/2}$ 以时计）

$C=1.31\times10^{8}\times\dfrac{G}{A\times T_{1/2}}$（$T_{1/2}$ 以天计）

$C=3.6\times10^{6}\times\dfrac{G}{A\times T_{1/2}}$（$T_{1/2}$ 以年计）

2.2.7 照射量

为光子在质量为 dm 的某一体积元的空气中释放出来的全部电子（正电子和负电子）被完全阻止于空气中时，在空气中形成的一种符号的离子总电荷的绝对值，即 $X=dQ/dm$。它的专用单位是伦琴（R）。1 R=2.58×10^{-4} C/kg。

照射量（伦琴）与吸收剂量（拉德）的区别：（1）照射量只能用于 X 和 γ 辐射，而吸收剂量可以用于任何电离辐射；（2）照射量是辐射场的一种度量，而吸收剂量是每克被照射的物质所吸收的能量，后者不仅取决于外界的辐射场，而且还取决于被照物质本身性质及光子的能量。

2.2.8 剂量当量（*H*）

即使在吸收剂量相同的情况下，不同类型的电离辐射所产生的生物效应严重程度也各不相同。为了便于比较，在辐射防护工作中引进了**剂量当量**，它的专用单位是雷姆（rem）。

组织中某一点的剂量当量（H）定义为以 rad 表示的吸收剂量与若干修正因素的乘积，即：

$$H=DQN$$

式中：D 是吸收剂量；Q 是品质因素，各种辐射相对应的 Q 值如表 2-1 所示；N 是由 ICRP 规定的所有其他修正因素的乘积，这些因素可以照顾到诸如吸收剂量率和剂量的分次给予等。目前 ICRP 指定 $N=1$，剂量当量单位是西沃特（Sievert，记作 Sv）。

1 Sv=1 J/kg（100 rem）；1 rem=0.01 Sv。

表 2-1　各种辐射相对应的 Q 值

辐射类型	Q
X 射线、γ 射线和电子	1
能量未知的中子、质子和静止质量大于 1 原子质量单位的单电荷粒子	10
能量未知的 α 粒子和多电荷粒子（以及电荷数未知的粒子）	20

2.2.9　有效剂量当量（H_E）

加权平均各器官剂量当量的和。权重因子 W_T 是 ICRP 第 26 号出版物理学推荐的数值，如表 2-2 所示。权重因子定义为当所有器官和组织都接受相同的剂量当量时，某一器官和组织所贡献的总随机危害中所占的份额，因此，有效剂量当量可按下式进行计算：

$$H_E=\Sigma W_T H_T$$

式中，由于权重因子 W_T 是无量纲，所以 H_T 的量纲就是 H_E 的量纲。式中为能量除以质量，单位是 J/kg。H_E 的单位也可用 Sv。

常用辐射量、SI 单位、专用单位及其换算关系如表 2-3 所示。

表 2-2　权重因子 W_T 的数值

器官	W_T
性腺	0.20
乳腺	0.15
红骨髓	0.12
肺	0.12
甲状腺	0.03
骨表面细胞	0.03
其余五个接受最高剂量当量的器官	5×0.06
全身	$\Sigma W_T=1.00$

表 2-3　常用辐射量、SI 单位、专用单位及其换算关系

辐射量	符号	SI 单位	专用名称	专用单位	SI 单位与专用单位的换算关系
照射量	X	C/kg		R	$1\ R=2.58\times10^{-4}\ C/kg$
照射量率	$X^{\cdot}$	C/（kg·h）		R/h	$1\ C=3.877\times10^{3}\ R$
吸收剂量	D	J/kg	Gy	rad	1 Gy=100 red

续表

辐射量	符号	SI 单位	专用名称	专用单位	SI 单位与专用单位的换算关系
吸收剂量率	$D^{\bullet}$	J/（kg・h）	Gy	rad/h	1 red＝0.01 Gy
剂量当量	H_T	J/kg	Sv	rem	1 Sv＝100 rem
剂量当量率	$H_T^{\bullet}$	J/（kg・h）	Sv/h	rem/h	1 rem＝0.01 Sv
有效剂量	E	J/kg	S_V	rem	
集体剂量当量	S_T		人・S_V	人・rem	
集体有效剂量	S		人・S_V	人・rem	

1 MeV＝1.6×10^{-13} J＝1.6×10^{-7} μJ

1 WL＝1.3×10^{5} MeV/L＝20.8 μJ/m^3

1 GB（国标）＝0.308 WL（工作水平）＝6.4 μJ/m^3

所以 1 GB＝4×10^{4} MeV/L

1 WLh（工作水平时）＝20.8 μJ h/m^3

1 WLM（工作水平月）＝170×20.8 μJ h/m^3＝3.54 mJ/m^3

2.3　铀矿生产过程中存在的放射性有害因素

铀矿生产过程中存在着各种有害因素，其中主要是：（1）空气中放射性铀矿粉尘污染；（2）氡和氡子体对空气的污染；（3）铀矿石放出 γ 射线的外照射；（4）放射性物质造成的表面污染；（5）生产过程中排出的放射性“三废”（废水、废渣、废气）对环境的污染。除此之外，还有放射性与其他非放射性协同作用下危害等。

2.3.1　空气中放射性铀矿粉尘的来源及危害

人们把在生产过程中形成的较长时间悬浮在空气中的固体微粒叫作生产性粉尘，把在铀矿冶生产过程中形成的粉尘叫做放射性铀矿粉尘。铀矿粉尘是放射性粉尘，对从事铀矿冶生产员工的身体健康危害比较大，主要的危害作用来自铀矿尘中所含的游离二氧化硅（SiO_2），而放射性危害只占次要地位。

铀矿生产过程中的凿岩、爆破、装运、破碎和筛选等作业都能产生一定的铀粉尘。其中主要是凿岩作业，按打 1 m 深的干眼计算，被凿碎的岩石大约有 3.5 kg，其中直径小于 5 μm 的细微粉尘占 4.1%，总重量为 143.5 g，它能使作业面空气中的粉尘浓度达到每立方米数百毫克。能使长 1 000 m 的水平巷道空气中的粉尘浓度超过最高容许浓度。不过在湿式凿岩时，做到先开水、后开风和先关风、后关水的操作方法，在爆破、装运、破碎和筛选等作业环节中，也都要进行喷雾洒水和通风降尘措施，这样所产生的粉尘量就大大减少了。

长期吸入大量的含有游离二氧化硅的粉尘（硅尘）会使人的肺脏发生广泛的纤维化病变，这种病就叫做硅肺病。影响硅肺发病的主要因素有以下几点。

1. 硅尘的浓度

在其他条件一定时，工作场所空气中粉尘浓度越高，发病率就越高，反之，发病率就低。有资料报道，当空气中粉尘浓度高达每立方米 1 000 mg 时，在此条件下工作 1～2 年的员工就可能得硅肺病，而在国家规定每立方米 2 mg 以下，工作几十年也不会得硅肺病。

2. 游离二氧化硅的含量

在粉尘浓度的其他条件一定时，矿尘中游离二氧化硅的含量越高越容易引起硅肺病。在一般情况下，岩石中二氧化硅含量越高，在其形成的粉尘中游离二氧化硅的含量可能也会高一些，但不是绝对的，因为岩石的物理结构和化学性质不同，粉尘中所含游离二氧化硅的多少也会有很大的差别。

3. 硅尘颗粒的大小

颗粒大的硅尘，因重力也大，就会很快落到地面，被人吸入的机会也少，即使吸入也很容易被人的上呼吸道器官阻留，到不了肺泡。只有那些直径小于 10 μm，特别是 2 μm 以下的粉尘，不但能较长时间地悬浮在空气中，而且比较容易被人吸入直达肺泡。

4. 从事硅尘作业的年限

在硅尘浓度高的作业环境中，当其他作业条件一定时，作业的时间越长，发病的可能性也就越大。但是，在工作面粉尘浓度符合国家标准时，工作几十年，也可以不得硅肺病。

5. 个人的健康状况

人体的健康状况和身体抵抗力强弱，对硅肺的发生都有一定的影响。患有慢性呼吸道疾病（如慢性鼻炎、慢性支气管炎和支气管扩张等）的人，对硅尘的防御机能有不同程度的减弱，因此加强身体锻炼，提高健康水平至关重要。

2.3.2 空气中氡及氡子体的来源及危害

在铀矿井下，从岩石、矿石表面和矿体水中析出的氡进入矿井空气中，并不断产生氡子体，使空气受到污染。由于矿石中镭含量高，所以矿井空气中氡和氡子体浓度也高。在铀镭平衡的 1 t 铀矿石中，假如铀品位为 0.1%，则每秒钟大约可以产生 2.65×10^7 Bq 的氡，如果产生的氡有 10%进入空气，那么，只要 10 min 就会使一个 2 m 高、200 m^2 采场中的清洁空气污染到氡浓度为 1 爱曼（3.7 Bq/L），在完全不通风的情况下，24 h 后就可以达到 140 爱曼以上。只要给这个采场以每秒几立方米的风量通风，就可以使采场中的氡和氡子体浓度都保持在国家允许标准以下。

氡是一种无色无味无臭的惰性气体，衰变时放出 α 射线，并产生一系列放射性更强的子体，氡的比重约为空气的 7.5 倍。氡很容易被各种固态物质所吸附。吸附力最强的是活性炭，其次还有橡胶、锯木屑和黏土等。

人吸入的氡经上呼吸道进入肺部，通过渗透作用经肺泡壁溶于血液。然后随血液循环分布于全身并积累于含脂肪较多的器官或组织中，并按照其固有规律进行衰变，衰变掉的氡在体内产生出它的 8 种子体，其中短寿命子体对人的危害最大。吸入的氡子体大约有 60%被阻留在体内，能再呼出约 40%。被阻留的氡子体中绝大部分沉积在支气管以前的所谓上呼吸道，特别是鼻咽部以下的主支气管部分，在鼻咽部只能阻留约 2%，能进入肺泡从而可以通过血液进入其他组织或器官的数量很少，而且大多数是小于 2 μm 的结合状态的氡子体。氡及其短寿命子体的辐射特性如表 2-4 所示。

表 2-4　氡和氡短寿命子体的辐射特性

名称	同位名称	符号	半衰期	放射性种类
氡	氡-222	$^{222}_{86}Rn$	3.825 d	α
镭 A	钋-210	$^{210}_{84}Po$	3.05 min	α
镭 B	铅-210	$^{210}_{82}Rb$	26.8 min	β、γ
镭 C	铋-214	$^{214}_{83}Bi$	19.7 min	β、γ
镭 C	钋-214	$^{214}_{84}Po$	1.6×10^{-4} s	α

空气中的氡和氡子体的存在总是联系在一起的，有氡的地方也必然会有氡子体，因此空气中的氡和氡子体总是同时被吸入，给机体造成的危害性也总是叠加在一起的，所谓吸入氡的危害，实际上就是吸入氡子体的危害。

由于氡和氡子体衰变时能放出 α、β、γ 三种射线，根据现代放射性医学证明，α 射线能致癌，因此，氡和氡子体就成为铀矿员工患肺癌的原因之一。据有关调查资料介绍，铀矿员工肺癌的发病率与氡子体的累积剂量有一定关系，当累积剂量不超过 120 工作水平月（WLM），铀矿员工肺癌的发病率并不比一般居民高。只有当剂量超过 120～359 WLM，平均为 240 WLM 时，发病率明显比一般居民高，为居民发病率的 4 倍左右，而当累积剂量超过 1 800 WLM 时，就比一般居民高 13 倍以上。我国某铀矿肺癌的发病率为 43 人/万人，而上海市居民肺癌的发病率为 2.4 人/万人，高 17.9 倍。铀矿员工肺癌的发病率一般高于普通居民是事实，但不一定完全就是氡子体引发。因为现代医学知识确定除 α、β、γ 射线外，还有苯并芘、亚硝酸盐、羰基镍和砷化物等同样可以致癌。某些有色金属矿山员工肺癌的发病率并不比铀矿员工低，如云南某个旧锡矿山员工的肺癌发病率远远超过铀矿员工。这就不难看出，肺癌的发生原因很可能除空气中存在的放射性射线外，还有非放射性致癌物，是二者对人体发生协同作用的结果。就铀矿山本身来讲，不同工种不同地点肺癌的发病率也大不一样，个别地表工种接受的放射剂量比井下低得多，劳动强度也较低，冬天可以烤电炉，夏天又可以吹电风扇，有时还可以躺下来睡一觉，工作时间六小时制，可癌症的发病率比较高，如某矿在地表开风机的人员癌症的发病率比井下员工高得多，这些人大都在 50～60 岁就离开了人世。这里面并不排除个人身体素质原因，但这些人从事本岗位工作至少也有十几年，大多数一干就是二三十年，从未离开本岗位。至于癌症发病率为什么这样高，而且又不是同一种癌症，这是值得深思和研究的医学难题，有待进一步探讨。

2.3.3 γ 外照射的来源与危害

γ 外照射主要来源于铀矿石中的镭。它与三个因素有关：（1）矿石中镭含量。一般情况下，矿石中铀品位越高，镭含量也越高，γ 外照射强度就越大；（2）岩石的性质。矿石密度越小，越松软，γ 外照射强度就越大；（3）矿体和作业人员的相对位置。在其他条件相同时，γ 外照射强度随人在矿体中的相对位置不同而有较大差异：a）如人在矿体中，射线可从左右、前后、上下六个方向受到照射；b）人进入矿体较浅，γ 射线可从多方面，但不是从四面八方照射人体；c）人未进入矿体，但处于矿体附近，γ 射线从人的一侧照射人体；d）人在较小矿块附近，γ 射线从一定范围的有限面积中发射出并照射人体。显然，接受照射量最大的是人在矿体中，其他三种情况受照强度依次减小。

由于铀矿员工接受的 γ 外照射，相对而言强度都比较低，仅仅从外照射来说，不会造成多大的危害。《中国核工业三十年辐射环境质量评价》中指出：铀矿员工接受的剂量主要来自由吸入途径进入人体的氡和氡子体，约占总剂量的 90%。当然个别矿体铀镭含量达百分之几，γ 射线的强度还是比较大的。对于这样的高品位矿石，在开采时应采取以下三种防护措施：（1）距离防护；（2）时间防护；（3）屏蔽防护。总之，尽可能使用先进的采矿方法和机械化作业的条件，缩短采矿时间，做到速采速出，可采取互调作业地点，使作业人员分担照射的方法以达到防护的目的。

2.4 铀矿生产过程中的辐射防护

辐射防护主要任务是防尘降氡。从我国铀矿冶生产的实际情况看，认真贯彻执行“预防为主”的方针，吸取煤矿和有色金属矿山的先进经验，采取了许多行之有效的辐射防护措施，是搞好铀矿冶辐射防护和环境保护的重要手段。例如 20 世纪 60 年代初提出的“水、风、密、宣、革、护、管、查”八字辐射防护方针，对综合防尘降氡起到了很大的作用。在科学技术迅速发展的今天，八字方针仍然有着丰富的内涵。

2.4.1 “水”就是要做到湿式作业

打占时一定要先开水、后开风，停占时就要先关风、后关水，严禁打干钻。在矿石爆破、装运，破碎和筛分等作业环境都要进行喷雾洒水，进入工作面开始工作前，首先要洒水洗壁，在井下回风道的适当位置要设有喷雾洒水装置。总之，通过以上措施使空气中的粉尘浓度达到或低于国家规定的标准。

2.4.2 “风”就是要加强通风

加强通风是防尘降氡的重要措施之一，也是铀矿山井下安防工作中的一个重要环节。因此，铀矿山的井下通风要特别注意以下几点：（1）合理的通风系统，应使井下工作的员工始终处于新鲜风流中工作。不允许各工作面串连通风；（2）进风港道应在铀镭品位低、氡析出量少的围岩中，防止进风流被污染；（3）必须采用机械通风，而且风机必须 24 h 不停地向井下供风；（4）确定合理的主扇通风方式。主扇供风方式有压入式、抽出式及混合式三种。具体来说确定铀矿山供风方式应根据矿体赋存条件、开采方法和防尘降氡要求等因素全面考虑。

2.4.3 “密”就是井下的密闭工作

将采空区、废巷道等用砖或混凝土结构全部密闭起来，以减少氡及有害气体析出量。

2.4.4 “宣”就是宣传教育

向全体员工宣传教育“安全第一，预防为主”的方针政策和有关的规章制度。既要宣传放射性对人的身体健康有影响的一面，也要宣传放射性对人的影响也是可以克服的一面。例如，1973 年 9 月 1 日，我国某水冶厂一位青工违反操作规程，将 700 kg 铀废料一下子投入 50%硝酸反应槽内，由于剧烈的化学反应，造成了冒槽事故。正在反应槽下工作的另一名青工因来不及走开，遭到 108 ℃含铀强酸溶液的喷射，结果这位青工的枕、面、颈、背和四肢烧伤，烧伤面积占人体表面积 71%，其中Ⅰ度烧伤占 64%，Ⅱ度烧伤占 23%，Ⅲ度烧伤占 13%。病人入院后由清醒到昏迷，由尿多到尿少，出现肾功能衰竭和中毒性肝炎。对病人的大小便和皮进行了铀含量分析。分析结果见表 2-5。

表 2-5　大小便铀含量分析结果

日期	小便		大便	备注
	铀含量/（g/L）	排尿量/ml	铀含量/（g/kg）	
1973 年 9 月 1 日	1.4×10^{-2}	1 600		
1973 年 9 月 2 日	8.6×10^{-3}	1 900		
1973 年 9 月 3 日	9.7×10^{-3}	2 000		
1973 年 9 月 4 日	1.0×10^{-3}	800		
1973 年 9 月 5 日	8.4×10^{-4}	100		
1973 年 9 月 6 日	5.6×10^{-4}	60		
1973 年 9 月 7 日	无尿			
1973 年 9 月 8 日	无尿			
1973 年 9 月 9 日	1.0×10^{-4}	525	3.3×10^{-4}	
1973 年 9 月 10 日	6.6×10^{-5}	800	1.1×10^{-4}	

续表

日期	小便		大便	备注
	铀含量/（g/L）	排尿量/ml	铀含量/（g/kg）	
1973 年 9 月 11 日	7.2×10^{-5}	1 160	5.4×10^{-4}	
1973 年 9 月 12 日	4.8×10^{-4}	1 540	7.1×10^{-5}	
1973 年 9 月 13 日	1.6×10^{-4}	1 720	1.1×10^{-4}	
1973 年 9 月 14 日	1.2×10^{-4}	1 780	无大便	血：4.2×10^{-5} g/L
1973 年 9 月 15 日	1.8×10^{-4}	1 700	无大便	皮：5.7×10^{-1} g/kg（湿）

对照：尿样铀含量为 1.5×10^{-7} g/L；
大便样铀含量为 4.0×10^{-7} g/kg（湿）；
血中铀含量为 3.6×10^{-7} g/L。

从表中可以看出：受伤病人的尿样、大便样、血液样均比对照人高数千倍至数十万倍，皮样尽管在分析前反复洗涤，但铀含量仍高达 5.7‱。这是我国首例急性铀中毒，能不能治愈，当时专家们心中无底。但是，经过半个多月的抢救治疗，病人脱离危险。在医院观察 8 个多月未发现异常。这个青工于 1976 年结婚，生一子一女，子女生长发育良好。这个案例说明铀中毒是可以治愈的。更何况铀矿冶系统的员工尿中铀含量低得多。表 2-6 是某铀矿体检时对各工种员工早晨第一次尿样进行尿中铀含量分析的结果。

表 2-6 铀矿冶员工尿中铀含量

工种	样品数	平均铀含量/（g/L）
支柱工	15	2.3×10^{-7}
爆破工	6	2.3×10^{-7}
风占工	45	3.7×10^{-7}
水冶工	21	7.3×10^{-7}
辅助工	8	2.7×10^{-7}
对照（未接触放射性工作人员）	13	1.2×10^{-7}

表中结果说明，从事铀矿生产的员工尿中铀含量略高于对照样，但远低于国家规定的饮应水水质铀含量标准 5×10^{-5} g/L。从上面铀中毒事例可以看出，体内低浓度铀含量对身体健康不会有多大影响，是安全的。

2.4.5 “革”就是要进行技术革新和技术革命

采用最先进的生产技术和生产设备，减轻劳动强度，就是要以科学发展观进行技术革新和技术改造，坚决废除土箕加扒子那种落后的生产方式，尽可能地使用机械化或自动化生产。特别对那些铀矿品位极高的矿房，技术革新尤其重要。

2.4.6 “护”就是个人防护

从事铀矿冶生产的员工进入工作地点工作时必须穿戴好工作服、手套和口罩，到井下去的员工还必须戴好矿帽。下班时，脱掉工作服，进淋浴室洗澡，洗完澡必要时用表面沾污仪检查手是否达到本底水平，未达到再去洗，直至达到本底水平为止。另外工作场所禁止吸烟，不要随便进餐，以减少放射性物质进入体内的机会。平时还要加强身体锻炼，适当注意调节营养，增强体质。再者，凡配戴个人剂量计的员工，必须按要求配戴在身上，不得乱丢乱放，弄虚作假。因为这是测定员工在工作时间内所受内外照射的真实剂量。若不认真做，所测数据将毫无意义。

2.4.7 “管”就是加强组织管理

辐射防护工作从某种意义上讲，也是关系到千家万户的大事，所以，必须自始至终都要抓紧抓好，第一，组织落实，包括人员配备，隶属关系等；第二，制度落实，根据辐射防护的要求，结合本单位的实际情况，制定出一整套适合本单位的辐射防护管理制度和措施；第三，任务落实，就是要把辐射防护工作的责权利落实好，一方面要把监测任务完成好，另一方面还要把辐射防护的规章制度贯彻执行好，并负责监督，对违规的人或单位有权提出处理意见；参与审查和处理生产过程的新工程、新设备、新技术、新设计中的辐射防护安全问题；检查、鉴定和参与改进矿井通风系统、各种安全防护设施、“三废”处理系统及个人防护用品的效能，并提供准确可靠监测数据。

2.4.8 “查”就是督促检查

检查的依据就是《中华人民共和国职业病防治法》《中华人民共和国放射性污染防治法》《中华人民共和国环境保护法》，以及由本单位负责制定有关的辐射防护规定或措施等；检查的内容主要是对国家法规和有关制度执行情况，对执行不好的或有违规行为的单位或个人，要提出限期整改和处理意见。

根据现代医学发展的需要，放射医学也应当加快发展，在研究放射性对人危害的同时还要着重研究非放射性物质的危害，二者是否存在某种协同作用。首先，辐射监测不仅要监测天然放射性核素，而且要根据实际情况，监测那些非放射性物质，特别是致癌物质。辐射防护技术人员根据辐射监测提供的数据，会同医务人员将那些重点员工或对历史上曾经出现过癌症发病率极高的个别岗位的人员列为长期跟踪重点监控对象，建立详细个人剂量医疗档案。档案内容包括在工作现场空气中的粉尘、氡及氡子体浓度，粉尘样品中铀、镭、钋和游离二氧化硅含量，另外还应包括空气中的砷、镉、铬、四羰基镍、苯并芘和氮氧化物的含量。每年或每半年进行一次详细体检（主要内容包括内外科常规检查、CT 扫描和痰检等），并对体检人员的排泄物进行分析，分析项目包括铀、镭、钍、钋、砷、镉和镍等，都要一一记录在案，为病理学研究提供可靠数据。从而了解或掌握放射性核素与某些非放射性物质对人类健康协同作用危害的规律性，以便制定更全面、更细致的铀矿冶辐射防护措施，确保从业人员的身体健康。

第 3 章　堆浸法提铀的环境保护

环境就是人类和其他生物赖以生存的自然条件的总和。人类为了生活，需要一定的环境，因此要保护自然环境，特别要保护原有的对人类生活有利的环境条件，而且还要不断地用人类自己的聪明才智改造环境，以便生活得更美好。随着社会的发展，人类的生产和生活改变了原来的一些环境条件，环境质量下降，反过来又影响人类的生产和生活，影响人类的生存和健康。

3.1　环境保护的目的意义

铀矿业是核工业的基础原料工业，其环境保护与监测在较多方面与其他基础工业相同，但也有与其他工业不同之处，那就是在核工业矿山系统的各个生产环节都存在放射性，形成放射性对周围环境的污染，从而影响到人类生活的环境质量。铀矿业的环境保护，就是根据环境监测的数据，运用现代环境科学的理论和方法，采取有效措施，使正常生产和发生事故时都不会导致周围环境中放射性物质超过国家相应的规定，防止有害的非随机效应，限制随机效应的发生率，使之达到可以接受的水平。在更好地利用铀矿资源的同时，深入研究和掌握放射性污染和影响环境的规律性和危险性，有效地保护环境，防止环境质量的恶化和污染，使铀矿业符合可持续发展的轨道，使人们充分认识到从事核能原料生产的铀矿业也是一种清洁的行业，是造福人类社会低碳生活的新型能源工业之一。

3.2　环境保护的三原则

国际辐射防护委员会提出的辐射防护 3 个基本原则是：**辐射事业正当化；防护水平最优化；个人剂量当量限量化**。这 3 条原则不仅在辐射防护中要执行，铀矿冶的环境保护中也要同样坚决执行。

3.2.1　辐射事业正当化

辐射事业正当化是指确定引入的某项带有辐射的生产实践是否合理，是否能带来超过代价的纯利益。这里所指的利益包括对于社会的一切利益，绝对不是某些特殊集团或个人所得到的利益。所谓代价是指某项生产实践所付出的总和，其中包括生产实践上的代价和对个人健康损伤或对环境的破坏。因此，正当化程序要求做总代价利益分析。这就要求环境保护专业技术人员协同其他有关专业技术人员认真对所有利益做出正确判断，并客观地提供辐射危害的评价，以便有关领导做出正确决策。

3.2.2　防护水平最优化

防护水平最优化就是说任何辐射剂量必须保持在可以合理做到的最低水平。在铀矿冶环境保护工作中正确执行这一原则不仅可以最大限度地降低员工和居民所受的辐射剂量，而且可以减少投资和避免浪费。这一原则的实质就是用最小的剂量做尽可能多的工作，也就是说用有限的资金，得到最佳的环保效果。

3.2.3　剂量当量限量化

前面两个条件做好了，具体到每一个人所接受的辐射剂量就不一定能提供合理的防护，因此还需规定个人接受的剂量不得超过一定的限度。对个人剂量和集体剂量也应限制，对排放物质的浓度及排放物质的总量也应限制，不管最优化的结果如何，个人所受剂量不要超过限量。

总之，三原则是一个整体，不可分开来理解。一般来讲个人接受的剂量越低越好，生产排出的有害物质的浓度越低和排放物质的总量越少越好。但这样就要花费更多的资金去治理，从而增加生产成本，减少生产利润，甚至亏本，最后只好倒闭。反过来讲，如果片面地追求纯利润，不管“三废”治理，结果资源浪费，环境污染，植被破坏，人接受的辐射剂量严重超标，这样也会导致企业停产关门。所以作为企业，要充分认识和理解辐射事业正当化、防护水平最优化和剂量当量限量化三原则的重要性和必要性，并要扎实地贯彻到生产实践中去，使企业的环境效益、经济效益和社会效益同步协调发展。

3.3　环境监测的内容

环境监测是环境保护的眼睛，是研究环境、治理环境、利用环境、保护环境的重要手段，同时也是制定各项环境保护的政策法规和措施的科学依据。因此，要做好环境监测工作，除了系统地全面掌握无机化学、有机化学、物理化学、分析化学和放射化学等科学知识外，还要了解环境工程、环境医学、环境生物学和放射性剂量学等有关知识。所以说环境监测是一门综合性强、种类繁多、知识面广的科学技术。**环境监测的宗旨是为了保护环境和公众的健康与安全。**

从分析方法讲，环境监测可分为物理监测和化学分析，从目的上讲，环境监测又可分为本底调查、常规监测、退役监测和事故监测。退役监测分为退役过程中的监测和退役后的监测。如设施经退役处置、测量和环境影响评价后认定不需要进行退役后监测时，则不再进行退役后的监测。

3.3.1　环境监测的区域范围

常规监测范围一般应不小于矿区界外 10 km 的范围。地表水系监测范围可沿水流方向视外排废水扩散稀释状况适当延长。当矿区界外 20 km 范围内（且位于矿区常年主导风向的下风向）有较大城镇居民集中居住地、风景旅游地、自然保护区和文物保护区时应扩大区域监测范围，且当具有足够实测数据可以证明其影响接近当地本底时，才可以缩小监测区域范围。本底调查和投产初期的 3～5 年内，监测区域范围应大于常规监测区域范围。退役后的监测范围可适当缩小。一般着重于尾矿坝、废石场、堆渣场、破碎场和水冶厂等设施周围 1～3 km 范围，退役过程中的监测区域范围除了厂矿区外，原则上同本底调查时监测区域范围，但可以根据常规监测结果相应扩大或缩小。

3.3.2 环境监测的对象

包括空气、地表水（如河水、湖水、池塘水、水库水和稻田水）、地下水（如井水、岩石渗水等）、水体底泥、土壤（如耕地、山地、公路、铁路）、植物（根、茎、叶、果）、动物（毛发、皮、肉、骨骼及各内脏等）和人体排泄的大便、小便及头发等。

3.3.3 环境监测的项目

1. 本底调查项目

（1）空气： 灰尘自然沉降量、总悬浮物（TSP）、天然铀、天然钍、^{226}Ra、^{210}Po、氡及氡子体、二氧化硫、氮氧化物和苯并芘等。

（2）水： pH、天然铀、天然钍、^{226}Ra、^{210}Po、^{40}K、总 α、砷、镉、镍、铅、铬、锰、硫酸根、硝酸根、亚硝酸根、氯根、磷酸根、氟离子和化学耗氧量等。

（3）水体底泥、土壤和动植物： 天然铀、天然钍、^{226}Ra、^{210}Po、^{40}K、总 α、砷、镉、铅和铬等。

（4） γ 外照射剂量率。

（5）氡的析出率。

（6）自然环境和社会环境的调查，特别是对流行病学的调查。

2. 常规监测项目

（1）大气： 灰尘自然沉降量、总悬浮物、天然铀、天然钍、^{226}Ra、^{210}Po、氡及氡子体、二氧化硫、氮氧化物和苯并芘等。

（2）水： pH、天然铀、天然钍、^{226}Ra、^{210}Po、^{40}K、总 α、砷、镉、镍、铅、铬、锰、硫酸根、硝酸根、亚硝酸根、氯根、磷酸根、氟离子和化学耗氧量等。

（3）水体底泥、土壤和动植物： 天然铀、天然钍、^{226}Ra、^{210}Po、^{40}K、总 α、砷、镉、铅和铬等。

（4）环境 γ 外照射剂量率。

（5）氡的析出率。

（6）自然环境和社会环境的调查，特别是对流行病学的调查中应注意当地的多发

病和常见病发病率。

3. 退役监测项目

退役过程中的监测项目可按本底调查监测项目结合本单位生产实际情况，按照退役规定适当进行增减。退役后的监测项目按退役厂矿的最终环境影响报告书的环境监测篇章决定。

4. 事故应急监测项目

事故应急监测项目可事先根据可能事故的性质确定。

3.4 环境监测样品的采取

环境样品的采取是监测分析过程中重要的一环，其根本就是采取的样品对所测定的对象具有代表性。

3.4.1 样品采取的基本理论

1. 总体与样本

在环境监测分析中，通常要选取一定的环境区域或监测目标作为研究的对象，这种对象在数理统计中叫做“总体”。所谓“总体”就是一个有特定来源的、具有相同性质的大量个体事物或现象的全体。它是一个理想的或理论上存在的抽象概念。比如，某铀矿在开采前对未接触铀矿冶作业的新工人尿中铀含量的监测中，尽管各人尿中铀含量高低有差异，但作为从未接触铀矿冶作业的新工人来说，这一性质是相同的，可称为一个研究“总体”。

但是，在环境监测分析中，只能抽样分析，并且要求通过对抽样分析的研究，达到以样品来评价总体的目的。因此，这里所指的样品是从总体中随机抽取出来的一些个体，这些个体就称为“样本”。所采取的样本应对所研究的对象（总体）具有最大的代表性。即样本均值和总体均值应有理想的一致性。

2. 采样误差

由于被研究的总体客观上存在着所含物质的不均匀性，加上样本数量的限制，虽然样本来自于同质亲缘的总体，但还是不可避免地存在不同程度的差异。由此推测，若总体中物质分布越不均匀，采样总数越少，则采样误差越大。可见，采样误差与总体物质分布情况和组成样本的样品个数是直接相关的。例如，在某单位搬迁到新选址的一块土地上，按照一定的网格随机采取了 16 个土壤样，用激光荧光仪测定了铀含量。每个土壤样称取 3 份平行样品，作为称样的误差，每份处理后的样液各吸取 3 份用铀激光荧光仪测定。将测定结果进行统计分析，发现样品间（即采样）的误差非常显著，而称取样品和用激光荧光仪测定的误差则很小，误差不显著。由此可见，环境监测分析中的误差主要是采样引起的。

现以样本均数标准差来表示采样误差，称为标准误（Sx），则它与单个样品多次重复测定的标准差（S）和样本的大小（N）有如下关系：

$$Sx=\frac{S}{\sqrt{N}} \tag{1}$$

从上式看，为了减少采样误差，一方面应尽可能提高测定方法的精度；另一方面应尽可能增加采样的个数。

但是，标准误与采样点个数的平方根成反比，当 N 值处于较小的状态时，N 值增大，误差随之减少很快，即 Sx 变化显著。当 N 值增加到一定数值时，采样误差减少就会越来越缓慢，即 Sx 变化越来越不显著。例如：当 $S=10$，N 分别为 1、2、3、4、5、6、7、8、9、10 时，按上述公式计算，则 Sx 分别为 10、7.07、5.77、5.00、4.47、4.08、3.78、3.54、3.33，如图 3-1 所示。

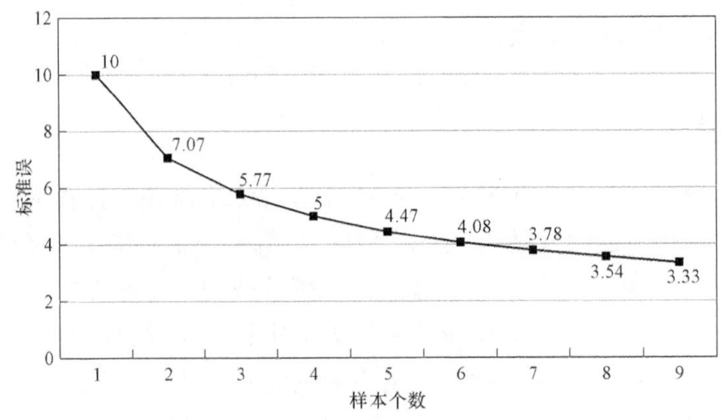

图 3-1　标准差为 10 时 Sx 的变化情况

从上图可以看出，当 $N>6$，Sx 已经变化很小，因此，过多地无限制地增加取样个数，对监测是无意义的。所以经推算，一般情况下，从同质总体中取样点个数为 5 个即可，多则 10 个左右。

3. 采样的代表性

所谓采样的代表性，就是所测定的样品必须在采样的空间及时间上能真正符合环境的真实情况。样品的测定值必须接近于研究总体中的物质量，具备同质的亲缘关系。但是，由于采样中存在着误差，会引起非异质性差异。这种差异越小，样品的代表性就越好，反之就越差。因此，环境监测人员必须提高采样技术，控制采样误差，注重样品的代表性。

为了达到这个目的，必须避免主观因素，使组成总体的每一个个体都具有同等的机会被抽选于样品中。另一方面从标准误的计算式得知，抽样误差与采取样品的个数的平方根成反比，为直接影响样品代表性的重要因素。因此，样本应由同样多的样品个数组成。否则，多者代表性好，少者代表性差。所以，“随机”和“等量”是决定样本具有同等代表性的重要条件，采样中一定要注意这两个条件。

关于划分总体的基本原理是：基体相似，待测物含量在同一置信区间以内，可以划分为同一总体，否则，归于另一总体。每一个总体可以允许布设 5～9 个采样点，则一个调查范围布设采样点的总个数为一个总体布点数的个数乘以总体个数，这是确定采样点数的基本定则。其次，根据历年监测分析结果选择主要的测定项目，先分别进行 F 检验，若差异不显著，再进行 t 检验，若置信水平为 95%，差异仍不显著，则为同一总体。置信水平为 99%，差异不显著或显著，都为同一总体。其他状况为不同总体。

3.4.2 环境监测采样点的布置

1. 大气采样点的布置

大气采样布点要考虑常年盛行风向、关心区、功能区，并对评价区有较好的代表性，布点数目一般不应少于 9 个，其中灰尘自然沉降量布点应不少于 2 个：最靠近厂矿区边界的污染源的主导风向的下侧；最靠近厂矿区有较多人居住的地方或预计污染物浓度最大的地方。矿区内的大气样布点可按厂矿区大小、地形特点、工业设施（要特别注意排风口污染物最高浓度排放时间）和人口分布等具体情况而定。对照点应在离矿区 20 km 以外布置，并且布置在不受矿区影响的最小年风频风向的下风向。监测点周围应较开阔，避开树木和高大建筑物。交通稠密区测点至少应离开人行道 500～1 000 m 布置。

2. 水质采样点的布置

地面水样布点应包括池塘、水库、湖泊、江河及矿区周围可能影响到的水体。江河取样点应包括对照断面（为不受该污染影响的地点，即被污染区的上游）、控制断面（能反映污染区污染状况的地点，即污水排放口下游，一般需布设 3～5 个取样点）、消减断面（一般设置在控制断面的下游，即污染物达到充分稀释的地点）。江河断面的设置还应着重考虑排放口下游最近的居民取水点、灌溉用水、经济水产、鱼类生长和游泳场等。另外，对江河支流汇合前的河口处，湖泊、水库、鱼塘出入口均应设置取样点。地下水样布点主要沿水流方向的居民饮用水水井布点。对于水流较深、较宽的湖泊、水库、河流还需按上、中、下和左、中、右设置断面，共 9 个采样点。

3. 水体底泥采样点的布置

水体底泥样布点原则上同水的取样点。有时为了对较大的水库或湖泊的底泥进行全面了解，需采取不同深度底泥剖面样品，如表层、中层和底层 3 个样品，一般江河只取表层样。

4. 土壤样品布点

选定在空气取样地点的每一个地点布点。另外，凡厂矿污水靠近居民住地、农田、旱地、山地、菜地或可能受到污染的地方均需设置土壤采样点。

5. 动植物样品布点

包括植物（含饲料植物）、食物（粮食、奶类、蛋类、肉、鱼虾、蔬菜和水果等），按地表水样布点、土壤样布点和空气样布点的适当点布设。

3.4.3 环境采样频次

本底调查频次每年 2 次，分丰水期和枯水期各 1 次，并要连续 2 年。常规监测按生产的具体情况和有关规定，在建矿初期的头 3～5 年对地表水系应每月监测 1 次，源项应每天或每 2 d 监测 1 次，大气样每季 1 次，土壤样和动植物样每年 1 次。其他样可根据需要随时监测。

3.4.4 各种环境样品的采取方法

1. 水样的采取方法

（1）环境水样的采集方法

采集水样前，应先用水样洗涤取样瓶和瓶塞 2～3 次。

1）自来水样的采取方法：采样时，应先打开自来水开关放水数分钟，使积留在水管中的杂质及陈旧水排出，然后再取样。

2）表层水采取方法：在河流、湖泊等可以直接取水的场合，可用适当的容器，如水桶采样。从桥上等地方采样时可将系着绳子的聚乙烯桶或带有塞子的采样瓶投入水中汲水，要注意不能使漂浮于水面上的杂物进入瓶内。

3）深水水样采取方法：在湖泊、水库及鱼塘等处采取一定深度的水样时，可用直立式或有机玻璃采水器，此类装置在下沉过程中，水从采样器中流过，当达到预定的深度时，容器能够自动闭合而汲取水样。在河水流速缓慢的情况下，采用上述方法采样时，最好在采样器下面系上适宜重量的石头或其他物品。当水流速度大时，则要系上相应重量的铅鱼，并配备水型绞车。

4）泉水、井水的采取方法：对于自喷的泉水，可在涌水口直接采样。采集不是自喷的泉水时将停滞在水管中的水汲出，当新水更替之后，再进行采样。从井水中采取水样，必须在充分抽汲后才能采样，以保证所取水样能代表地下水水源。

5）瞬时水样的采取方法：对于组成稳定的水样，或水样的组成在较长时间和相当大的空间范围内变化不大，采瞬时样品具有很好的代表性。当水样的组成随时间发生变化，则要在适当的时间间隔内进行瞬时采样，分别进行分析，测定出水质变化程度、频率和周期。当水样的组成发生空间变化时就要在各个相应部位采样。

6）混合水样的采取方法：在大多数情况下，所谓混合水样是指在同一采样点上于不同时间所采集的瞬时样的混合样，有时用时间混合样的名称与其他混合样相区别。时间混合样在观察平均浓度时非常有用。当不需要测定每个水样而只需要平均值时，混合水样能节省化验工作量和试剂的消耗。混合水样不适用于测试成分能在水样保存过程中发生明显变化的水样。

7）综合水样的采取方法：把从不同采样点同时采集的各个瞬时水样混合起来所得到的样品称为综合水样。综合水样在各点的采样时间虽然不能同步，但越接近越好，以便得到可以对比的资料。综合水样是获得平均浓度的重要方式，有时需要把代表某断面上的各点或几个废水排放口排出的废水按相对比例的流量混合，取其平均浓度。

（2）废水水样的采取方法

废水水样的采集取决于对废水调查的目的和分析工作的要求。采样涉及采样的时间、地点和频率 3 个方面。为了采集有代表性的废水，采样前应该了解污染源的排放规律和废水中污染物浓度随时间、空间的变化，在采样的同时还应该测量废水的流量，以获得排污量的数据。

1）从总排放口采样：当废水从排放口直接排放到公共水域（或称环境水域）时，采样点布设在厂、矿的总污水排放口。车间、工段或坑口排污口，在评价处理设施时，要在设施前后都布设采样点。

2）从污水排放的水路中采样：当污水以水路形式排放到公共水域时，为了不使公共水域的水倒流进排放口，应设适当的堰霸，从堰霸溢流中采样。对于用暗沟排放废水的地方，也要在排放口内，公共水域的水不能倒流的地点采样。在排污管道中采样时，应在具湍流状况的部位采样，并防止异物进入水样。

3）废水样采集的时间和频率：铀矿冶工业废水都含有放射性物质和非放射性的有毒有害物质。对于排污情况复查，浓度变化很大的废水，采样的时间间隔要短，最好采用连续自动采样的方式。若有完整的废水处理设施，由于水质和水量的变化比较稳定，取样频次可以大为减少。在一般情况下，铀矿冶废水的采样时间应该尽可能地选择正常生产时间，并且至少连续调查 1 个作业日作为 1 个变化单位。在生产和排放的周期内，要根据废水排放的具体情况，确定采样的时间间隔。

4）瞬时废水样的采集方法：废水的化学组成和浓度强烈依赖于生产的工艺流程和生产的管理情况。对于那些生产工艺过程连续、恒定的厂矿，废水中组分及浓度随时间变化不大，瞬时样品具有很好的代表性，则可以采用瞬时取样方法。瞬时取样也适于采集有特定要求的废水样。例如某些平均浓度合格，但高峰排放浓度超标的废水，可隔一定时间瞬间采样，分别分析。将测定获得的数据绘制成时间—浓度关系曲线，并计算其平均浓度和高峰排放时的浓度。

5）平均废水样的采集方法：生产的周期性影响着排污的规律性。为了得到代表性的废水样（往往得到平均浓度），应根据排污情况进行周期性采样。对于性质稳定的污染物，可对分别采集的样品进行混合后一次测定；对于不稳定的污染物可在分别采样，分别测定后取平均值为代表；在排放量不恒定的情况下，可将不同排污时间的废水样，依照流量大小，按比例混合，可得到平均比例混合的废水样。

（3）采集水样的保存

各种水质的水样，从采集到分析这段时间里，由于物理的、化学的和生物的作用会发生各种变化。为了使这些变化降低到最小程度，必须在采样时根据水样的不同情况和要测定的项目，采取必要的保护措施，并尽可能快地进行分析，特别是当被分析的组分浓度低到 PPb 量级时。具体水样保存技术见表 3-1。

表 3-1　水样保存技术一览表

序号	测定项目	容器材质	保存方法	最长保存时间	备注
1	温度	P、G			现场测定
2	悬浮物	P、G	2～5 ℃冷藏		尽快测定
3	色度	P、G	2～5 ℃冷藏	24 h	现场测定
4	嗅	P、G		6 h	最好现场测定
5	浊度	P、G			最好现场测定
6	pH	P、G	低于水体温度（2～5 ℃冷藏）	6 h	最好现场测定
7	电导率	P、G	2～5 ℃冷藏	24 h	最好现场测定
8	银	P、G	用浓氨水将水样调至碱性	数月	
9	砷		加硫酸至 pH≤2	7 d	
10	铝		加硝酸酸化至 pH≤2	6 个月	
11	钡、铍、钙、镁、钴、铅、铜、铁、锰、锡、锌、镍、锑、铈		加硝酸酸化至 pH≤2	6 个月	
12	铀、镭、钍、钋		加硝酸酸化至 pH≤2	6 个月	
13	汞		加硝酸酸化至 pH≤2	半个月	
14	COD		加硫酸至 pH≤2	7 d	最好尽早测定
15	细菌总数		冷藏	6 h	
16	大肠菌群		冷藏	6 h	
17	亚硝酸盐氮		2～5 ℃冷藏		立即分析
18	酸度及碱度		2～5 ℃冷藏	24 h	最好现场测定

1）水样保存基本要求：

减缓生物的作用；

减缓化合物或者络合物的水解及氧化还原作用；

减少组分的挥发和吸附损失。

2）保存水样的主要措施：

选择适当材料的取样容器；

控制溶液的 pH；

加入适当的化学试剂抑制氧化还原反应和生化作用；

冷藏或冷冻，以降低细菌活性和化学反应速度。

（4）取样容器材质的选择原则

1）容器不能是新的污染源。如测定硅、硼时就不能用硼硅玻璃瓶。

2）容器壁不应吸附或吸收某些待测物质。如测定有机物时，就不能使用聚乙烯瓶。

3）容器不能与待测组分发生化学反应。测氟的水样不应贮于玻璃瓶中。

4）测定对光敏感的组分时，其水样应贮于棕色瓶中。

5）洗涤容器的原则：所用洗涤剂的类型要根据待测组分来确定。

（a）测定硫酸盐或铬不能用硫酸重铬酸洗液；

（b）测定磷酸盐，不能用含磷的洗涤剂来清洗器皿；

（c）测定油和脂类的容器，不宜用肥皂洗涤；

（d）细菌检验，在取样前必须对容器进行灭菌处理。

2. 空气样品的采集方法

（1）气体的基本定律

测定空气中有害物质的含量，是以单位体积空气中所含有害物质的量来计算的。但是，空气的体积随温度和压力的变化而变化。因此，必须首先了解其变化规律。

1）气体体积与压力的关系：波意耳—马里奥特定律。当温度不变时，一定量气体的体积 V 与它受到的压力 p 成反比，用公式表示为：

$$pV=C \text{ 或 } p_1V_1=p_2V_2$$

式中：C——常数；其大小与气体的种类和量及温度有关；

V_1、V_2——气体体积在不同 p_1、p_2 压力下的体积。

2）气体体积与温度的关系：查理—盖吕萨克定律。当压力不变时，一定量气体的体积 V 与绝对温度 T 成正比：

$$\frac{V_1}{V_2}=\frac{T_1}{T_2}$$

式中：V_1、V_2——气体在不同温度下 T_1、T_2 时的体积；绝对温度 T 和摄氏温度 t 的关系是：

$$T=273+t$$

3）阿伏加德罗定律。在同温同压下，等体积的任何气体含有相同分子数。同样在相同条件下，含有相同分子数的任何气体，必占有相同的体积。

气体的体积与温度、压力的共同关系：通常情况下，气体的体积、温度和压力常同时发生变化。可表示为：

$$\frac{p_1V_1}{T_1}=\frac{p_2V_2}{T_2}$$

理想气体状态方程式：

$$pV=nRT$$

式中：n——气体的物质的量；

R——通用气体常数，它与气体种类及存在条件无关，只与测定所用的单位有关，常用的有 1.987 cal/（K·mol）或 0.082 05 L·atm/（K·mol）或 62.4 L·mmHg/（K·mol）。

4）气体摩尔体积。1 g 分子的任何气体，在标准状况下（即温度为 0 ℃，压力为 101 325 Pa（760 mmHg），都占有 22.4 L 的体积，这个体积叫做气体摩尔体积。

（2）空气样品的特征

空气的流动性大，有害物质容易随着空气的流动扩散开，特别是以分子状态存在着的有害物质，更能迅速地从污染源扩散到周围环境中去；

受气象因素影响大；

有害物质的种类多；

有害物质的浓度变化大。

（3）空气中有害物质存在的状态

由于各种有害物质的物理和化学性质不同及生产过程不同，它们在空气中存在状态不一样。有的以气体状态逸散于空气中，有的以液体或固体颗粒呈气溶胶状态分散于空气中。

氯气和一氧化碳在常温下是气体，逸散到空气中也呈气体状态；苯在常温下是液体，酚在常温下是固体，因其挥发性大或熔点低，在空气中是以蒸气状态存在的。它们以分子状态分散于空气中，其扩散情况与比重有关。比重小者（如矿井甲烷）向上飘浮，比重大者（如汞蒸气）就向下沉降，随气流方向以相对等速度扩散。

气溶胶。以固体或液体微小颗粒分散于空气中的分散体系，称作气溶胶。根据气溶胶形成的方式和方法不同，可分为凝聚性气溶胶和分散性气溶胶。分散性气溶胶是矿石在破碎、筛分，或在采掘、爆破和装运等生产过程中，在作业场所形成固体小颗粒或液体小滴悬浮于空气中，如放射性矿尘、石英尘。凝聚性气溶胶是由过饱和蒸气凝聚而成。如水蒸汽遇冷形成的雾滴，冶炼锌时产生的氧化锌悬浮颗粒等。

气溶胶颗粒大小与扩散系数的大小成反比，即颗粒大，扩散系数小；颗粒小，扩散系数大。

一般认为直径 5～15 μm 的气溶胶颗粒被阻留在人体上呼吸道，大多数可被吐出体外。小于 5 μm 的颗粒可以到达支气管和肺泡，特别是 1 μm 以下的颗粒，有 40%沉积于肺泡内。

由于有害物质在空气中的存在状态不同，所用的仪器和采样方法也不一样。所以在采样前，必须了解有害物质的性质、生产工艺和现场情况，从而判断出存在的状态，以便选择正确的采样方法。

3. 空气采样的方法

通过各种收集器，从大量空气样品中，将有害物质吸收、吸附或阻留下来，使原来低浓度的物质得到浓缩，这种采集样品的方法称作富集法。根据收集器不同，富集法又分为液体吸收法、固体吸附法、冷冻浓缩法、静电沉降法和个体剂量计法等。由于有害物质在空气中存在的状态不同，所使用的收集器也不同。

（1）吸收管采样

主要用于采集气态有害物质的样品。常用的吸收管有气泡式吸收管、多孔玻璃板吸收管和冲击式吸收管。

1）大型气泡吸收管：可盛 5～10 ml 吸收液，空气流量为 0.5～2.0 L/min，小型气泡吸收管可盛 1～2 ml 吸收液，空气流量为 0.1～1.0 L/min。

2）冲击式吸收管。此管主要用于采集粉尘及烟雾。内装 5～10 ml 吸收液，空气流量为 3 L/min。

3）多孔玻板吸收管。可盛 5～10 ml 吸收液，空气流量为 0.1～1.0 L/min，不仅可以吸收气态物质，还可以采集雾态气液胶。

（2）滤料采样头采样

利用真空泵抽取大体积气体样品，一般采取 10～30 m^3 气体不等。可采集空气中的悬浮物（如飘尘、苯并芘等微量物质）。

（3）固体颗粒采样管采样

内装硅胶等吸附剂，用于采取雾态有害物质。

（4）采气管采样

这种采样方法是利用特制的两头带活塞的玻璃管，其容积一般为 100～1 000 ml 数种。采样时将两头的玻璃活塞打开，连接好双球鼓气泡，不断鼓气 3～5 min，停止鼓气后，关闭活塞，带回实验室用气体分析仪分析。

（5）注射器采样

所用仪器为 100 ml、50 ml、10 ml、5 ml 医用注射器，采样后带回实验室用精密仪器分样。

（6）采样袋采样

即利用足球内胆采样，采用方法同采样管采样方法。

4. 采集气体的计量

采集气体样一般都要使用流量计来计量所采取样品的气体体积。常用的流量计有孔口流量计和转子流量计两种。流量计在使用前都要用已知体积的容器进行校正，校正后方可使用。

孔口流量计流量的计算公式：

$$Q=k\sqrt{\frac{h\cdot n_{\mathrm{r}}}{r}}$$

式中：Q——流量；

h——流量计的液柱差；

r——空气密度；

n_{r}——U 型管中液体的密度；

k——常数。

转子流量计流量的计算公式：

$$Q=k\sqrt{\frac{\Delta P}{r}}$$

可见，流量（Q）与两端压力差（ΔP）的平方根成正比，与空气密度（r）的平方根成反比。

采集气体的量要根据有害物质在空气中的最高允许浓度和测定方法的灵敏度来决定。有害物质允许浓度较大或分析方法灵敏度较高的，可以少取样。但采样前必须计算出最小采气量，最小采气量是指能测出最高允许浓度水平的有害物质所必须采集的最小空气体积。可由下式计算：

$$V=\frac{A\cdot C}{d}$$

式中：V——最小采气体积，L；

A——样品总体积，ml；

C——检测方法检测限，以μg/ml 表示；

d——最高允许浓度，$\mathrm{mg/m^3}$。

如果空气中有害物质的浓度高于允许浓度，则不受最小采样体积限制，可以少采样。不过在任何情况下，采样体积通常应大于最小采气体积，使采集到的有害物质量位于标准曲线的中部，以获取精度较高的测量结果。

5. 土壤样品的采集

土壤样品的采集一般对一块土地按梅花形布点 3～5 个，于每一点上选取 10 cm×10 cm×5 cm 见方的土壤，用塑料铲或不锈钢铲采取，放入干净的塑料袋子，写好标签，放入其内。若要了解污染物分布的深度，可以按土壤剖面层次分层取样，分别用小铲自下层向上层逐层采取，并且每采取一次都要将金属接触部分剔去，然后混合均匀。

为了了解土壤生长着的植物污染情况，可按照植物的生长季节分别采取植物和土壤样品。为了了解污染物在植物各部位（如：根、茎、叶、果实）分布规律，可分别采取植物的不同部位或按生长期进行采取。为了了解土壤的污染程度，可以选取对照区和污染区同步取样。

6. 植物样品的采取

调查植物被污染情况，首先必须选择好采样区和对照区，然后需要选择本地区带普遍性的植物。**采取的原则是：（1）代表性**，根据需要和污染物质对植物影响情况，在植物生长的不同发育阶段，定期采样。**（2）典型性**，样品要反映所想了解的污染情况，不能将植物的上下部分随意混合。**（3）适时性**，根据研究需要和污染物质对植物影响情况在植物生长发育的不同阶段定期取样。

采样方法为按照分好的小区，选用 S 型或 X 型方式选出采样点 5～7 个，每个点采取若干处的样品混合组成，其采样量视分析项目和植物种类而定，一般情况取 1～3 kg。将采好的样品放入洁净的塑料袋子内，写好标签并做好现场记录。

7. 尿样的采取

用洗净的塑料瓶收集早晨第一次尿或每天的 24 h 尿，混合后记录总体积，按每 100 ml 加入 0.1 g 苯四酸钠，于冰箱内保存。若尿样只做铀的分析，其采取的样品应用硝酸酸化至 pH≤2。

8. 头发样的采取

发样的采取应按不同年龄不同职业的人群分别采取。首先用温热水将洗衣粉配制成 1%的溶液，将采取的头发反复洗 2～3 次，再用热水及自来水各清洗 3 次，最后用蒸馏水洗 2 次。晾干，置于 60 ℃的烘箱内烘干，贮于干燥器中备用。

3.5　环境监测实测数据

环境监测数据是研究和制定环境保护措施、评价环境质量好差的依据。为了便于对照，现将在实际环境监测过程中所测得（或本底调查，或学习笔记资料）的各种数据整理如表 3-2～表 3-12 所示，仅供参考。

表 3-2　各种生物样品灰化温度和天然铀、^{226}Ra 含量

编号	生物名称	灰化温度/℃	铀含量/（g/kg）	^{226}Ra 含量/（Bq/kg）
1	稻糠	650	9.0×10^{-7}～1.1×10^{-5}	8.52×10^{-2}～9.10×10^{-1}
2	稻米	500	2.7×10^{-6}～4.0×10^{-5}	5.91～1.11×10^{1}
3	稻秆	450	6.2×10^{-6}～9.3×10^{-5}	2.77～6.51×10^{1}
4	稻根	450	1.0×10^{-3}～6.3×10^{-2}	3.64×10^{1}～2.26×10^{3}
5	稻叶	450	7.3×10^{-6}～8.4×10^{-5}	9.66～1.24×10^{2}
6	荞麦	600	3.8×10^{-6}～1.3×10^{-5}	7.40×10^{-1}～2.10
7	荞麦秆	450	1.1×10^{-4}～3.4×10^{-4}	

续表

编号	生物名称	灰化温度/℃	铀含量/（g/kg）	^{226}Ra 含量/（Bq/kg）
8	荞麦叶	450	1.1×10^{-4}～4.7×10^{-3}	7.40～3.44×10^{1}
9	黄豆	550	7.0×10^{-7}	1.77
10	黄豆叶	450	3.5×10^{-5}	2.12×10^{1}
11	黄豆杆	550	2.5×10^{-4}	$1.4.2\times10^{1}$
12	黄豆荚	550	4.8×10^{-5}	6.59
13	黄豆根	550	1.0×10^{-2}	1.93×10^{2}
14	红薯	600～650	1.3×10^{-4}～3.0×10^{-6}	1.24×10^{-1}～1.03
15	红薯杆	550	5.0×10^{-7}～5.0×10^{-5}	1.59×10^{-1}～1.28
16	红薯叶	550	3.0×10^{-7}～5.2×10^{-4}	4.51×10^{-1}～9.81×10^{-1}
17	面粉	600～650	1.4×10^{-7}	5.89×10^{-1}
18	小麦	600～650	8.3×10^{-7}～$3..4\times10^{-6}$	2.27×10^{-1}～2.57
19	猪肉（肥）	600	5.9×10^{-7}	3.39×10^{-1}
20	猪肉（瘦）	600～650	4.2×10^{-7}	2.02×10^{-1}
21	猪骨（含骨髓）	650	6.0×10^{-6}	1.15
22	野猪骨（高本底）	550	7.2×10^{-6}	3.88×10^{1}
23	牛骨	550	1.6×10^{-5}	7.40×10^{1}～2.22×10^{2}
24	人骨（硅肺病）	550	1.4×10^{-6}	1.78×10^{1}
25	鱼肉	650	1.6×10^{-6}～4.6×10^{-6}	
26	鱼骨	550	1.2×10^{-6}～8.0×10^{-6}	5.50×10^{-1}～1.48×10^{1}
27	鱼鳞	650	6.5×10^{-6}～6.6×10^{-6}	9.03×10^{-1}～2.30×10^{1}
28	小虾	500	1.1×10^{-4}～1.7×10^{-2}	1.32×10^{1}～1.56×10^{2}
29	大虾	500	4.3×10^{-4}	4.81×10^{1}
30	螃蟹	600	9.1×10^{-4}	4.81×10^{1}
31	鸡肉	650	未检出	
32	鸡骨	550	3.4×10^{-6}	1.15×10^{1}～3.66×10^{1}
33	土豆	550	2.5×10^{-7}	6.66×10^{-2}
34	豆角	500	4.0×10^{-7}	1.02×10^{-1}
35	茄子	500	3.0×10^{-7}	6.70×10^{-1}
36	南瓜叶	450	4.9×10^{-6}	
37	南瓜	550	3.6×10^{-7}	5.29×10^{-2}
38	芋头	650	1.7×10^{-5}～6.0×10^{-4}	9.66～1.86×10^{1}
39	芋头叶	450	5.0×10^{-6}	4.51×10^{-1}
40	芋头杆	450	6.4×10^{-6}～1.1×10^{-4}	6.62×10^{-1}～8.58×10^{-1}

续表

编号	生物名称	灰化温度/℃	铀含量/（g/kg）	^{226}Ra 含量/（Bq/kg）
41	牛皮菜	450	1.0×10^{-6}～4.9×10^{-6}	1.66×10^{-1}～3.40×10^{-1}
42	小白菜	450	2.5×10^{-7}～2.2×10^{-6}	1.27×10^{-1}～2.39×10^{-1}
43	大白菜	450	2.9×10^{-7}～2.9×10^{-6}	5.18×10^{-2}
44	冬瓜	350	2.1×10^{-7}	5.18×10^{-2}
45	萝卜叶	450	6.6×10^{-6}～2.6×10^{-5}	8.77×10^{-1}～3.06
46	萝卜	450	3.0×10^{-6}～2.0×10^{-5}	5.00×10^{-1}～1.85
47	玉米	600～650	1.8×10^{-7}～2.2×10^{-6}	4.03×10^{-1}～1.20
48	丝草	450	6.5×10^{-5}～4.2×10^{-3}	1.31～2.60×10^{1}
49	大田螺肉	650	4.6×10^{-4}	7.07
50	大田螺壳	500	1.6×10^{-3}	1.34×10^{2}
51	小田螺肉	650	3.1×10^{-4}	6.99
52	小田螺壳	500	3.2×10^{-3}	7.07×10^{1}
53	大蒜	500	2.5×10^{-7}	
54	空心菜	450	4.6×10^{-6}	3.46
55	藕	550～600	7.2×10^{-7}	2.49×10^{-1}
56	杉树木材	450	4.3×10^{-6}	5.18
57	松树木材	550	7.1×10^{-6}	7.77

表 3-2 内数据是在环境监测过程中实际测得的数据，某些数据较高是由于位于高本底地区或从已被污染过的样品测得。肉类、蔬菜均按鲜重计，粮食类按干重计。

表 3-3　不同深度土壤中放射性核素和有害元素分析结果

深度/cm	类型	铀/（g/kg）	^{226}Ra/（Bq/kg）	^{210}Po/（Bq/kg）	钍/（g/kg）	砷/（mg/kg）
0～10	剖面样	2.1×10^{-3}	60.30	11.10	2.14×10^{-2}	17.00
10～20	剖面样	1.8×10^{-3}	58.10	10.21	2.14×10^{-2}	35.00
20～30	剖面样	1.5×10^{-3}	77.00	7.40	2.14×10^{-2}	32.00
30～40	剖面样	1.2×10^{-3}	96.80	5.96	2.18×10^{-2}	32.00
平均	剖面样	1.7×10^{-3}	72.80	8.67	2.15×10^{-2}	29.00

表 3-4　稻田土壤样品中放射性核素和有害元素分析结果

地点	铀/（g/kg）	^{226}Ra/（Bq/kg）	^{210}Po/（Bq/kg）	总 α/（Bq/kg）	砷/（mg/kg）	镉/（mg/kg）	铬/（mg/kg）
对照点	5.29×10^{-3}	2.69×10^{1}	1.45×10^{1}	9.47×10^{2}	40.00	1.00	72.00
1 号	1.48×10^{-2}	5.96×10^{1}	1.30×10^{2}	2.30×10^{3}	64.00	0.75	32.00

续表

地点	铀/（g/kg）	^{226}Ra/（Bq/kg）	^{210}Po/（Bq/kg）	总 α/（Bq/kg）	砷/（mg/kg）	镉/（mg/kg）	铬/（mg/kg）
2 号	2.75×10^{-2}	2.30×10^{2}	4.07×10^{2}	3.51×10^{3}	42.00	未检出	62.00
3 号	1.87×10^{-2}	3.20×10^{2}	3.77×10^{2}	3.55×10^{3}	46.00	未检出	56.00
4 号	7.56×10^{-3}	9.95×10^{1}	1.51×10^{2}	1.57×10^{3}	48.00	0.25	48.00
5 号	3.32×10^{-2}	9.14×10^{1}	1.02×10^{2}	2.35×10^{3}	72.00	0.75	58.00
6 号	5.22 × 10-2	2.60×10^{2}	2.92×10^{2}	3.64×10^{3}	36.00	1.25	58.00
7 号	2.24×10^{-2}	1.22×10^{2}	1.86×10^{2}	2.83×10^{3}	44.00	0.50	50.00
8 号	9.74×10^{-3}	5.77×10^{1}	1.35×10^{2}	1.61×10^{3}	40.00	0.75	48.00
9 号	5.29×10^{-3}	1.27×10^{2}	1.35×10^{2}	2.31×10^{3}	44.00	0.25	52.00
平均	**2.11×10^{-2}**	**1.52 × 102**	**2.13×10^{2}**	**2.63×10^{3}**	**48.44**	**0.50**	**58.00**

上述稻田所种植的稻米中铀镭含量，列于表 3-5。

表 3-5　稻米中铀镭含量①

分析项目	1 号	2 号	3 号	4 号	5 号	6 号	7 号	8 号	9 号	平均	对照
铀/（10^{-7} g/kg）	13.0②	3.45	55.7②	8.53	5.04	3.90	11.40	1.25	1.10	11.48	2.10
镭/（10^{-2} Bq/kg）	23.02	6.12	55.13	27.19	12.51	3.61	8.81	5.59	2.61	16.06	3.85

注：① 表中数据为三十年的监测平均值。

② 该稻田均靠近运矿公路，灰尘影响所致。

表 3-6　建筑材料中天然放射性比活度　　单位：Bq/kg

编号	建材名称	样数	天然铀	天然钍	^{226}Ra	^{40}K	国家典型值		
							^{226}Ra	天然钍	^{40}K
1	有色金属尾渣砖	3	392.0	22.0	343.0	540.0	50.0*	50.0*	500.0*
2	煤矸石砖	5	654.0	13.2	602.0	320.0	54.3	34.7	128.0
3	炉渣砖	5	176.8	44.6	156.5	204.0	50.0*	50.0*	500.0*
4	红砖	12	45.3	33.1	56.8	141.0	53.2	54.8	546.2
5	花岗岩板材	7	1 730.0	183.4	1 540.0	807.0	50.0*	50.0*	500.0*
6	大理石板材	5	48.8	13.7	60.1	93.0	50.0*	50.0*	500.0*
7	石灰石	6	54.6		43.7		32.9	64.0	935.0
8	石灰	3	28.9	13.4	21.5	128.0	40.1	4.0	97.1
9	河砂	6	59.8	43.0	41.8	378.0	29.0	30.0	809.0

注：* 均为世界典型值。

表 3-7　不同类型砖房内氡浓度及其年辐射剂量当量

编号	房屋类型	样品数	氡浓度/（Bq/kg）	年辐射剂量/（mSv/a）			居住条件
				成人	少年	儿童	
1	煤矸石砖房	5	112.0±15.3	1.521	1.50	0.38	新房未装修，关门窗
2	炉渣砖房	15	73.0±8.6	1.00	0.98	0.25	同上
3	尾矿渣砖房	3	86.5±12.5	1.25	1.23	0.31	摸拟实验房，同正常居住
4	红砖房	85	32.9±11.1	0.45	0.44	0.11	正常居住
5	土坯房	16	31.0±9.1	0.42	0.42	0.11	正常居住

表 3-8　用黄土复盖法治理废石堆的实验结果

黄土复盖厚度/m	氡的析出率/［Bq/（s·m^2）］			γ 外照射剂量率/（μGy/h）		
	复盖前	复盖后	降低率/%	复盖前	复盖后	降低率/%
0.5	2.962	1.619	45.34	173	16.8	90.23
0.8	3.170	0.643	79.72	217	13.0	94.00
1.0	2.773	0.427	84.60	190	14.0	92.03
1.5	4.033	0.410	89.83	217	13.7	93.69
2.0	2.960	0.279	90.57	156	14.0	91.03

注：所用当地黄土的本底为氡的析出率 0.025/Bq/（s·m^2）；γ 外照剂量率 11 μGy/h。

表 3-9　废钢铁 α 表面污染去污实验结果

去污剂名称	去污剂浓度/%	去污前/（Bq/cm^2）	去污后/（Bq/cm^2）	去污效果/%
碳酸钠	1	0.012	0.003	75.00
	3	0.050	0.009	82.00
	5	0.063	0.003	95.20
	10	0.070	0.055	21.40
硫酸	0.1	0.703	0.012	94.10
	0.5	0.228	0.011	95.20
	1.0	0.139	0.012	91.40
	3.0	0.114	0.006	94.70
磷酸	0.1	0.168	0.039	76.80
	0.5	0.110	0.019	82.70
	1.0	0.056	0.007	87.50
	3.0	0.070	0.004	94.30

表 3-10　生活饮用水及地面水卫生标准化学指标的标准值和依据

项目	感观依据	生活条件依据	毒理学依据	饮用水标准限值	地面水标准限值
pH		6.5～9.5 不影响生活利用，偏酸腐蚀管道，偏碱析出溶解性盐	6.5～9.5 不影响健康	6.5～8.5	6.5～8.5

续表

项目	感观依据	生活条件依据	毒理学依据	饮用水标准限值	地面水标准限值
总硬度	硬水泡茶变味，沐浴不舒适	硬水烹调不易熟，洗衣服费肥皂，在锅炉中结垢	过高对健康不利，过低的影响正在研究	250 mg/L	
铁	0.3 mg/L 色度不超过 15 度，含量过多水呈黄褐色，0.3～0.5 mg/L 无味，1.0 mg/L 有金属味	衣服，白器皿染成红褐色	毒性小	0.3 mg/L	
锰	过量锰呈黄褐色，有异味	衣服，白瓷器染色	毒性小	0.1 mg/L	
铜	1.5 mg/L 有明显金属味	超过 1.0 mg/L 衣服，白瓷器染成绿色	毒性小	0.1 mg/L	0.1 mg/L
锌	10 mg/L 白色浑浊，5 mg/L 有金属涩味		毒性小	0.1 mg/L	0.1 mg/L
镍	味觉阈 50 mg/L，1 000 mg/L 呈绿色		4～12 mg/kg 无改变		0.5 mg/L
三价铬	着色阈为 1.0 mg/L，过量呈淡蓝色，味觉阈为 4 mg/L，过量有涩味，1 mg/L 水浊度增加，0.5 mg/L 水浊度无明显增加		毒性小	10 mg/L 明显抑制	0.5 mg/L

表 3-11　生活饮用水及地面水卫生标准毒理指标的标准值和依据

项目	感官依据	毒理学依据	对自净的影响	饮用水标准限值	地面水标准限值
氰化物	嗅阈 0.1 mg/L，味觉阈 0.5 mg/L	0.025 mg/kg 生化指标及条件反射有变化，0.005 mg/kg（0.1 mg/L）无变化	50 mg/L 无影响	0.05 mg/L	0.05 mg/L
砷化物	100 mg/L 无异味，无异嗅，无异色	0.1 mg/kg 条件反射有轻度改变，0.005 mg/kg（0.1 mg/L）无改变 人：0.3 mg/L 很少发生皮肤白斑，0.15 mg/L 无改变	0.1 mg/L 无影响	0.05 mg/L	0.05 mg/L
汞	0.001～0.005 mg/L 无影响，1 mg/L 有异味	0.005 mg/kg 生理功能及生化指标有轻度改变，0.000 5 mg/kg（0.01 mg/L）无改变	0.5 mg/L 明显抑制，0.001～0.005 mg/L 无影响	0.01 mg/L	0.01 mg/L
镉	25 mg/L 味阈，过量有涩味，1～2 mg/L 使水浑浊	人：0.2 mg/L 居民发生骨痛病 0.047 mg/L 未发现症状	0.1 mg/L 轻度抑制	0.01 mg/L	0.05 mg/L
六价铬	0.1 mg/L 色阈，过量水呈黄色，大于 1 mg/L 有涩味	1 mg/kg 贫血及功能改变，0.1 mg/kg（2 mg/L）无改变，1 mg/L 狗肝内铬蓄积	0.1 mg/L 轻度抑制	0.05 mg/L	0.05 mg/L
氟化物	10 mg/L 有弱涩味	人：1.6 mg/L 儿童骨骼异常，0.5～1 mg/L 牙斑釉患病率低龋齿患病率低，1.0～1.5 mg/L 牙斑釉患病率增加并加重		适宜浓度 0.5～1.0 mg/L 不超过 1.0 mg/L	1.0 mg/L

续表

项目	感官依据	毒理学依据	对自净的影响	饮用水标准限值	地面水标准限值
铅	2～4 mg/L 浑浊，300 mg/L 有酸味	0.05 mg/kg 条件反射异常 0.005 mg/kg（0.1 mg/L）无异常 人：0.3 mg/L 以上发生铅中毒	0.3～0.5 mg/L 明显抑制	0.1 mg/L	0.1 mg/L
钒	色阈 0.1 mg/L 过多呈黄色，味觉阈 0.8 mg/L，过多有苦味	0.05 mg/kg 对红细胞无影响 条件反射作用阈 0.005 mg/kg（0.1 mg/L）无异常	10 mg/L 明显抑制 阈浓度 5 mg/L		0.1 mg/L
钼	味觉阈 25 mg/L 过多呈涩味，无色无嗅	0.5 mg/kg 生化指标改变，0.025 mg/kg（0.5 mg/L）无异常	10 mg/L 明显抑制，1 mg/L 无影响		0.5 mg/L
铍	10 mg/L 水透明度降低，1 mg/L 对水透明度无影响	0.000 1 mg/kg 造血机能及条件反射改变，0.000 01 mg/kg（0.000 2 mg/L）无改变	0.01 mg/L 轻度抑制 0.005 mg/L 无影响		0.000 2 mg/L
锑	味觉阈 0.6 mg/L	0.025 mg/kg 生化指标轻度改变，0.002 5 mg/kg（0.05 mg/L）无变化	阈浓度 0.5 mg/L		0.05 mg/L
铀				0.05 mg/L	0.05 mg/L
^{226}Ra				1.11 Bq/L	1.11 Bq/L
^{210}Po				3.7 Bq/L	3.7 Bq/L
总 α				1.85 Bq/L	1.85 Bq/L

表 3-12　大气卫生标准及依据

项目	感官依据	生活卫生条件	流行病学调查及毒理依据	标准值
煤烟	0.05～0.10 mg/m^3 大气透明度明显下降，0.01～0.04 mg/m^3 大气透明度变化很小		0.05 mg/m^3 含苯芘 0.000 075 μg，这剂量远低于苯并［α］芘的最小致癌量	1 次 0.15 mg/m^3 日平均： 0.05 mg/m^3
飘尘	1.1 mg/m^3 照明度显著降低	0.15 mg/m^3 太阳辐射损失量在允许范围内，1.1 mg/m^3 紫外线显著降低	0.15 mg/m^3 一般含 SiO_2，0.03 mg/m^3 可以允许	1 次 0.5 mg/m^3 日平均： 0.15 mg/m^3
二氧化硫	0.7 mg/m^3 居民闻到气味，0.4 mg/m^3 居民偶然闻到气味	0.25～0.40 ppm 可引起植物慢性损害，对植物同化作用阈 0.75 mg/m^3	1.1 mg/m^3 低于慢性刺激作用阈，反射作用阈 0.6 mg/m^3	1 次：0.5 mg/m^3， 日平均： 0.15 mg/m^3
一氧化碳			2.65 mg/m^3 生化指标改变，1.13 mg/m^3 无改变	1 次：3 mg/m^3， 日平均：1 mg/m^3
汞			0.002～0.005 mg/m^3 出现蓄积中毒，病理及条件反射改变，0.000 3 mg/m^3 无改变	日平均： 0.000 3 mg/m^3
氯化氢	最小可嗅浓度 0.1 mg/m^3，最大不可嗅浓度 0.05 mg/m^3			1 次：0.05 mg/m^3， 日平均： 0.015 mg/m^3

续表

项目	感官依据	生活卫生条件	流行病学调查及毒理依据	标准值
氯	0.25～0.94 mg/m^3 嗅觉敏感度降低，0.12 mg/m^3 无异常	0.1 mg/m^3 腐蚀金属和家具，0.1 mg/m^3 太阳辐射损失 10%	0.25～0.94 mg/m^3 鼻腔患病率增高儿童肺功能下降，0.8 mg/m^3 未引起视觉光敏感度的改变	1 次：0.1 mg/m^3，日平均：0.03 mg/m^3
氟化物		0.03～0.06 mg/m^3，大麦叶中含量增高	平均浓度 0.016 mg/m^3 牙釉质轻度改变，0.03～0.06 mg/m^3 儿童生氟斑牙，尿氟增高	1 次：0.02 mg/m^3，日平均：0.007 mg/m^3
氮化物	嗅觉阈 0.13～0.72 mg/m^3	5.6 mg/m^3 植物呈褐色斑点	0.84 mg/m^3 生理功能改变，0.9 mg/m^3 病理改变	1 次：0.15 mg/m^3
氨	最小可嗅浓度 0.5～0.55 mg/m^3，最大不可嗅浓度 0.4～0.45 mg/m^3		2 mg/m^3 生理功能改变，0.2 mg/m^3 无改变	1 次：0.2 mg/m^3
硫酸		对植物 0.5 mg/m^3	上呼吸道刺激阈 0.6 mg/m^3 0.55 mg/m^3 无改变	1 次：0.3 mg/m^3 日平均：0.1 mg/m^3

第 4 章　分析数据处理与质量管理图

4.1　分析数据处理

4.1.1　一些基本概念

1. 误差和偏差

测定值 x 真值 T 之间的差，称为误差 E 即：

$$E=x-T$$

误差本身有正负号。当测量值大于真值时，误差为正值，表示分析结果偏高；当测量值小于真值时，误差为负值，表示分析结果偏低。误差也可以用绝对误差和相对误差来表示。

绝对误差表示测量值与真值之差，也就是误差 E。它的单位与测量值和真值相同，使用过程中和测量值一起考虑时才有价值。例如，0.1%的绝对误差对于矿石中 85%的 SiO_2 而言，可以令人信得过；但是如果发生在含铀 0.1%的矿石样品时，就不能允许了。因此人们常用相对误差来判断分析结果的好坏。

相对误差就是绝对误差在真值中所占的百分比，即表示为：

$$相对误差=\frac{x-T}{T}\times 100\%$$

相对误差为无量纲，可以用来比较不同单位的测量值的准确度。

由于在实际分析工作中不可能知道真值，因此也就不可能求得真实误差。在实际分析工作中通常对试样进行多次（n 次）分析，求得算术平均值，以此作为最后的分析结果。单次测定结果 x_i 与多次测定所得算术平均值 $\bar{x}$ 之间的差称做偏差 d。这个偏差也分为绝对偏差和相对偏差。

$$绝对偏差\ d=x_i-\bar{x}$$

$$相对偏差=\frac{d}{\bar{x}}\times 100\%$$

偏差是用来衡量分析结果的精密度，偏差越小，表明多次重复分析的结果越接近，分析结果的精密度越好；反之，偏差越大，精密度越差。

2. 误差的分类

（1）系统误差

系统误差（可测误差）是测定分析过程中某些确定的因素造成的。在同一条件下重复分析测定时它又重复出现，使分析测定的结果不是偏高，就是偏低，其偏差有一定规律性，大小和正负是可以测定的。系统误差产生的原因有以下三种：

1）分析测定的方法误差。这类误差是采用分析方法的内在缺陷引起的。例如：在重量分析方法中沉淀部分溶解或夹杂共沉淀；在容量滴定分析方法中的反应不完全或主反应又伴随副反应；分光光度法中没有减试剂空白或原子吸收光谱法中没有扣除背景值等。这种误差是定量分析中造成结果不准确的重要因素。

2）仪器和试剂误差。这类误差来源于分析仪器的某些缺陷或试剂不纯。例如容量器皿刻度不准而未进行校正，或因环境温度变化影响容积发生变化；所用器皿洗涤不彻底造成的污染；所用试剂含有待测元素或干扰性物质等。

3）主观误差。这类误差是由分析人员自身的某种特性决定。例如不能正确判断滴定终点颜色，总是偏深或偏浅。

系统误差可能是恒定的，也可能随试样重量的增加或被测组份含量增加而增加，甚至随外界条件的变化而变化。但它的基本特性不变，即系统误差只会引起分析结果系统偏高或系统偏低，具有单向性。例如产品中水分含量分析，当春季到来时，高寒山区实验室分析结果总高于条件好的城区实验室分析结果，而其他成分分析结果又往往总是偏低。说明这种系统误差明显随所在地分析时的温度、湿度、时间等客观条件的变化而变化。

（2）随机误差

随机误差是由一些难以注意到的偶然因素造成的，故又称偶然误差。其误差大小和符号不定，而且不遵循任何规律，所以又称其为不确定误差。造成随机误差的原因可能是与分析人员无关的外部因素，如放射性测量时由于突然电源波动，造成仪器乱计数；实验室周围有大的振动；空气被污染等。也可能是操作人员麻痹大意造成的。

任何分析测量都会有随机误差。它与系统误差相反，随机误差是不可预防的，也不能用校正来消除。但只要分析人员精心细致地操作，或增加重复测定的次数，就可以将随机误差减少到最低。

随机误差在各项分析测量中是随机变量。从单个来看它是无规律性的，但就其总体来说，随着测量次数增加，它们的总和有正负相消的机会，最后其平均值趋近于零。这样多次测量的平均值的随机误差要比单个测量值的随机误差小。

（3）过失误差

过失误差是分析操作人员粗枝大叶，分析过程中操作错误造成的。如错加试剂，溶液溅出，记录和计算错误等，常表现为巨差，应弃去不要。

3. 准确度和精密度

（1）准确度

准确度表示测定值与真值符合的程度，用误差来衡量，误差越小，测定的准确度越高。准确度包含分析结果的正确程度和重复程度两个方面，也就是说包括系统误差和随机误差的联合效应。

（2）精密度

精密度表示在同一条件下多次重复测定值的接近程度，它与真值无直接联系，用偏差来衡量。偏差小，测定的精密度好，因精密度由随机误差来决定。精密度是评价分析方法的一个重要指标。通常用相对标准偏差的大小表示方法的精密度。方法的单次测定的标准偏差 S，用下式表示：

$$S=\sqrt{\frac{\sum(x_i-\bar{x})^2}{n-1}}$$

上式可以化简为下式：

$$S=\sqrt{\frac{\sum x_i^2-\left(\sum x_i\right)^2/n}{n-1}}$$

在数理统计上，当 $n\to\infty$时，以 μ 代表平均值，用下式表示标准偏差（总体标准偏差σ）：

$$\sigma=\sqrt{\frac{\sum(x_i-\mu)^2}{n}}$$

相对标准偏差（S_r），又称变异系。

$$S_r=\frac{S}{\bar{x}}\times100\%$$

相对标准偏差越小，说明方法的精密度越高，反之，说明方法的精密度越差。精密度高的实验结果，准确度不一定高，但精密度高是准确度高的先决条件。

4.1.2　检验分析准确度的方法

1. 分析结果准确度的检验

常用分析结果准确度检验方法有 3 种。但这些方法只能指示误差的存在，而不能证明没有误差。

（1）平行样品分析。2 份结果若相差很大，差值超出了允许误差范围，这就说明 2 份结果中至少有 1 个有误，应重新分析。2 份结果很接近，则可取其平均值，但还不能说所得结果正确无误。

（2）用标准样品同时对照分析。在一批分析样品中同时带 1 个标准样品，如在操作无误的情况下，标准样品分析结果与标样参考值一致，说明本批分析结果没有出现明显的误差。但分析试样的成分应与标准样品接近，否则也不能说明问题。

（3）采用不同的分析方法对照分析。这是比较可靠的检验方法。如用原子吸收光谱法测定土壤样品中的铜结果与用分光光度法的结果一致，则一般证明此结果是可靠的。如果不一致，说明至少有 1 种方法的分析结果不准。

2. 分析方法可靠性检验

为了检验一种新的分析方法的可靠性，可用标准对照法或标准方法对照法。这两种方法都要用 t 检验法。t 值的计算公式：

$$t=(\bar{x}-\mu)\times\frac{\sqrt{n}}{s}$$

用上式可以比较 2 组测定数据平均值的差异。将计算所得的 t 值与所确定置信度相对应的 t 值（表 4-1）进行比较，如果计算的 t 值大于表中所列的 t 值，则被检验的平均值有显著性差异，即被检验的方法有系统误差；反之，则方法不存在显著性差异，即被检验的方法可靠。

表 4-1 各种置信水平的 t 值

自由度 f（$n-1$）	置信水平/%						
	50	80	90	95	99	99.5	99.9
1	1.00	3.03	6.31	12.71	63.66	127.32	636.6
2	0.82	1.89	2.92	4.30	9.93	14.08	31.60
3	0.75	1.64	2.35	3.18	5.84	7.45	12.92
4	0.74	1.53	2.13	2.78	4.60	5.60	8.61
5	0.73	1.48	2.02	2.57	4.03	4.77	6.81
6	0.72	1.44	1.94	2.45	3.71	4.32	5.96
7	0.71	1.42	1.90	2.36	3.50	4.03	5.41
8	0.71	1.40	1.86	2.31	3.36	3.83	5.04
9	0.70	1.38	1.82	2.28	3.25	3.69	4.78
10	0.70	1.37	1.81	2.23	3.17	3.58	4.59
11	0.70	1.36	1.80	2.20	3.11	3.50	4.44
15	0.69	1.34	1.75	2.13	2.95	3.29	4.07
20	0.69	1.32	1.72	2.09	2.85	3.15	3.85
∞	0.67	1.28	1.64	1.96	2.58	2.81	3.29

（1）标准样对照法

此种检验方法是用需要检验的分析方法对已知某元素含量的标准样品做若干次重复分析测定，取其平均值，然后用 t 检验法比较该平均值和已知标准样的定值，从而判断该分析方法是否有系统误差。

例如，用酸溶法分析某标准土壤样品中的天然钍含量，重复分析 6 次，其平均结果是 $\bar{x}$ =33.4 mg/kg，标准偏差 s=8.7 mg/kg，测定次数 n=6。标准样品钍含量为 34.20 mg/kg。计算酸溶法是否有显着性差异（置信度为 95%）。按以下计算公式计算：

$$t=(33.45-34.20)\times\frac{\sqrt{6}}{8.70}=-0.07$$

查 t 值表（见表 4-1）$t_{0.95}=2.45$，$t<t_{0.95}$ 说明酸溶法分析结果与标准样品结果没有显著性差异，酸溶法是可靠的。

（2）标准分析方法对照法

此种检验方法是用新的分析方法与标准分析方法对同一试样各作若干次重复测定，将所得的两组数据进行比较。假设两组测定数据的平均值、标准偏差和测定次数分别为 $\bar{x}_1$、s_1、n_1 和 $\bar{x}_2$、s_2、n_2 计算两个平均值之差的 t 值公式为：

$$t=\frac{\bar{x}_1-\bar{x}_2}{s}\times\sqrt{\frac{n_1\cdot n_2}{n_1+n_2}}$$

上式中的 s 为合并标准偏差，其值如下：

$$s=\sqrt{\frac{(n_1-1)s_1^2+(n_2-1)s_2^2}{n_1+n_2-2}}$$

上式的自由度 $f=n_1+n_2-2$。

例如环境水样中微量 ^{226}Ra 的分析，硫酸钡共沉淀法是一种常用的老方法，采用碳酸钙和氢氧化铁共沉淀共吸附的新方法，用新老方法对同一标准样品进行多次重复分析，其分析结果如下：新方法 $\bar{x}_1=0.386$ Bq / min, $s_1=0.035$ Bq/min。$n_1=6$；老方法 $\bar{x}_2=0.379$ Bq/min，$s_2=0.043$ Bq/min，$n=6$。计算新方法与老方法是否存在显著性差异（置信度为 95%）。

$$t=\frac{0.386-0.379}{0.039\ 2}\times\sqrt{\frac{6\times6}{6+6}}=0.54$$

当自由度 $f=n_1+n_2-2=12-2=10$ 时，置信度为 95%，查表 4-1 得知 $t_{95\%}=2.23$。则 $t<t_{95\%}$ 说明对于环境水样中 ^{226}Ra 分析，新方法与老方法不存在显著性差异，新分析方法的结果是可靠的。

4.1.3　提高分析精密度和准确度的方法

提高分析精密度和准确度要从本实验室的具体情况出发，除了选择合适的分析方法和本实验室最佳的测量条件，使用校正过的玻璃容器和测量仪器及纯度合格的各级别试剂外，还可以采取以下措施来提高分析测定的精密度和准确度。

1. 提高精密度措施

（1）增加分析测定次数。分析测量次数增加，算术平均值的随机误差就可以减少。

（2）采用内标法。用铀激光荧光仪分析测定样品中铀含量时，采用内标法是提高分析方法精密度最有效的途径。对某些干扰元素多的样品进行原子吸收光谱分析时，采用内标法尤为重要。

（3）降低空白值。在微量分析中，试样中某一成分的含量都是由所测结果减去空白值而得出。如果空白值大或不稳定，所得结果的精密度就差，因此降低空白值就能提高微量分析的精密度。

2. 提高准确度措施

（1）校正。在分析方法中，当某种误差不能消除时，往往应用校正值对它造成的影响进行校正，以提高准确度。例如在放化分析中，往往采用加入标准溶液，计算出回收率的办法来加以校正。

（2）空白试验。

（3）增加测定次数。在消除系统误差的前提下，增加测定次数提高了测定的精密度，同时也提高了测定的准确度。

4.1.4 分析数据的处理

1. 有效数字及计算规则

（1）有效数字

所谓有效数字就是实际上能测到的数字。例如用万分之一的光电分析天平称量，最多可精确到 0.1 mg，称得的质量以 g 为单位表示，应正确记录到小数点后第 4 位。譬如说 3.214 0 g，该数应有 5 位有效数字。如果用十万分之一的电子天平称量，最多可精确到 0.01 mg，称得的质量以 g 为单位表示应正确记录到小数点后第 5 位，如前面的数应有 6 位有效数字，记录为 3.214 00 g，最后的 0 是表示称量的精度，记录时是不能去掉的。

另外，“0”在有效数字中有两种意义，一种是作为数字定位，另一种是有效数字。定位用的“0”不能算有效数字。也就是说小数点前面的 0 和紧接小数点后面的 0 都不是有效数字。例如 0.003 8 这个数字，3 前面的 3 个“0”都是定位用的，所以它只有 2 位有效数字。数字中间的“0”应为有效数字，如 2.104 5 g，这个数应有 5 位有效数字。以“0”结尾的正整数，有效数字的位数不确定，例如 4 500 这个数的有效数字可能是 2 位、3 位，也可能是 4 位。遇到这种情况应根据实际有效数字书写成 4.5×10^3、4.50×10^3、4.500×10^3，其有效数字分别为 2 位、3 位和 4 位。

（2）有效数字修约规则

数字修约采用“四舍六入五单双”的原则。即在所拟舍去的数字中，其左面的第一个数字小于或等于 4 时舍去；等于或大于 6 时进 1；其左面的数字等于 5 时，若其后面的数字并非全部为“0”，则进 1，若 5 后面的数字全部为“0”，就看 5 的前一位数，是奇数则进位，是偶数则舍去。按上述方法弃去多余的数字，要求在小数点后保留两位。例如：0.384→0.38；12.648→12.65；5.485 03→5.49；5.485 0→5.48；5.475 0→5.48。

（3）有效数字计算规则

1）加减法运算规则：在加减法运算中，保留有效数字的位数以小数点后位数最小的为准，也就是说以绝对误差最大的数为准。例如：0.010 1、23.74、1.036 82 三个数相加，应以小数点后第二位为准，其他数据中处于小数点后第二位的数字按“四舍六入五单双”的原则取舍后相加，即为 0.01＋23.74＋1.04＝24.79。

2）乘除法运算规则：保留有效数字的位数以有效数字位数最小的为准，也就是说以相对误差最大的数为准。例如 0.010 1、23.74、1.036 82 三个数相乘时，应写成 0.010 1×23.7×1.04＝0.25。

3）自然数：在实际分析工作中，常常会遇到一些倍数或分数的关系。这些倍数或分数是非测量所得，都是自然数，可视为无限有效。

2. 极端值的取舍

对于同一样品进行多次分析，所得到的一组数据中总有一定的离散性，这是随机误差造成的，是正常现象。但有时个别数据出现偏离中值较远的过大或过小的数，称为极端值。出现这些数据时，可以利用统计方法来判定取舍，即“T”检验法。首先将测得的一组数按大小顺序依次排列即 x_1、x_2、x_3、……x_n。计算出该组数的算术平均值 $\overline{x}$ 和标准偏差 s。

$$T=\frac{x_n-\overline{x}}{s} \quad 或 \quad T=\frac{\overline{x}-x_1}{s}$$

如果计算出的 T 值等于或大于表 4-2 的 T 值，则该可拟值应舍去。否则应保留。

表 4-2　T 值表（置信度 95%）

n	1	2	3	4	5	6	7	8	9	10
T	1.15	1.46	1.67	1.87	1.82	1.94	2.03	2.11	2.18	2.23
n	11	12	13	14	15	20				
T	2.29	2.33	2.37	2.41	2.44	2.58				

例如，三个人对同一堆铀矿石样品进行采样，每人按统一规定的采样方法随机采 2 个平行样，分析结果为甲：0.413%、0.434%。乙：0.453%、0.519%。丙：0.724%、0.362%。现将上述 6 个数按顺序排列 0.362%、0.413%、0.434%、0.453%、0.519%、0.724%。上述 6 个数的平均值：x＝0.484%，标准偏差 s＝0.117%，n＝6。代入得：

$$T=\frac{0.724\%-0.484\%}{0.117\%}=2.05$$

查表 4-2，2.05＞1.94，则 0.724%应舍去。

4.2　质量管理图的作图方法

在保证分析数据准确可靠的前提下，如何使分析数据在企业质量管理中发挥出更大的作用，这是实验室又一重要职责。众所周知，在现代企业中，质量是企业的生命线，没有质量，就没有数量。企业间的竞争，其实就是质量竞争。质量好的企业就会在竞争中发展壮大，不好的就会被淘汰。当然一个企业的质量不是几个人的事，也不是几个部门的事，而是全员、全部门、全过程的事。所以实验室不是将分析的数据报出去就了事，而是将这些分析数据进行科学总结，作为企业在全面质量管理技术方法中分层法、调查表法、排列图法、散布图法、直方图法和控制图法的唯一数据来源，通过对各种管理图表进行分析，就可以判定企业在生产过程中某些影响工作质量、工序质量、原材料质量和产品质量的因素，从而提出改正措施，使企业在 PDCA 质量循环管理中，有所前进，有所提高。

下面主要介绍排列图、直方图和控制图的作图方法。

4.2.1 排列图作图方法

排列图，也叫巴雷特图，这种图是找出影响产品质量的主要因素的一种方法。它由 2 个纵坐标，1 个横坐标，几个直方形和 1 条曲线（叫巴雷特曲线）所组成。左边的纵坐标表示频数（如件数、时间等），右边的纵坐标表示百分比（%），也叫频率，横坐标表示质量的项目或者影响产品质量的各种因素，按频数大小由左向右排列，直方形高度表示项目频数的大小，曲线表示各项目频数累计百分数。

1. 排列图的作图步骤

（1）搜集一定期间的分析测定数据，并按项目分类；

（2）统计各项目的频数，计算其百分比及累计百分比，并列入表 4-2；

（3）根据各项目的频数，累计百分比作排列图。

当排列图作好后，一般习惯用法是把累计表百分比分成三类：0～80%为 A 类，是主要因素；80%～90%为 B 类，为次要因素；90%～100%为 C 类，为一般因素。

2. 作排列图的注意事项

（1）主要因素最好是一两项，最多三项，否则将失去意义；

（2）项目不宜过多，可把不重要的项目并入其他栏，排在后面；

（3）主要问题可以分层处理，画不同的排列图；

（4）针对主要因素采取措施后，应按原项目重新画排列图，以便检查措施的效果。

3. 排列图的应用

由于排列图可以指出进行改善工作的重点，因此，适用于实验室内部分析质量的控制，而且也适用于堆浸、水冶、污水处理等操作工序，以及地质、物探、测量、采矿等技术工种和行政管理部门，只要你想进行改善工作，就可以用排列图找出影响你工作的主要因素，以便抓住重点进行卓有成效的改进。

使用排列图不仅可以使分析的问题主次因素分明、系统、形象，而且能逐步培养诚实和用数据说话的实事求是的科学态度。

4. 应用实例

表 4-3 是某矿总排放口各监测项目的污染指数统计调查表，图 4-1 是根据统计调查表作出的某矿总排放口各项目污染指数排列图，从排列图可看出，主要因素是 Mn 和总 α、As 三项，占总污染指数的 80%以上，其次才是 U 和 Ra。锰的污染指数占总污染指数的 50.65%，它是 8 个评价项目中最大的一个。这是因为铀矿冶废水一般情况下大都是酸性废水，处理的方法基本上采用酸碱中和工艺，控制的 pH 范围一般为 6.5～7.5，而锰离子沉淀完全的 pH＝10.4。如果提高处理污水的 pH，污水中的锰含量就会降低到允许标准以下。也可以运用综合污染指数评价方法，确定本单位主要污染源，以便采取有针对性治理措施，确保废水达标排放。

表 4-3　某铀矿总排放口等标污染指数统计表

	U	Ra	总 α	As	Cd	Mn	Pb	COD
等标污染指数	0.89	0.23	1.76	0.95	0.44	4.58	0.05	0.15
污染指数百分比/%	9.83	2.54	19.45	10.50	4.86	50.61	0.55	1.66
污染指数累计百分比/%	9.83	12.37	31.82	42.32	47.18	97.79	98.34	100.0
污染物排名次序	4	6	2	3	5	1	8	7

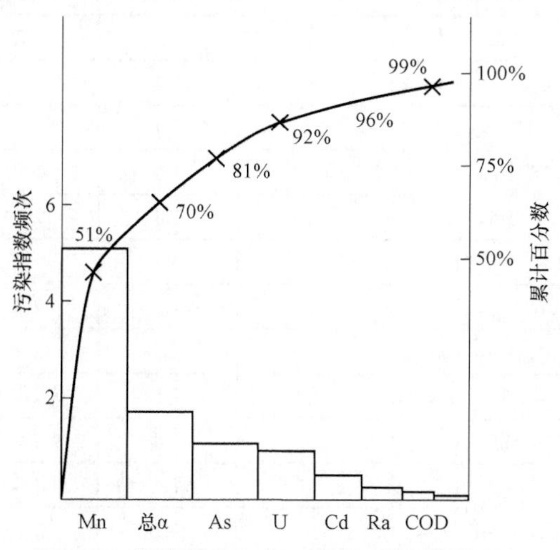

图 4-1　某总排放口各项目污染指数排列图

4.2.2 直方图作图方法

直方图是用来整理数据，从中找出质量变化规律，预测生产过程的质量好坏及不合格品的一种常用质量管理工具。

直方图是将在日常分析监测过程中得到的全部数据分为若干组，以组距为底边，以频数为高度，以与频数成比例的面积所构成的矩形图。图 4-2 是排放口铀浓度排放情况直方图，在生产和污水处理正常条件下，它是一种以正态分布规律的图形。

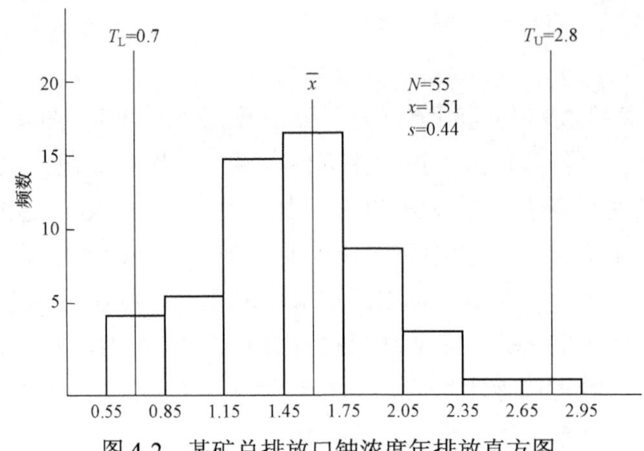

图 4-2　某矿总排放口铀浓度年排放直方图

1. 直方图的作图步骤

（1）收集数据：至少应在 50 个数据以上，本例取 $N=55$。例如某单位总排放口铀浓度每月分析 5 次，全年 12 个月，其结果列于表 4-4。

表 4-4　某单位总放口铀浓度监测结果　　单位：$\times 10^{-5}$ g/L

月份	铀浓度	平均值	最大值	最小值	极差
1	1.4、1.8、1.3、1.1、1.3	1.4	1.8	1.1	0.7
2	1.4、1.6、1.2、1.5、1.5	1.4	1.6	1.2	0.4
3*	0.41、0.41、0.41、0.32、0.56、0.29	0.4	0.5	0.3	0.2
4	0.72、0.78、0.6、1.9、1.2	1.0	1.9	0.6	1.3
5	1.2、1.6、1.5、2.9、1.7	1.8	2.3	1.2	1.7
6	1.2、2.4、1.6、1.5、2.0	1.7	2.4	1.2	1.2
7	1.6、1.4、2.0、1.6、2.3	1.8	2.3	1.4	0.9
8	1.5、1.0、1.6、1.3、2.3	1.5	2.3	1.0	1.3
9	0.72、1.4、2.1、1.8、1.6	1.5	2.1	0.7	1.4
10	2.0、1.7、2.0、1.2、2.0	1.8	2.0	1.2	0.8
11	1.8、1.2、1.2、1.7、1.1	1.4	1.8	1.1	0.7
12	1.1、0.88、0.96、1.4、1.6	1.2	1.6	0.9	0.7

注：* 3 月份因井下石门出大水，结果偏低，未列入统计之内。

（2）找出所列表中数据最大值和最小值：最大值=2.9，最小值=0.6。

（3）求出最大值与最小值之差：极差 $R=2.9-0.6=1.3$。

（4）确定组数（用 k 表示），当数据个数为 50 以下时，分组个数 7 以上；50～100，k=6～10；100～250，k=7～12；250 以上，k=6～20。

（5）确定组距（用 h 表示），将极差用 k 除之，并取近似值：$h=\frac{R}{k}=\frac{1.3}{8}=0.3$。

（6）确定组界值。把最小值分在第一组的中间上，并且分组的组界值比抽出的数据多一位小数，以使边界值不至于落入两个组内。分组的组界值必须带上最小测量单位的二分之一尾数。第一组的下界值则可按下式确定：下界值＝最小值$-\dfrac{0.1}{2}$。然后依次加上组距，确定直到包括最大一组的上界。

所以第一组的下界值为：0.6－0.05＝0.55。

第一组的上界值为：0.55＋0.3＝0.85。

（7）记录各组中的数据，整理成频数表。

（8）利用频数表（表 4-5）计算出平均值 $\overline{x}$ 和标准偏差 s

1）计算各组的组中值 x_i＝（某组上界值＋某组下界值）/2。如第一组的组中值 $x_1=(0.55+0.85)\div 2=0.7$，依次类推；

2）用 $u_i=\dfrac{x_i-a}{h}$ 对各组的组中值 x_i 进行交换，a 为频数最大的一组的组中值，$a=1.6$，h 为组距，$h=0.3$，那么第一组的 $u_1=\dfrac{0.7-1.6}{0.3}=-3$，依次类推；

3）计算各组的 f_i 与 u_i 的乘积，并求出 Σf_iu_i；

4）计算各组的 f_iu_i 与 u_i^2 的乘积，并求出 $\Sigma f_iu_i^2$；

5）计算平均值 $\overline{x}$ 和标准偏差 s

$$\overline{x}=a+h\frac{\Sigma f_iu_i}{\Sigma f_i}=1.6+0.3\times\frac{-17}{55}=1.51$$

$$s=h\pm\sqrt{\left[\frac{1}{\Sigma f-1}\left(\Sigma fu^2-\frac{(\Sigma fu)^2}{\Sigma f}\right)\right]}\times h=0.3\times 1.46=\pm 0.44$$

表 4-5　频数表

组别	组界值	组中值	频数核对	f_i	u_i	u^2	f_iu_i	$f_iu_i^2$
1	0.55～0.85	0.7		4	－3	9	－12	36
2	0.85～1.15	1.0		6	－2	4	－12	24
3	1.15～1.45	1.3		15	－1	1	－15	15
4	1.45～1.75	1.6		16	0	0	0	0
5	1.75～2.05	1.9		9	1	1	9	9
6	2.05～2.35	2.2		3	2	4	6	12
7	2.35～2.65	2.5		1	3	9	3	9
8	2.65～2.95	2.8		1	4	16	4	16
合计				55			－17	121

6）绘制图形。横坐标取分组的组界值，纵坐标取各组的频数，用直线连接直方块就成直方图。

7）在绘制好的直方图上还要注明数据的个数 N，平均值 $\overline{x}$ 和标准偏差 s；

8）画出标准界限（公差线）。标准上限用 T_V 表示，下限用 T_L 表示。

2. 直方图的图形分析

直方图分布状态一般有以下 5 种情况，即正常形、绝壁形、双峰形、掉齿形和孤岛形。

正常形，直方以中间为峰，左右两边大体上是对称的分散开来的图形；如图 4-2 基本上是一个正态分布图形，说明总排放口全年铀浓度排放正常，其平均值 $\bar{x}=1.51\times10^{-5}$ g/L，标准偏差 $s=\pm0.44\times10^{-5}$ g/L。如果水冶生产不正常，尾液铀浓度时高时低，或者管理不严，出现跑冒滴漏以及污水处理不达标的情况，就会出现绝壁形、双峰形、掉齿形和孤岛形的异常图形。这样就必须查明原因，有针对性地采取有效措施，以保证生产正常进行。

4.2.3 X—R 管理图作图方法

X—R 管理图就是平均值和标准偏差控制图。它是用于分析和判断工序是否处于稳定状态所使用的，并带有控制界限的图形，是预报各工序中存在影响工作质量的异常原因的一种有效工具，是监督控制工序质量发生异常变化的眼睛。

控制图上一般有 3 条线。在上面的一条线叫控制上限，用符号 UCL 表示，在下面的一条线叫控制下限，用符号 LCL 表示，在中间的一条线叫中心线，用符号 CL 表示。把分析控制的质量特性值变为点描在图上，如果点全部落在上下控制线内，而且点的排列没有什么异常状况，那么就可以判断生产过程处于控制状态。否则就认为生产过程中存在异常因素，必须查明，予以消除。因此，控制图中的控制界限就是判断生产过程是否存在异常因素的判断基准，这是根据数理统计的原理计算出来的。也有用 3 倍标准偏差来确定控制界限，即把中心线定在被控制对象的平均值上面，然后以中心线为基准向上量 3 倍标准偏差为控制上限，向下量 3 倍标准偏差为控制下限。

现以某单位水冶厂尾液中铀含量为例，来说明 X—R 管理图的作图步骤。

1. 搜集水冶厂尾液中铀含量数据 60 个，如表 4-6 所示。

表 4-6　水冶厂尾液中铀含量　　单位：mg/L

组别	X_1	X_2	X_3	X_4	X_5	$\bar{X}$	R
1	1.7	2.2	1.7	1.5	1.4	1.7	0.8
2	1.7	1.9	1.8	1.8	2.6	2.0	0.9
3	2.0	1.9	2.4	2.4	2.1	2.2	0.5
4	4.2	3.2	4.4	6.0	3.1	4.2	2.9
5	5.6	2.6	2.6	2.5	2.7	3.2	3.1
6	1.8	2.6	2.9	2.3	4.6	2.8	2.8
7	3.2	1.2	2.0	1.7	3.0	2.2	2.0
8	1.8	2.0	1.8	2.0	1.7	1.9	0.3
9	2.3	1.3	1.5	1.0	1.7	1.6	1.3
10	1.7	1.2	1.6	1.6	1.6	1.5	0.5

续表

组别	X_1	X_2	X_3	X_4	X_5	$\bar{X}$	R
11	1.4	1.5	1.6	1.2	1.7	1.5	0.5
12	1.6	1.7	1.4	1.5	1.5	1.5	0.3
平均值						2.19	1.32

2. 将表 4-6 数据分成 12 组，$k=12$，每数据为 $n=5$。

3. 计算出 $\bar{X}$ 和 R 值。例如第一组 $\bar{X}_i=\dfrac{1.7+2.2+1.7+1.5+1.4}{5}=1.7$

$$R=2.2-1.4=0.8$$

4. 计算出 $\bar{\bar{X}}$、$\bar{R}$ 值。

$$\bar{\bar{X}}=\frac{1.7+2.0+2.0+\cdots\cdots+1.5}{12}=2.19$$

$$R=\frac{0.8+0.9+0.5+\cdots\cdots+0.3}{12}=1.32$$

5. 计算出 UCL、LCL、CL。

$\bar{X}$ 图：

UCL = 2.19 + 0.308 × 1.32 = 2.60

LCL = 2.19 − 0.308 × 1.32 = 1.78

CL = 2.19

$\bar{R}$ 图：

UCL = 1.777 × 1.32 = 2.35

LCL = 不考虑

CL = 1.32

6. 绘制 X—R 管理图，如图 4-3 所示。

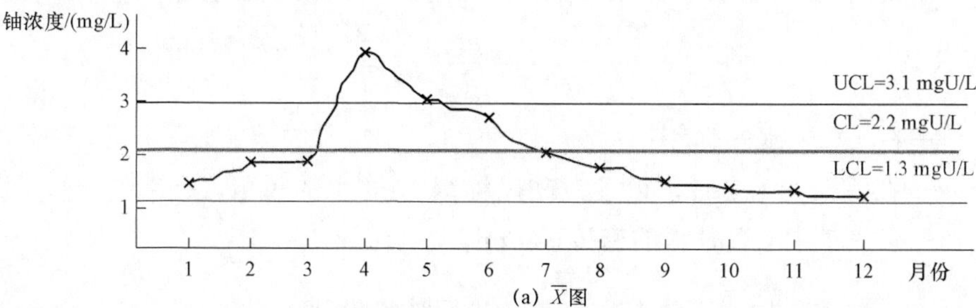

(a) $\bar{X}$图

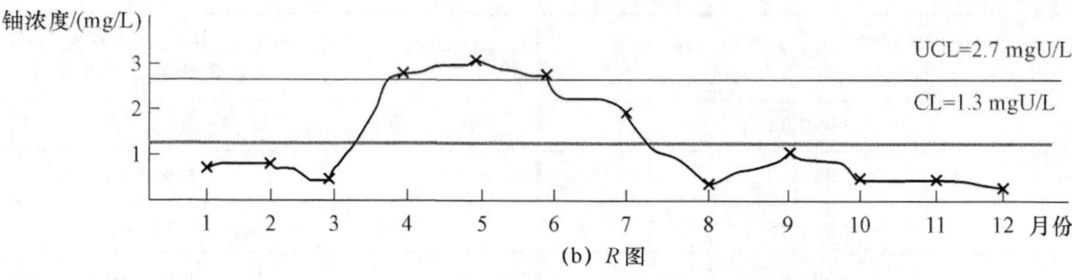

(b) R图

图 4-3　铀水冶厂尾液中铀浓度 X—R 管理图

从 X—R 管理图可以看出，4、5、6 这 3 个月尾液中铀浓度都有些偏高，特别是 4 月份最高达到 6 mg/L。这是由于添加了未处理好的旧树脂，致使吸附效果变坏，铀的穿透体积提高。而操作人员仍然按正常生产操作，所以尾液中铀浓度偏高。后来针对这一情况，采取了相应处理办法，使尾液中的铀浓度达到了正常生产水平。

4.3 附件

4.3.1 玻璃仪器的校准

玻璃容量仪器所指示的容积往往和真实容积之间会有一定误差。对一般工业上的分析工作，这种误差可以不必进行校正。但在准确度要求较高的分析工作中，就必须进行较正。容量器具的允许误差列于表 4-7 中。

表 4-7　容量器具的允许误差　　单位：毫升（ml）

容量瓶		滴定管		移液管	
容积	允许误差	容积	允许误差	容积	允许误差
50	±0.05	5	±0.010	2	±0.006
100	±0.08			5	±0.010
250	±0.11	10	±0.020	10	±0.020
500	±0.15			25	±0.025
1 000	±0.30	25	±0.025	50	±0.050
2 000	±0.50	50	±0.050	100	±0.08

玻璃仪器校准的方法是称量容量器具某一刻度内放出或容纳的蒸馏水重量，除以在该温度时水的密度（如表 4-8 所示）所得的商，即为被校正容器的体积。

计算公式：

$$V_t=\frac{m_t}{d_t}$$

式中：V_t——在 t ℃时水的体积；

m_t——在空气中 t ℃时，以黄铜砝码称得 1 ml 水的重量，g；

d_t——在空气中 t ℃时水的密度，g/ml。

表 4-8　在 15～30 ℃时水的密度

温度/℃	玻璃容器中 1 ml 水在空气中用黄铜砝码称得的重量/g	温度/℃	玻璃容器中 1 ml 水在空气中用黄铜砝码称得的重量/g
15	0.997 93	19	0.997 35
16	0.997 80	20	0.997 18
17	0.997 66	21	0.997 00
18	0.997 51	22	0.996 80

续表

温度/℃	玻璃容器中 1 ml 水在空气中用黄铜砝码称得的重量/g	温度/℃	玻璃容器中 1 ml 水在空气中用黄铜砝码称得的重量/g
23	0.996 60	27	0.995 67
24	0.996 38	28	0.995 44
25	0.996 17	29	0.995 18
26	0.995 93	30	0.994 91

常用玻璃仪器如表 4-9 所示。

表 4-9 常用玻璃仪器一览表

序号	名称	规格	主要用途	使用注意
1	烧杯	10、50、100、150、250、500、1 000、2 000、5 000 ml	配制溶液，加热蒸发浓缩，低浓度物质浓集	加热均匀，不要在蒸干时立即加水或突然冷却
2	三角烧杯	250 ml	^{210}Po 自镀瓶	
3	三角瓶	50、200、250、1 000 ml	容量分析，试剂回收	加热均匀，不要过于蒸干
4	容量瓶（白色）	10、50、100、250、500、1 000、2 000 ml	配制标准溶液，稀释溶液	不能直接加热
5	容量瓶（棕色）	10、50、100、250、500、1 000、2 000 ml	配制避光类型标准溶液，稀释溶液	不能直接加热
6	刻度移液管	0、1、1、2、5、10 ml	吸取溶液	不能加热
7	大肚移液管	1、2、5、10、20、25、50 ml	吸取溶液	不能加热
8	称量瓶（矮形）	25、50、75、125 ml	称量试剂或样品	不可盖紧盖子烘烤
9	称量瓶（高形）	25、50、75 ml	称量试剂或样品	不可盖紧盖子烘烤
10	离心试管	10、50 ml	分离液固物质	离心机套管底部放入海绵防震
11	滴定管（酸式）	25、50、100 ml	容量分析滴定用	不能加热，标定后才能使用
12	滴定管（酸式）	25、50 ml（棕色）	容量分析滴定用	不能加热，标定后才能使用
13	碱式滴定管	25、50 ml	容量分析滴定用	不能加热，标定后才能使用
14	微量滴定管	2、5 ml	容量分析滴定用	不能加热，标定后才能使用
15	试剂瓶	25、50、250、500、1 000、5 000 ml	盛装试剂或样品	不能加热
16	试剂瓶（棕色）	25、50、250、500、1 000、5 000 ml	盛装试剂或样品	不能加热
17	广口瓶	25、50、250、500、1 000 ml	盛装试剂或样品	不能加热
18	滴瓶	60、125 ml	滴加试剂	不能加热，套好滴管帽
19	滴瓶（棕色）	60、125 ml	滴加试剂	不能加热，套好滴管帽
20	分液漏斗	60、125、500 ml（梨形）	萃取分离用	做有机分离时，活塞不能擦凡士林
21	洗瓶	500 ml（玻璃或塑料）	洗涤用	可以直接加热
22	量筒	25、50、100、500、1 000 ml	量取液体	不能加热
23	量杯	10、50、500 ml	量取液体	不能加热
24	下口瓶	2 500、5 000、10 000 ml	盛装溶液	不能加热
25	漏斗	ϕ5 cm、7 cm	过滤用	不能加热
26	砂芯玻璃漏斗	50、100、250 ml	过滤分离沉淀物	烘烤温度不能太高
27	玻璃研钵	150、250、500 ml	研磨样品	不能加热
28	砂芯玻璃坩埚	25、50 ml（1 号、2 号、3 号）	过滤分离沉淀称量物	烘烤温度不能超 100 ℃

4.3.2 化学试剂的规格要求

一级品：纯度最高，适用于准确度高的精密分析和科学研究工作。

二级品：纯度较一级品略差，适用于重要的微量分析工作。

三级品：纯度较二级相差大，适用于一般常量分析工作。

四级品：实验试剂，纯度较三级差，但好于工业纯。用于普通的定性检验或分析、研究工作。

我国化学试剂等级及标志如表 4-10 所示。

表 4-10 我国化学试剂等级及标志

级别	一级品	二级品	三级品	四级品	
中文标志	优级纯	分析纯	化学纯	实验试剂	生物试剂
代号	GR	AR	CP	LR	BR 或 CR
标签颜色	绿色	红色	蓝色	黄色	黄色或其他色

4.3.3 常用的化学试剂

常用化学试剂如表 4-11 所示。

表 4-11 常用化学试剂一览表

序号	名称	分子式	级别	规格	单位	年耗量	备注
1	硫酸	H_2SO_4	AR	2 500 ml/瓶	瓶	8	
2	盐酸	HCl	AR	2 500 ml/瓶	瓶	16	
3	硝酸	HNO_3	AR	2 500 ml/瓶	瓶	4	
4	磷酸	H_3PO_4	AR	500 ml/瓶	瓶	300	
5	氢氟酸	HF	AR	500 ml/瓶	瓶	2	
6	酒石酸	$C_4H_6O_6$	CP	500 g/瓶	瓶	3	
7	草酸	$H_2C_2O_4$	CP	500 g/瓶	瓶	2	
8	尿素	$CO(NH_2)_2$	CP	500 g/瓶	瓶	65	
9	亚硝酸钠	$NaNO_2$	AR	500 g/瓶	瓶	12	
10	硫酸亚铁铵	$Fe(NH_4)(SO_4)_2 \cdot 6H_2O$	AR	500 g/瓶	瓶	15	
11	偏钒酸铵	NH_4VO_3	AR	100 g/瓶	瓶	4	
12	硝酸银	$AgNO_3$	AR	100 g/瓶	瓶	3	
13	双氧水	H_2O_2	AR	500 ml/瓶	瓶	25	
14	二苯胺磺酸钠		AR	10 g/瓶	瓶	2	
15	苯基磷胺基苯甲酸		AR	10 g/瓶	瓶	2	
16	乙二胺四乙酸二钠	EDTA-2Na	AR	250 g/瓶	瓶	3	
17	乙醚	$C_4H_{10}O$	AR	500 ml/瓶	瓶	5	
18	磷酸三丁酯		AR	500 ml/瓶	瓶	3	

续表

序号	名称	分子式	级别	规格	单位	年耗量	备注
19	铀试剂Ⅲ	偶氮砷Ⅲ	AR	5 g/瓶	瓶	1	
20	硫氰酸铵	NH_4SCN	AR	500 g/瓶	瓶	4	
21	六偏磷酸钠		CP	500 g/瓶	瓶	4	
22	硫代硫酸钠	$Na_2S_2O_3$	CP	500 g/瓶	瓶	2	
23	硫酸铜	$CuSO_4$	CP	500 g/瓶	瓶	1	
24	铬酸钾	K_2CrO_4	CP	250 g/瓶	瓶	1	
25	重铬酸钾	$K_2Cr_2O_7$	CP	500 g/瓶	瓶	1	
26	氢氧化钠	NaOH	AR	500 g/瓶	瓶	4	
27	氢氧化钾	KOH	AR	500 g/瓶	瓶	3	
28	氯化钙	$CaCl_2$	CP	500 g/瓶	瓶	3	
29	氯化钙	$CaCl_2$	LR	500 g/瓶	瓶	8	干燥用
30	重铬酸钾	$K_2Cr_2O_7$	GR	10 g/瓶	瓶	1	基准试剂
31	氯化钠	NaCl	CP	500 g/瓶	瓶	5	
32	氯化钠	NaCl	GR	25 g/瓶	瓶	1	基准试剂
33	碳酸钠	Na_2CO_3	CP	500 g/瓶	瓶	12	
34	硝酸钡	$Ba(NO_3)_2$	AR	500 g/瓶	瓶	1	
35	硝酸铁	$Fe(NO_3)_3$	AR	500 g/瓶	瓶	2	
36	草酸钠	$Na_2C_2O_4$	AR	500 g/瓶	瓶	2	
37	草酸钠	$Na_2C_2O_4$	GR	100 g/瓶	瓶	1	基准试剂
38	钼酸铵	$(NH_4)_2MoO_4$	AR	500 g/瓶	瓶	2	
39	冰醋酸	CH_3COOH	AR	500 ml/瓶	瓶	5	
40	对硝基酚		AR	100 g/瓶	瓶	1	
41	磺基水杨		AR	25 g/瓶	瓶	3	
42	酚酞		AR	25 g/瓶	瓶	1	
43	氯化铵	NH_4Cl	AR	500 g/瓶	瓶	3	
44	醋酸钠	CH_3COONa	AR1	500 g/瓶	瓶	2	
45	磷酸氢二铵	$(NH_4)_2HPO_4$	AR	500 g/瓶	瓶	1	
46	硫氰酸钾	KSCN	AR	500 g/瓶	瓶	1	
47	硫酸高铁铵	$NH_4Fe(SO_4)_2$	AR	500 g/瓶	瓶	1	
48	硝酸钠	$NaNO_3$	AR	500 g/瓶	瓶	3	
49	柠檬酸钠		AR	500 g/瓶	瓶	4	
50	酒石酸钾钠		AR	500 g/瓶	瓶	3	
51	甲醛	CH_2O	AR	500 ml/瓶	瓶	3	
52	氟化钠	NaF	GR	500 g/瓶	瓶	2	
53	盐酸联苯胺		AR	25 g/瓶	瓶	5	
54	硫酸联苯胺		AR	25 g/瓶	瓶	1	
55	氯化亚锡	$SnCl_2$	AR	500 g/瓶	瓶	8	

续表

序号	名称	分子式	级别	规格	单位	年耗量	备注
56	二乙氨基二硫代甲酸银	Ag-DDC	AR	10 g/瓶	瓶	3	
57	碘化钾	KI	AR	500 g/瓶	瓶	2	
58	高碘酸钾	KIO_4	AR	25 g/瓶	瓶	3	
59	醋酸铅	$Pb(AC)_2$	AR	500 g/瓶	瓶	1	
60	三乙醇胺		AR	500 ml/瓶	瓶	3	
61	苯酚		AR	500 ml/瓶	瓶	1	
62	α-萘胺		AR	25 g/瓶	瓶	1	
63	对氨基苯磺酸		AR	25 g/瓶	瓶	2	
64	八氧化三铀	U_3O_8 纯度为 0.999	AR	25 g/瓶	瓶	1	
65	铜、铅、锌、铋、镍	金属，纯度为 0.99	AR	5 g/瓶	瓶	各 1 瓶	

4.3.4 主要仪器设备

主要仪器设备如表 4-12 所示。

表 4-12 实验室主要仪器设备一览表

名称	规格型号	数量/台	产地
制样机	G100-2 型	2	南昌通用制样机厂
破碎机	160 mm × 80 mm 功率 1.1 kWh	1	南昌通用制样机厂
塑料风机	离心式，4-72 型，1.1 kWh	3	株洲塑料风机厂
酸度计	PH-3 型，数字式	1	上海分析仪器厂
电烘箱	101 系列产品，3 kWh	2	湖南长沙
电烘箱	101 系列产品，6 kWh	1	湖南长沙
分光光度计	7230 型或 721 型	1	上海分析仪器厂
分析天平	TG328A 型，感量万分之一	2	上海天平分析仪器厂
电子天平	3～5 kg，感量±1 g	1	北京
电子天平	100 g，感量±0.000 1 g	1	北京
原子吸收分光光度计	WFX-110 型或 Y-3 型	1	南京分析仪器厂或北京分析仪器厂
氡钍测量仪	FD-125 型	1	北京综合仪器厂
α 探测仪	FJ-13	1	北京综合仪器厂
氡子体测量仪	DOSEMAN PRO 型	1	德国
环境 γ 剂量率仪	G122 型	1	北京综合仪器厂
马福炉	炉膛 300 mm × 250 mm × 200 mm，7 kWh	1	长沙实验电炉厂
离心机	医用六孔 电动型	1	医药器械商店
铀激光萤光仪	WYG-1A 型	1	加拿大产
固体萤光仪或萤光灯		1	
智能气体检测报警仪	SK6500 组合型便携式	1	上海航首机电设备有限公司生产

第 5 章 标准溶液的配制与标定

5.1 氢氧化钠标准溶液

$c(\mathrm{NaOH})=1\ \mathrm{mol/L}$（1 N）

$c(\mathrm{NaOH})=0.1\ \mathrm{mol/L}$（0.1 N）

$c(\mathrm{NaOH})=0.01\ \mathrm{mol/L}$（0.01 N）

5.1.1 配制

称取 100 g 氢氧化钠，溶于 100 ml 水中，摇匀，注入聚乙烯容器中，密闭至溶液清亮。用塑料管虹吸下述规定体积的上层清液，注入 1 000 ml 无二氧化碳的水中，摇匀。

c (NaOH)/（mol/L）	氢氧化钠饱和溶液/m
1.0	52
0.5	26
0.1	5

5.1.2 标定方法

称取下述规定量的于 105～110 ℃烘至恒重的基准邻苯二甲酸氢钾，称准至 0.000 1 g，溶于下述规定体积的无二氧化碳的水中，加 2 滴酚酞指示溶液，用配制好的氢氧化钠溶液滴定至溶液呈粉红色，同时做空白溶液试验。

c (NaOH)/（mol/L）	基准邻苯二甲酸氢钾/g	无二氧化碳的水/ml
1	6	80
0.5	3	80
0.1	0.6	50

5.1.3 结果计算

氢氧化钠标准溶液浓度按下式计算：

$$c\ (\mathrm{NaOH})=\frac{m}{(V_1-V_2)\times 0.204\ 2}$$

式中：c (NaOH)——氢氧化钠标准溶液之物质的量浓度，mol/L；

m——邻苯二甲酸氢钾之质量，g；

V_1——氢氧化钠溶液之用量，ml；

V_2——空白试验氢氧化钠溶液之用量，ml；

0.204 2——与 1 ml 氢氧化钠标准溶液［c (NaOH)=1.000 mol/L］相当的以克表示的邻苯二甲酸氢钾的质量。

5.2 盐酸标准溶液

c (HCl)=1 mol/L（1 N）

c (HCl)=0.5 mol/L（0.5 N）

c (HCl)=0.1 mol/L（0.1 N）

5.2.1 配制

量取下述规定体积的盐酸，注入 1 000 ml 水中，摇匀。

c (HCl)/（mol/L）	盐酸/ml
1	90
0.5	45
0.1	9

5.2.2 标定方法

称取下述规定的于 270～300 ℃灼烧至恒重的基准无水碳酸钠，称准至 0.000 1 g。溶于 50 ml 水中，加入 10 滴溴甲酚绿—甲基红混合指示剂，用配制好的盐酸溶液滴定至溶液由绿色变为暗红色，煮沸 2 min，冷却后继续滴定至溶液再呈暗红色。同时做空白试验。

c (HCl)/（mol/L）	基准无水碳酸钠/g
1	1.6
0.5	0.8
0.1	0.2

5.2.3 结果计算

盐酸标准溶液浓度按下式计算：

$$c\,(\mathrm{HCl})=\frac{m}{(V_1-V_2)\times 0.052\,99}$$

式中：$c(HCl)$——盐酸标准溶液之物质的量浓度，mol/L；

m——无水碳酸钠之质量，g；

V_1——盐酸溶液之用量，ml；

V_2——空白试验盐酸溶液之用量，ml；

0.052 99——与 1 ml 盐酸标准溶液［$c(HCl)=1.000$ mol/L］相当的以克表示的无水碳酸钠的质量。

5.3 硫酸标准溶液

$$c\left(\frac{1}{2}H_2SO_4\right)=1\ \text{mol/L}（1\ \text{N}）$$

$$c\left(\frac{1}{2}H_2SO_4\right)=0.5\ \text{mol/L}（0.5\ \text{N}）$$

$$c\left(\frac{1}{2}H_2SO_4\right)=0.1\ \text{mol/L}（0.1\ \text{N}）$$

5.3.1 配制

量取下述规定体积的硫酸，缓缓注入 1 000 ml 水中，冷却，摇匀。

$c\left(\frac{1}{2}H_2SO_4\right)$/（mol/L）	硫酸/ml
1	30
0.5	15
0.1	3

5.3.2 标定方法

称取下述规定量的于 270～300 ℃灼烧至恒重的基准无水碳酸钠，称准至 0.000 1 g。溶于 50 ml 水中，加入 10 滴溴甲酚绿—甲基红混合指示剂，用配制好的硫酸溶液滴定至溶液由绿色变为暗红色，煮沸 2 min，冷却后继续滴定至溶液再呈暗红色。同时做空白试验。

$c\left(\frac{1}{2}H_2SO_4\right)$/（mol/L）	基准无水碳酸钠/g
1	1.6
0.5	0.8
0.1	0.2

5.3.3 结果计算

硫酸标准溶液浓度按下式计算：

$$c\left(\frac{1}{2}H_2SO_4\right)=\frac{m}{(V_1-V_2)\times 0.052\,99}$$

式中：$c\left(\frac{1}{2}H_2SO_4\right)$——硫酸标准溶液之物质的量浓度，mol/L；

m——无水碳酸钠之质量，g；

V_1——硫酸溶液之用量，ml；

V_2——空白试验硫酸溶液之用量，ml；

0.052 99——与 1 ml 硫酸标准溶液$\left[c\left(\frac{1}{2}H_2SO_4\right)=1.000\ \text{mol/L}\right]$相当以克表示的无水碳酸钠的质量。

5.4 碳酸钠标准溶液

$c\left(\frac{1}{2}Na_2CO_3\right)=1$ mol/L（1 N）

$c\left(\frac{1}{2}Na_2CO_3\right)=0.1$ mol/L（0.1 N）

5.4.1 配制

称取下述规定的无水碳酸钠，溶于 1 000 ml 水中，摇匀。

$c\left(\frac{1}{2}Na_2CO_3\right)$/（mol/L）	无水碳酸钠/g
1	53
0.1	5.3

5.4.2 标定方法

量取 30.00～35.00 ml 下述配制好的碳酸钠溶液，加入下述规定好的水，加 10 滴溴甲酚绿—甲基红混合指示剂，用下述规定好的盐酸标准溶液滴定至溶液由绿色变为暗红色，煮沸 2 min，冷却后继续滴定溶液再现暗红色。

$c\left(\frac{1}{2}Na_2CO_3\right)$/（mol/L）	水/ml	c (HCl)/（mol/L）
1	50	1
0.1	20	0.1

5.4.3　结果计算

碳酸钠标准溶液浓度按下式计算：

$$c\left(\frac{1}{2}Na_2CO_3\right)=\frac{V_1\times c_1}{V}$$

式中：$c\left(\frac{1}{2}Na_2CO_3\right)$——碳酸钠标准溶液之物质的量浓度，mol/L；

V_1——盐酸标准溶液之用量，ml；

c_1——盐酸标准溶液之物质的量浓度，mol/L；

V——碳酸钠溶液之用量，ml。

5.5　重铬酸钾标准溶液

$c\left(\frac{1}{6}K_2Cr_2O_7\right)$ =0.1 mol/L（0.1 N）

5.5.1　配制

称取 5 g 重铬酸钾，溶于 1 000 ml 水中，摇匀。

5.5.2　标定方法

量取 30.00～35.00 ml 配置好的重铬酸钾溶液$\left[c\left(\frac{1}{6}K_2Cr_2O_7\right)=0.1\ mol/L\right]$，置于碘量瓶中，加入 2 g 碘化钾及 20 ml 硫酸溶液（20%），摇匀，于暗处放置 10 min，加入 150 ml 水，用硫代硫酸钠标准溶液［$c(Na_2S_2O_3)$=0.1 mol/L］滴定，近终点时加入 3 ml 淀粉指示液（5 g/L），继续滴定至溶液由蓝色变为亮绿色。同时做空白试验。

5.5.3　结果计算

重铬酸钾标准溶液的浓度按下式计算：

$$c\left(\frac{1}{6}K_2Cr_2O_7\right)=\frac{(V_1-V_2)\times c_1}{V}$$

式中：$c\left(\frac{1}{6}K_2Cr_2O_7\right)$——重铬酸钾标准溶液之物质的量浓度，mol/L；

V_1——硫代硫酸钠标准溶液之用量，ml；

V_2——空白试验硫代硫酸钠标准溶液之用量，ml；

c_1——硫代硫酸钠标准溶液之物质的量浓度，mol/L；

V——重铬酸钾溶液之用量，ml。

5.6 硫代硫酸钠标准溶液

$c\,(Na_2S_2O_3)=0.1$ mol/L（0.1 N）

5.6.1 配制

称取 26 g 硫代硫酸钠（$Na_2S_2O_3 \cdot 5H_2O$）（或 16 g 无水硫代硫酸钠），溶于 1 000 ml 水中，缓缓煮沸 10 min，冷却。放置两周后过滤备用。

5.6.2 标定方法

称取 0.15 g 于 120 ℃烘至恒重的基准重铬酸钾，称准至 0.000 1 g，置于碘量瓶中，加入 2 g 碘化钾及 20 ml 硫酸溶液（20%），摇匀，于暗处放置 10 min，加入 150 ml 水，用配制好的硫代硫酸钠溶液［$c\,(Na_2S_2O_3)=0.1$ mol/L］滴定。近终点时加入 3 ml 淀粉指示液（5 g/L），继续滴定至溶液由蓝色变为亮绿色。同时做空白试验。

5.6.3 结果计算

硫代硫酸钠标准溶液浓度按下式计算：

$$c\,(Na_2S_2O_3)=\frac{m}{(V_1-V_2)\times 0.049\ 03}$$

式中：$c\,(Na_2S_2O_3)$——硫代硫酸钠标准溶液之物质的量浓度，mol/L；

m——重铬酸钾之质量，g；

V_1——硫代硫酸钠溶液之用量，ml；

V_2——空白试验硫代硫酸钠溶液之用量，ml；

0.049 03——与 1.00 ml 硫代硫酸钠标准溶液［$c\,(Na_2S_2O_3)=1.00$ mol/L］相当的以克表示的重铬酸钾的质量。

5.7 溴标准溶液

$c\left(\frac{1}{6}KBrO_3\right)=0.1$ mol/ L （0.1 N）

5.7.1 配制

称取 3 g 溴酸钾及 25 g 溴化钾，溶于 1 000 ml 水中，摇匀。

5.7.2 标定方法

量取 30.00～35.00 ml 配制好的溴溶液$\left[c\left(\frac{1}{6}KBrO_3\right)=0.1\ \text{mol / L}\right]$置于碘量瓶中，加

入 2 g 碘化钾及 5 ml 盐酸溶液（20%），摇匀。于暗处放置 5 min，加入 150 ml 水，用硫代硫酸钠标准溶液（0.1 mol/L）滴定，近终点时加入 3 ml 淀粉溶液（5 g/L），继续滴定至溶液蓝色消失。同时做空白试验。

5.7.3　结果计算

溴标准溶液浓度按下式计算：

$$c\left(\frac{1}{6}\mathrm{KBrO_3}\right)=\frac{(V_1-V_2)\times c_1}{V}$$

式中：$c\left(\frac{1}{6}\mathrm{KBrO_3}\right)$——溴标准溶液之物质的量浓度，mol/L；

V_1——硫代硫酸钠标准溶液之用量，ml；

V_2——空白试验硫代硫酸钠标准溶液之用量，ml；

c_1——硫代硫酸钠标准溶液之物质的量浓度，mol/L；

V——溴溶液之用量，ml。

5.8　溴酸钾标准溶液

$$c\left(\frac{1}{6}\mathrm{KBrO_3}\right)=0.1\ \mathrm{mol/L}\ （0.1\ \mathrm{N}）$$

5.8.1　配制

称取 3 g 溴酸钾，溶于 1 000 ml 水中，摇匀。

5.8.2　标定方法

量取 30.00～35.00 ml 配制好的溴酸钾溶液$\left[c\left(\frac{1}{6}\mathrm{KBrO_3}\right)=0.1\ \mathrm{mol/L}\right]$于碘量瓶中，加入 2 g 碘化钾及 5 ml 盐酸溶液（20%），摇匀。于暗处放置 5 min，加入 150 ml 水，用硫代硫酸钠标准溶液（0.1 mol/L）滴定，近终点时加入 3 ml 淀粉溶液（5 g/L），继续滴定至溶液蓝色消失，同时做空白试验。

5.8.3　结果计算

溴酸钾标准溶液浓度按下式计算：

$$c\left(\frac{1}{6}\mathrm{KBrO_3}\right)=\frac{(V_1-V_2)\times c_1}{V}$$

式中：$c\left(\frac{1}{6}\mathrm{KBrO_3}\right)$——溴酸钾标准溶液之物质的量浓度，mol/L；

V_1——硫代硫酸钠标准溶液之用量，ml；

V_2——空白试验硫代硫酸钠标准溶液之用量，ml；

c_1——硫代硫酸钠标准溶液之物质的量浓度，mol/L；

V——溴酸钾溶液之用量，ml。

5.9 碘标准溶液

$c\left(\frac{1}{2}I_2\right)=0.1\ \text{mol/L}$（0.1 N）

5.9.1 配制

称取 13 g 碘及 35 g 碘化钾，溶于 100 ml 水中，稀释至 1 000 ml，摇匀，保存于棕色具塞瓶中。

5.9.2 标定方法

称取 0.15 g 预先在硫酸干燥器中干燥至恒重的基准三氧化二砷，称准至 0.000 1 g。置于碘量瓶中，加入 4 ml 氢氧化钠溶液［c (NaOH)=1 mol/L］溶解，加入 50 ml 水，加入 2 滴酚酞指示液（10 g/L），用硫酸溶液$\left[c\left(\frac{1}{2}H_2SO_4\right)=1\ \text{mol/L}\right]$中和，加入 3 g 碳酸氢钠及 3 ml 淀粉指示液（5 g/L），用配制好的碘溶液$\left[c\left(\frac{1}{2}I_2\right)=0.1\ \text{mol/L}\right]$滴定至溶液呈浅蓝色。同时做空白试验。

5.9.3 结果计算

碘标准溶液浓度按下式计算：

$$c\left(\frac{1}{2}I_2\right)=\frac{m}{(V_1-V_2)\times 0.049\ 46}$$

式中：$c\left(\frac{1}{2}I_2\right)$——碘标准溶液之物质的量浓度，mol/L；

m——三氧化二砷之用量，g；

V_1——碘溶液之用量，ml；

V_2——空白试验碘溶液之用量，ml；

0.049 46——与 1 ml 碘标准溶液$\left[c\left(\frac{1}{2}I_2\right)=1.00\ \text{mol/L}\right]$相当的以克表示的三氧化二砷的质量。

5.10　碘酸钾标准溶液

$$c\left(\frac{1}{6}KIO_3\right)=0.3\ mol/L\ (0.3\ N)$$

$$c\left(\frac{1}{6}KIO_3\right)=0.1\ mol/L\ (0.1\ N)$$

5.10.1　配制

称取下述规定的碘酸钾，溶于 1 000 ml 水中，摇匀。

$c\left(\frac{1}{6}KIO_3\right)$/（mol/L）	碘酸钾/g
0.3	11.0
0.1	3.60

5.10.2　标定方法

按下述规定量取配制好的碘酸钾溶液，置于碘量瓶中加入规定体积的水及规定量的碘化钾，加 5 ml 盐酸溶液（20%），摇匀。于暗处放置 5 min，加入 150 ml 水，用硫代硫酸钠标准溶液（0.1 mol/L）滴定，近终点时加入 3 ml 淀粉指示液（5 g/L），继续滴定至溶液蓝色消失。同时做空白试验。

$c\left(\frac{1}{6}KIO_3\right)$/（mol/L）	碘酸钾溶液/ml	水/ml	碘化钾/g
0.3	11.00～13.00	20	3
0.1	30.00～35.00	0	2

5.10.3　结果计算

碘酸钾标准溶液浓度按下式计算：

$$c\left(\frac{1}{6}KIO_3\right)=\frac{(V_1-V_2)\times c_1}{V}$$

式中：$c\left(\frac{1}{6}KIO_3\right)$——碘酸钾标准溶液之物质的量浓度，mol/L；

V_1——硫酸钠标准溶液之用量，ml；

V_2——空白试验硫酸钠标准溶液之用量，ml；

c_1——硫代硫酸钠标准溶液之物质的量浓度，mol/L；

V——碘酸钾溶液之用量，ml。

5.11 草酸标准溶液

$$c\left(\frac{1}{2}C_2H_2O_4\right)=0.1\ \text{mol/L}\ (0.1\ \text{N})$$

5.11.1 配制

称取 6.4 g 草酸（$C_2H_2O_4 \cdot 2H_2O$）溶于 1 000 ml 水中，摇匀。

5.11.2 标定方法

量取 30.00～35.00 ml 已配制好的草酸溶液$\left[c\left(\frac{1}{2}C_2H_2O_4\right)=0.1\ \text{mol/L}\right]$，加 100 ml 硫酸溶液（内含 8 ml 的 H_2SO_4），用高锰酸钾标准溶液$\left[c\left(\frac{1}{5}KMnO_4\right)=0.1\ \text{mol/L}\right]$滴定，近终点时加热至 65 ℃，继续滴定至溶液呈粉红色保持 30 s。同时做空白试验。

5.11.3 结果计算

草酸标准溶液浓度按下式计算：

$$c\left(\frac{1}{2}C_2H_2O_4\right)=\frac{(V_1-V_2)\times c_1}{V}$$

式中：$c\left(\frac{1}{2}C_2H_2O_4\right)$——草酸标准溶液之物质的浓度，mol/L；

V_1——高锰酸钾标准溶液之用量，ml；

V_2——空白试验高锰酸钾标准溶液之用量，ml；

c_1——高锰酸钾标准溶液之物质的量浓度，mol/L；

V——草酸溶液之用量，ml。

5.12 高锰酸钾标准溶液

$$c\left(\frac{1}{5}KMnO_4\right)=0.1\ \text{mol/L}\ (0.1\ \text{N})$$

5.12.1 配制

称取 3.3 g 高锰酸钾，溶于 1 050 ml 水中，缓缓煮沸 15 min，冷却后置于暗处保存两周，以 4#玻璃砂芯漏斗过滤于干燥的棕色瓶中。砂芯漏斗应预先以同样的高锰酸钾溶液缓缓煮沸 5 min，收集瓶也要用此高锰酸钾溶液洗涤 2～3 次。

5.12.2　标定方法

称取 0.2 g 于 105～110 ℃烘至恒重的基准草酸钠，称准至 0.000 1 g，溶于 100 ml 硫酸溶液（内含 8 ml 的 H_2SO_4）中，用配制好的高锰酸钾溶液 $\left[c\left(\frac{1}{5}KMnO_4\right)=0.1\ mol/L\right]$ 滴定，近终点时加热至 65 ℃，继续滴定至溶液呈粉红色保持 30 s。同时做空白试验。

5.12.3　结果计算

高锰酸钾标准溶液浓度按下式计算：

$$c\left(\frac{1}{5}KMnO_4\right)=\frac{m}{(V_1-V_2)\times 0.067\ 00}$$

式中：$c\left(\frac{1}{5}KMnO_4\right)$——高锰酸钾标准溶液之物质的量浓度，mol/L；

m——草酸钠之质量，g；

V_1——高锰酸钾溶液之用量，ml；

V_2——空白试验高锰酸钾溶液之用量，ml；

0.067 00——与 1.00 ml 高锰酸钾标准溶液 $\left[c\left(\frac{1}{5}KMnO_4\right)=1.00\ mol/L\right]$ 相当以克表示的草酸钠的质量。

5.13　硫酸亚铁铵标准溶液

$c[(NH_4)_2Fe(SO_4)_2]=0.1$ mol/L

5.13.1　配制

称取 40 g 硫酸亚铁铵 $[(NH_4)_2Fe(SO_4)_2\cdot 6H_2O]$ 溶于 300 ml 硫酸溶液（20%）中，加入 700 ml 水，摇匀。

5.13.2　标定方法

量取 30.00～35.00 ml 配制好的硫酸亚铁铵溶液 $\{c[(NH_4)_2Fe(SO_4)_2\cdot 6H_2O]=0.1\ mol/L\}$，加入 25 ml 无氧的水，用高锰酸钾标准溶液 $\left[c\left(\frac{1}{5}KMnO_4\right)=0.1\ mol/L\right]$ 滴定溶液呈粉红色，保持 30 s。

5.13.3　结果计算

硫酸亚铁铵标准溶液浓度按下式计算：

$$c[(NH_4)_2Fe(SO_4)_2]=\frac{V_1\times c_1}{V}$$

式中：$c[(NH_4)_2Fe(SO_4)_2]$——硫酸亚铁铵标准溶液之物质的量浓度，mol/L；

V_1——高锰酸钾标准溶液之用量，ml；

c_1——高锰酸钾标准溶液之物质的量浓度，mol/L；

V——硫酸亚铁铵溶液之用量，ml。

5.14 乙二胺四乙酸二钠标准溶液

c (EDTA)＝0.1 mol/L（0.1 M）

c (EDTA)＝0.05 mol/L（0.05 M）

c (EDTA)＝0.02 mol/L（0.02 M）

5.14.1 配制

称取下述规定的乙二胺四乙酸二钠，加热溶于 1 000 ml 水中，冷却，摇匀。

c (EDTA)/（mol/L）	乙二胺四乙酸二钠/g
0.1	40
0.05	20
0.02	8

5.14.2 标定方法

称取 0.25 g 于 800 ℃灼烧恒重的基准氧化锌，称准至 0.000 1 g。用少量水湿润，加入 2 ml 盐酸溶液(20%)使样品溶解，加 100 ml 水，用氨水溶液(10%)中和至 pH＝7～8，加入 10 ml 氨—氯化铵缓冲溶液（pH＝10）及 5 滴铬黑 T 指示液（5 g/L），用配制好的乙二胺四乙酸二钠溶液［c (EDTA)＝0.1 mol/L］滴定至溶液由紫色变为纯蓝色，同时做空白试验。

5.14.3 结果计算

乙二胺四乙酸二钠标准溶液浓度按下式计算：

$$c\,(\mathrm{EDTA})=\frac{m}{(V_1-V_2)\times 0.081\,38}$$

式中：c (EDTA)——乙二胺四乙酸二钠标准溶液之物质的量浓度，mol/L；

m—氧化锌之质量，g；

V_1——乙二胺四乙酸二钠溶液之用量，ml；

V_2——空白试验乙二胺四乙酸二钠溶液之用量，ml；

0.081 38——与 1.00 ml 乙二胺四乙酸二钠标准溶液［c(EDTA)=1.00 mol/L］相当的以克表示的氧化锌的质量。

5.15　硝酸银标准溶液

$c(AgNO_3)$=0.1 mol/L（0.1 N）

5.15.1　配制

称取 17.5 g 硝酸银，溶于 1 000 ml 水中，摇匀。溶液保存于棕色瓶中。

5.15.2　标定方法（一）

称取 0.2 g 于 500～600 ℃灼烧至恒重的基准氯化钠，称准至 0.000 1 g，溶于 70 ml 水中，加入 8 滴铬酸钾指示液（5 g/L），用配制好的硝酸银溶液［$c(AgNO_3)$=0.1 mol/L］滴定至稳定的砖红色为终点。同时做空白试验。

5.15.3　结果计算（一）

硝酸银标准溶液浓度按下式计算：

$$c(AgNO_3)=\frac{m}{(V_1-V_2)\times 0.05844}$$

式中：$c(AgNO_3)$——硝酸银标准溶液之物质的量浓度，mol/L；

m——氯化钠之质量，g；

V_1——硝酸银溶液之用量，ml；

V_2——空白试验硝酸银溶液之用量，ml；

0.058 44——与 1.00 ml 硝酸银标准溶液［$c(AgNO_3)$=1.00 mol/L］相当以克表示的氯化钠的质量。

5.15.4　标定方法（二）

称取 0.2 g 于 500～600 ℃灼烧至恒重的基准氯化钠，称准至 0.000 1 g。溶于 70 ml 水中，加入 10 ml 淀粉溶液（10 g/L），用配制好的硝酸银溶液［$c(AgNO_3)$=0.1 mol/L］滴定。用 216 型银电极作指示电极，用 217 型双盐桥甘汞电极作参比电极。按 GB 9725 二级微商法规定确定终点。

5.15.5　结果计算（二）

$$c(AgNO_3)=\frac{m}{(V_1-V_2)\times 0.05844}$$

式中符号意义同标定方法（一）。注意计算时可以不要减空白。

5.16 硫氰酸钾（或硫氰酸钠）标准溶液

$c(KSCN)=0.1$ mol/L

5.16.1 配制

称取 9.7 g 硫氰酸钾（或 8.2 g 硫氰酸钠），溶于 1 000 ml 水中，摇匀。

5.16.2 标定方法

称取 0.5 g 于硫酸干燥器中干燥至恒重的基准硝酸银，称准至 0.000 1 g，溶于 100 ml 水中，加入 2 ml 硫酸高铁铵指示液（80 g/L）及 10 ml 硝酸溶液（25%），在摇动下用配制好的硫氰酸钾（或硫氰酸钠）溶液［$c(KSCN)=0.1$ mol/L］滴定，终点前摇动溶液至清亮后，继续滴定至溶液呈浅红色保持 30 s。

5.16.3 结果计算

硫氰酸钾（或硫氰酸钠）标准溶液浓度按下式计算：

$$c(KSCN)=\frac{m}{V\times 0.1699}$$

式中：$c(KSCN)$——硫氰酸钾标准溶液之物质的量浓度，mol/L；

m——硝酸银之质量，g；

V——硫氰酸钾溶液之用量，ml；

0.169 9——与 1.00 ml 硫氰酸钾标准溶液［$c(KSCN)=1.000$ mol/L］相当以克表示的硝酸银的质量。

5.17 氯化镁（或硫酸镁）标准溶液

$c(MgCl_2)=0.1$ mol/L

5.17.1 配制

称取 21 g 氯化镁（$MgCl_2\cdot H_2O$）［或 25 g 硫酸镁（$MgSO_4\cdot 7H_2O$）］溶于 1 000 ml 盐酸溶液（含 0.5 ml 的 HCl）中，放置一个月后，用 3 号玻璃砂芯漏斗过滤，摇匀。

5.17.2 标定方法

量取 30.00～35.00 ml 配制好的氯化镁溶液［$c(MgCl_2)=0.1$ mol/L］，加入 70 ml 水及 10 ml 氨—氯化铵缓冲溶液甲（pH=10），加入 5 滴铬黑 T 指示液（5 g/L），用乙二胺四乙酸二钠标准溶液［$c(EDTA)=0.1$ mol/L］滴定至溶液由紫色变为纯蓝色。同时做空白试验。

5.17.3　结果计算

氯化镁（或硫酸镁）标准溶液浓度按下式计算：

$$c(MgCl_2)=\frac{(V_1-V_2)\times c_1}{V}$$

式中：$c(MgCl_2)$——氯化镁标准溶液之物质浓度，mol/L；

V_1——乙二胺四乙酸二钠标准溶液之用量，ml；

V_2——空白试验乙二胺四乙酸二钠标准溶液之用量，ml；

c_1——乙二胺四乙酸二钠标准溶液之物质的量浓度，mol/L；

V——氯化镁溶液之用量，ml。

5.18　硝酸铅标准溶液

$c[Pb(NO_3)_2]=0.05$ mol/L（0.05 M）

5.18.1　配制

称取 17 g 硝酸铅，溶于 1 000 ml 硝酸溶液（内含 0.5 ml 的 HNO_3）中，摇匀。

5.18.2　标定方法

量取 30.00～35.00 ml 配制好的硝酸铅溶液{$c[Pb(NO_3)_2=0.05$ mol/L]}，加入 3 ml 冰乙酸及 5 g 六次甲基四胺，加 70 ml 水及 2 滴二甲酚橙指示液（2 g/L），用乙二胺四乙酸二钠标准溶液［$c(EDTA)=0.05$ mol/L］滴定至溶液呈亮黄色。

5.18.3　结果计算

硝酸铅标准溶液浓度按下式计算：

$$c[Pb(NO_3)_2]=\frac{V_1\times c_1}{V}$$

式中：$c[Pb(NO_3)_2]$——硝酸铅标准溶液之物质的量浓度，mol/L；

V_1——乙二胺四乙酸二钠标准溶液之用量，ml；

c_1——乙二胺四乙酸二钠标准溶液之物质的量浓度，mol/L；

V——硝酸铅溶液之用量，ml。

5.19　砷标准溶液

$c(As)=0.1$ mg/ml

准确称取 0.132 0 g 三氧化二砷（As_2O_3）于 100 ml 烧杯中，用 2 ml 5%氢氧化钠溶解，将溶液全部转移至 1 000 ml 容量瓶中，加水稀释至刻度，摇匀。此溶液 1 ml 含有 100 μg As。分取 50 ml 于 500 ml 容量瓶中，用水稀释至刻度，摇匀，此溶液 1 ml 含有 10 μg As。

5.20 亚硝酸钠标准溶液

称取 0.150 0 g 亚硝酸钠（$NaNO_2$）于 500 ml 烧杯中，加入适量水溶解，转入 500 ml 容量瓶中，加水至刻度，摇匀。此溶液 1 ml 含有 0.2 mg（NO_2^-）。吸取此溶液 25 ml 于 500 ml 容量瓶中，加水至刻度，摇匀。此溶液为 1 ml 含有 10 μg 亚硝酸根（NO_2^-）。

5.21 附表

表 5-1 常用基准物质的干燥条件和应用

基准物质		干燥后组成	干燥条件	标定对象
名称	分子式			
碳酸氢钠	$NaHCO_3$	Na_2CO_3	270～300 ℃	酸
碳酸钠	Na_2CO_3	Na_2CO_3	270～300 ℃	酸
硼砂	$Na_2B_4O_7 \cdot 10H_2O$	$Na_2B_4O_7 \cdot 10H_2O$	放在含氯化钠和蔗糖饱和溶液的干燥器中	酸
碳酸氢钾	$KHCO_3$	K_2CO_3	270～300 ℃	酸
草酸	$H_2C_2O_4 \cdot 2H_2O$	$H_2C_2O_4 \cdot 10H_2O$	室温空气干燥	碱或高锰酸钾
邻苯二甲酸氢钾	$KHC_6H_4O_4$	$KHC_6H_4O_4$	110～120 ℃	碱
重铬酸钾	$K_2Cr_2O_7$	$K_2Cr_2O_7$	140～150 ℃	还原剂
溴酸钾	$KBrO_3$	$KBrO_3$	130 ℃	还原剂
碘酸钾	KIO_3	KIO_3	130 ℃	还原剂
三氧二砷	As_2O_3	As_2O_3	室温于干燥器中保存	氧化剂
草酸钠	$Na_2C_2O_4$	$Na_2C_2O_3$	130 ℃	氧化剂
碳酸钙	$CaCO_3$	$CaCO_3$	106～110 ℃	EDTA
锌	Zn	Zn	室温干燥器中保存	EDTA
铜	Cu	Cu	室温干燥器中保存	还原剂
氧化锌	ZnO	ZnO	900～1 000 ℃	EDTA
氯化钠	NaCl	NaCl	500～600 ℃	$AgNO_3$
氯化钾	KCl	KCl	500～600 ℃	$AgNO_3$
硝酸银	$AgNO_3$	$AgNO_3$	280～290 ℃	氯化物
氟化钠	NaF	NaF	铂坩埚中 500～600 ℃灼烧，40～50 min，于浓硫酸干燥器中保存	铀萤光分析的助熔剂

表 5-2　常用指示剂的配制

指示剂名称	变色 pH 范围	颜色变化	溶液配制方法
甲基紫（第一变色范围）	0.13～0.50	黄←→绿	0.1%或 0.05%的水溶液
甲酚红	0.20～1.80	红←→黄	称取 0.04 g 指示剂，溶于 100 ml 5%的乙醇中
甲基紫（第二变色范围）	1.0～1.5	绿←→蓝	0.1%的水溶液
甲基紫（第三变色范围）	2.0～3.0	蓝←→紫	0.1%的水溶液
甲基橙	3.1～4.4	红←→橙黄	0.1%的水溶液
甲基红	4.4～6.2	红←→黄	称取 0.1 g 指示剂，溶于 100 ml 60%的乙醇中
对硝基酚	5.0～7.0	无←→黄	0.1%的水溶液
溴百里酚蓝	6.0～7.6	黄←→蓝	0.15 g 指示剂溶于 100ml 20%的乙醇中
酚红	6.8～8.0	黄←→红	0.15 g 指示剂溶于 100ml 20%的乙醇中
甲酚红	7.2～8.8	亮黄←→紫红	0.15 g 指示剂溶于 100ml 50%的乙醇中
酚酞	8.2～10.0	无←→红	0.1 g 指示剂，溶解于 100ml 60%的乙醇中
中性红—次甲基蓝	7.0	蓝紫←→绿	1 份 0.1%中性红乙醇溶液与 1 份 0.1%次甲基蓝乙醇溶液
达旦黄	12.0～13.0	黄←→红	0.1%的水溶液或乙醇溶液

表 5-3　常用缓冲溶液的配制

缓冲溶液组成	溶液 pH	缓冲溶液配制方法
磷酸氢二钠与柠檬酸	2.5	称取磷酸氢二钠（$Na_2HPO_4 \cdot 12H_2O$）113 g 溶于 200 ml 水中，再加入 387 g 柠檬酸，溶解完全，过滤于 1 000 ml 容量瓶中，并稀释至刻度
邻苯二甲酸氢钾	2.9	称取 500 g 邻苯二甲酸氢钾溶于 500 ml 水中，加入浓盐酸 180 ml，加水稀释至 1 000 ml
甲酸与氢氧化钠	3.7	量取 95 ml 甲酸和 40 g 氢氧化钠溶于 500 ml 水中，并稀释至 1 000 ml
醋酸铵与醋酸	4.5	称取 77 g 醋酸铵溶于 200 ml 水中，加入冰乙酸 59 ml，加水至 1 L
醋酸钠与醋酸	4.7	称取无水醋酸钠 83 g 溶于水中，加入冰乙酸 60 ml，加水至 1 L
醋酸钠与醋酸	5.0	称取无水醋酸钠 60 g 溶于水中，加入冰乙酸 60 ml，加水至 1 L
醋酸铵与醋酸	5.0	称取 250 g 醋酸铵溶于 200 ml 水中，加入冰乙酸 60 ml，加水至 1 L
六次甲基四胺与盐酸	5.4	称取六次甲基四胺 40 g 溶于 200 ml 水中，加浓盐酸 10 ml，加水稀释至 1 L
醋酸铵与醋酸	6.0	称取 600 g 醋酸铵溶于 200 ml 水中，加入冰乙酸 20 ml，加水至 1 L
醋酸钠与磷酸氢二钠	8.0	称取无水醋酸钠 50 g 和含有 12 个结晶水的磷酸氢二钠 50 g，溶于水中，并稀释至 1 L
氢氧化铵与氯化铵	9.2	称取氯化铵 54 g 溶于 200 ml 水中，加入浓氨水 63 ml，加水稀释至 1 L
氢氧化铵与氯化铵	9.5	称取氯化铵 54 g 溶于 200 ml 水中，加入浓氨水 126 ml，加水稀释至 1 L
氢氧化铵与氯化铵	10.0	称取氯化铵 54 g 溶于 200 ml 水中，加入浓氨水 350 ml，加水稀释至 1 L

第二部分

化学分析方法

第 6 章 矿石样品的加工

6.1 矿石样品的加工目的与要求

铀矿石样品需要按照一定程序进行加工处理，使加工后的样品重量和粒度能满足放射性的物理测量和化学分析的需要，并且有足够的代表性。

（1）样品的加工的最终重量和粒度因分析方法不同而有不同的要求，放射性物理测量需要样品的重量为 400～500 g，最大粒度直径为 0.3～0.5 mm，化学样品分析一个元素一般只需 20～50 g，多项元素分析或全分析需要 50～100 g，最大颗粒直径为 0.1～0.125 mm。

（2）同一个样品必须有正副样各 1 份。

（3）加工好的矿石样品必须存放于专用样品库房内，并按规定进行严格的管理。

（4）样品加工必须由两人承担，互相监督，协同完成。

6.2 矿石样品加工的原则

（1）矿石加工必须遵照切乔特公式：$Q=Kd^2$。式中 Q 为缩分成样品的最小重量（kg），d 为该次缩分的最大颗粒直径（mm），K 为样品的缩分的系数。

（2）铀矿石缩分系数 K 一般为 0.1～0.5，对矿化均匀程度不同的矿石 K 值也应有所不同，工作初期可采用较大的系数（即 0.5），有时也可采用地质队采用的系数。

（3）对加工数量较多的矿石，必须进行 K 值试验，选用合理的样品缩分系数。缩分系数的确定或变更应经总工程师批准，并报上一级主管部门备案。

（4）样品的加工处理常常需要经过几个阶段，每个阶段中包括碾碎、过筛、搅匀和缩分四道工序，直到重量和粒度达到要求为止。

6.3 确定矿石样品加工程序的主要依据

（1）矿石的矿化度和机械物理性能。

（2）样品的原始重量、粒度和要求加工后的最终重量、粒度。

（3）样品加工单位具备的碾碎设备和筛子的规格型号。

（4）加工程序的确定和变更，必须由主管单位责任人同意。

6.4 矿石样品加工前的准备工作

（1）了解对样品的要求：加工前必须了解样品来源、样品类型、取样方法、样品用途、原始重量、粒度、湿度、样品的伽马强度或大致的铀含量，并进行详细登记。

（2）样品的预先干燥：样品湿度过大，应预先晾干、晒干或烘干，烘烤温度不得超过 105～110 ℃，防止某些组分气化或挥发、分解，以确保分析质量。

（3）样品的整理：样品按加工编号（或实验室编号）顺序规格整理，用黑色签字笔填写好标签和装样纸袋，根据强度或预计大致含量，将较富样品放在本班次最后加工，以防止低含量样品受到污染，品位增高。

（4）加工设备的检查：加工前必须仔细检查所有要加工的使用设备和工具是否齐全、清洁，各种机械是否运行正常，工作地点通风是否良好，筛子是否符合要求，有无破损等。

6.5 矿石样品的加工方法步骤

（1）破碎：根据样品多少和设备条件的不同，可以分别或结合使用人工破碎和机械破碎，加工阶段可分粗碎（–30 mm）和中碎（3.5～30 mm）。

（2）筛分：将破碎的样品选用一定规格的筛子进行筛分，其筛上产品返回第二次破碎，直到全部通过筛孔为止。

（3）缩分：将粗碎的矿样拌匀后，用四分法进行缩分（根据样品多少进行 1～2 次缩分）。接着将缩分的样品再进行中碎（3.5～30 mm，并按步骤 2 进行操作）。拌匀，再用四分法进行缩分，这时的样品应保持在 2～3 kg。

（4）烘干：将中碎并缩分的样品置于搪瓷盘中，称出湿样重量，然后放入 100～105 ℃的烘箱内烘烤 4～6 h，取出冷却至室温，再次称其干重，直至恒重。最后计算出样品的含水量。

（5）细碎：将烘干的样品再进行细碎，直至颗粒为 0.5～3.5 mm。

（6）粉碎：将第五步细碎以后的样品搅拌均匀并铺平，按方格法用样品勺取 20～25 个点（约 300 g）样品，放入矿样磨粉机的磨盘内（注意按规程操作）。研磨 3～5 min，取出。

（7）装袋：将研磨好的样品装入事先填写好的样品袋内（一般每个样品装 80～100 g）。封好入库。

（8）注意事项

1）一般样品加工到放射性物理测量所要求的重量和粒度为止，如果需要化学分析样，必须按程序加工至所需重量和粒度，不得随意从放射性物理测量的样品中撮取一部分作化学分析样样品。

2）加工所得正副样品，必须用结实的纸袋子装好，袋上注明正副样，并填好样号、重量、粒度和加工日期。样品加工余下部分必须分别倒在原样品袋或箱内，按矿石回收利用。

3）在全部加工过程中必须严格保持样品的纯洁，不得任意丢失，不得混淆、污染。在加工过程中飞出的矿石应及时捡回来，倒入原样继续加工，所有碎样设备和加工工具必须在每个样品加工前清扫干净，防止样品污染和混乱。

4）样品加工设备都应按使用说明书正确使用，精心维护保养，及时检修，确保设备正常安全运行。

5）切实保持好室内外环境卫生，勤洗，勤擦，勤扫。各种用具摆放整齐，做到文明生产。

6.6　矿石样品的管理

（1）分析完的样品立即由专职样品管理人员放入样品库房的样品橱内。若发现某个或几个样品分析结果不正常，需重新分析时，经室主任同意，由样品管理员将需重新分析的样品挑选出来进行重新分析。

（2）样品一经放入库房橱内，分析人员不得进入库房内寻找矿石样品，更不允许其他无关人员进入样品库房。

（3）样品应按样品编号次序存放在样品橱内。保存时间应根据矿样类型和用途，由本单位的具体情况而定。

（4）样品的销毁应由本单位领导会同分析室主任（或技术人员）讨论研究同意后，方可进行销毁处理。

（5）样品库房应保持干燥、通风良好，防止受潮变质。

第 7 章　矿石样品定性检验

7.1　矿石样品的阳离子检验方法

7.1.1　钛离子检验（Ti^{4+}）

把矿物研成粉，用焦硫酸钾或硫氰酸钾熔融，熔炼后的熔体溶于 50%的硫酸中，然后加入水稀释，再加入 2 滴双氧水，溶液变成黄色或橙黄色（高钛酸），钛含量越高颜色越深。

7.1.2　铌、钽的检验

矿物与焦硫酸钾熔融后，使熔体溶于新配制的丹宁酸中，加热煮沸，如铌存在则产生棉絮状沉淀。如有钽存在，则产生黄色棉絮状沉淀，如同时含有铌和钽则产生混色沉淀。

7.1.3　铅的检验

矿物质溶于盐酸或硝酸中，加入 1～2 滴碘化钾，若有铅存在即产生碘化铅的黄色沉淀。

7.1.4　铁的检验

1. 三价铁

矿物溶于酸中，加入数滴黄血盐（10%亚铁氰化钾），如有三价铁存在即产生蓝色的沉淀或溶液。

2. 二价铁

矿物溶于酸中，加入数滴赤血盐（10%铁氰化钾），如有二价铁存在则产生蓝色沉淀或溶液，若有三价铁存在则产生褐色溶液。

7.1.5　锰的检验

矿物粘在铂丝环上与苏打熔融，在氧化焰中珠球呈蓝色即表明有锰存在。另外，矿物溶于磷酸中，加入数滴硝酸铵溶液。如有锰存在，即产生紫色高锰酸溶液。

7.1.6　钴的检验

矿物在铂丝环上与硼砂或磷酸氢钠铵（或磷盐）熔融，在氧化焰或还原焰中燃烧，珠球呈蓝色，即表明有钴存在。

7.1.7　铋的检验

矿物溶于盐酸或硫酸中，加入数滴氢氧化铵，使溶液中和至弱酸性，再加入数滴弱金鸡碱（1%）和等量的碘化钾，有铋存在，则有黄色斑点。

7.1.8　铝的检验

用镊子夹住一小块矿物，置于吹管氧化焰上熔烧，然后滴 1 滴 10%硝酸钴溶液，烤干后，再用氧化焰焙烧，如有铝存在，试样即呈蓝色。

7.1.9　锌的检验

用镊子夹住矿物小块置于吹管氧化焰上焙烧，然后加 1 滴硝酸钴溶液烤干后，再用氧化焰焙烧，如有锌存在试样呈绿色。

7.1.10　钍的检验

矿物粉末在浓盐酸中长时间加热溶解，溶液冷却后，加 1～2 滴（0.1%）的钍试剂，若溶液含钍，则钍试剂由黄色变为玫瑰红色，若钍含量很高，则变为深红色或产生深红色沉淀。

7.1.11　钨的检验

矿物用硝酸钠和少量硝酸钾在铂丝上溶解后再在小试管中用稀盐酸将熔珠溶解。待澄清后，即将清液倒入另一试管中并加少许 1:2 的盐酸，如钨含量高时，则有黄色沉淀。若以小颗粒锡加入上述溶液中，并加热，此时溶液变成蓝色，稍停又变成棕色，即表示有钨存在。

7.1.12　白钨矿的检验（$CaWO_3$）

该矿在暗室中经荧光灯的紫外线照射，即产生鲜明的蓝色荧光。

7.1.13　锡的检验

将小粒矿物和金属锌放入盐酸中加热，最好在试管中进行，因酸与锌反应而生成的氢气使锡石表面的二氧化锡还原成金属锡，此时锡表面即呈现光泽的白色锡薄膜。

7.1.14　金的检验

将磨细至能通过 50 号筛孔的矿石样品 10 g 与已被溴饱和过的盐酸溶液一起煮沸

20～30 min，过滤（或倾泻），将滤液在水浴上蒸发至刚刚有氯化物析出，以将溴赶走。在沸腾时，于所得溶液中滴加氯化亚锡溶液，直到溶液中铁的黄色褪去为止。若有金存在，则会出现黑色。

7.1.15 铂的检验

将矿样粉末及大约4～5倍量的氯化铵—硝酸铵(2:1)混合剂一起放入一小试管中，混匀，在酒精灯上或煤气灯上加热 3～4 min。矿样分解后，若有铂存在，则此时因有氯铂酸铵$[(NH_4)_2PtCl_6]$生成而在混合物表面呈现黄色。为了进一步证实铂的存在，可取一少部分已分解的样品，置于小瓷皿中，加入4～5粒碘化钾晶体后研磨，呵气使之湿润。如有铂存则混合物会变成黑色（因生成了碘化铂），用一滴水处理，则因生成了碘铂酸钾(K_3PtI_6)而呈现红色。

7.1.16 钯的检验

矿样按上述方法处理（铂的检验），若有钯存在则生成二氯化钯。冷却试管，取出一小部分放在瓷皿中，加入1～2粒碘化钾晶体后研磨，混合物呈现黑色，但若有过量碘化钾存在，则因碘化钾能溶于过量试剂而呈现淡棕色。或将已分解的试样与秋加也夫试剂一起研磨，有钯存在时将出现黄色。也可与钴试剂（α-亚硝基-β-萘酚）一起研磨，如有钯存在，则得到红棕色的钯的络合物盐。

7.1.17 铀矿石的检验

铀矿石最简单的检验方法就是利用辐射仪直接测量。除此之外，还可以利用荧光仪检验。根据铀矿石在紫外线照射下的荧光强度，一般粗略地估计：

1. 极强荧光——如板菱铀矿，浅蓝绿色；
2. 强荧光——如铀钙石，浅蓝绿色及能发光的铀磷酸盐，砷酸盐云母类矿物；
3. 中等强度荧光——如菱镁铀矿，浅蓝绿，铋硅钙铀矿，黄色；
4. 弱荧光——如硅铀矿，黄绿色；
5. 极弱荧光——如七水铀矿，绿色，水铀钒、钾钒铀矿，浅黄绿色。

7.2 矿石样品的阴离子检验方法

7.2.1 碳酸根的检验

矿物溶于稀盐酸，产生CO_2气泡，即有CO_3^{2-}存在。

7.2.2 硫酸根的检验

矿物在试管中溶于稀盐酸后，再加入10%氯化钡溶液，如有硫酸根存在，则产生硫酸钡（$BaSO_4$）白色沉淀或者形成白色浑浊液。

7.2.3　砷酸根的检验

矿物在试管中溶于稀盐酸，加入数粒金属锌时，将浸有硝酸银的滤纸蒙于试管口，如果试纸变黑，即有砷酸根存在。

7.2.4　硅酸根的检验

硅胶反应：将适量矿石粉末置于试管中，加入 50%的盐酸，并煮沸，如产生絮状胶体，即表明有硅酸根存在。

7.2.5　磷酸根检验

矿物溶于稀硝酸，再加入 5%的钼酸铵，如有磷酸根存在，则产生磷钼酸铵沉淀。由于砷能产生相应的反应，所以应先检验砷酸根，如已确定不含砷酸根，则可认定此反应是由磷酸根引起的。

7.2.6　钒酸根的检验

矿物溶于浓盐酸，溶液立即变为樱红色，然后很快变为绿色。也可用盐酸直接滴在矿物上，若是钒矿物，则立即变为褐色。另外矿物溶于盐酸，加入数滴 27%的双氧水，如有钒酸根，则出现粉红色的过钒酸（HVO_4）。

7.2.7　钼酸根的检验

矿物溶于盐酸，加数滴水稀释后，加入几粒黄血盐钾（即亚铁氰化钾），如有钼酸根存在，溶液即染成红色。

7.2.8　硒酸根的检验

含硒酸根的矿物溶于硝酸后，即能析出红色沉淀，可以在载板玻璃上检验。将矿物置于闭管中，在酒精灯上加热，如在样品上方 1～1.5 cm 处产生樱红色环，即为硒的升华物，可将闭管放在黑底片上观看，用烛光照明，在闭管上部可见氧化产生的少量二氧化锡（SeO_2）的白色升华物。

7.2.9　碲酸根的检验

矿物溶于浓硫酸，溶液变为砖红色，表明碲的存在。加水后生成白色的二氧化碲（TeO_2）沉淀。将矿物置于闭管中加热，若有碲酸根存在，能在管壁上形成有金属光泽的碲的小珠球，同时还产生白色的二氧化碲（TeO_2）小颗粒。

第 8 章　矿石样品的定量分析

8.1　矿石中铀的分析（亚铁—钒酸铵容量法）

8.1.1　方法原理

矿样用浓盐酸和双氧水分解，在磷酸介质中用亚铁将六价铀还原成四价铀，过量的亚铁及其他被亚铁还原的元素（如钒、钍、砷等）用亚硝酸钠氧化到高价状态（钒只能氧化到四价），而四价铀和磷酸生成稳定络合物不被氧化，过量的亚硝酸钠用尿素消除，然后以二苯胺磺酸钠和苯基邻氨基苯甲酸作指示剂，用钒酸铵的标准溶液滴定至稳定的微红色为终点。

8.1.2　试剂

1. 盐酸（AR），$d=1.19$（$\rho=1.19$ g/ml）。
2. 30%双氧水（AR）。
3. 85%磷酸（AR），$d=1.70$（$\rho=1.70$ g/ml）。
4. 250 g/L 硫酸亚铁铵：称取 25 g 硫酸亚铁铵溶于 100 ml（$\frac{1}{2}H_2SO_4=0.5$ mol/L）的硫酸中。
5. 100 g/L 尿素：称取 10 g 尿素溶于 100 ml 水中。
6. 200 g/L 亚硝酸钠：称取 20 g 亚硝酸钠溶于 100 ml 水中。
7. 2 g/L 苯基邻氨基苯甲酸指示剂溶液：称取苯基邻氨基苯甲酸和碳酸钠各 0.2 g 溶于 100 ml 水中，摇匀即可。
8. 5 g/L 二苯胺磺酸钠指示剂溶液：称取二苯胺磺酸钠 0.5 g，溶于 100 ml（$\frac{1}{2}H_2SO_4=1$ mol/L）硫酸中，摇匀即可。
9. 标准钒酸铵溶液：根据钒酸铵标准溶液对铀的滴定度需要，称取一定量的钒酸铵缓慢地加入 500 ml 沸水中，边加边搅，全部溶解后，冷却至室温，按每 1 000 ml 溶液加入冷的 1:1 硫酸 250 ml 的比例配制，最后加水稀释至所需体积。不同浓度钒酸铵溶液配制如表 8-1 所示。

标定：用已校准过的移液管准确吸取一定量的标准铀溶液（mg/ml）于 250 ml 三角瓶中，加入 3 ml 浓盐酸（以下操作同矿样的滤液操作）。钒酸铵对铀的滴定度按下式计算：

表 8-1　不同浓度钒酸铵配制表

配制滴定度 $T_{NH_4VO_3/U}$ /（g/ml）	当量浓度/N	称取钒酸铵/g	稀释体积/ml	加入 1:1 硫酸/ml
0.000 1	0.000 84	0.098 3	1 000	250
0.000 3	0.002 52	0.294 8	1 000	250
0.000 5	0.004 2	0.491 4	1 000	250
0.001 0	0.008 4	0.982 8	1 000	250
0.002 0	0.016 8	1.965 6	1 000	250
0.005 0	0.042 0	4.913 6	1 000	250
0.010 0	0.084	9.827 2	1 000	250
0.006 0	0.050	5.849 5	1 000	250
0.000 6	0.005 0	0.585 0	1 000	250
0.001 2	0.010 08	1.179 3	1 000	250

$$T_{NH_4VO_3/U}=\frac{m}{V}$$

式中：$T_{NH_4VO_3/U}$——钒酸铵对铀的滴定度，g/ml 或 mg/ml；

m——标准铀量，g 或 mg；

V——滴定时消耗钒酸铵溶液之体积，ml。

（10）标准铀溶液的配制：准确称取已于 800 ℃灼烧过的精制八氧化三铀（U_3O_8）1.179 2 g，放入 150 ml 小烧杯中，加入 10 ml 浓盐酸和 2～3 ml 双氧水，盖上表面皿，于低温电炉上缓缓加热至溶解完全。冷却后，小心转移至 1 000 ml 容量瓶中，加水至刻度。此溶液每毫升含铀 1 mg。

8.1.3　操作方法

准确称取 0.5～1.0 g 矿样于 150 ml 烧杯中，加几滴水湿润，加入 15 ml 浓盐酸，3～5 ml 双氧水，盖上表面皿，待剧烈反应后，于电热板上或砂浴上加热溶解，用玻璃棒间断性搅拌，待蒸至 1～2 ml 或近干时，取下，用热的 1%（体积比浓度）盐酸冲洗表面皿和杯壁，趁热用快速定量滤纸过滤于 250 ml 锥形瓶中，烧杯和滤纸用热的 1%（体积比浓度）盐酸洗 5～7 次，滤液体积控制在 30～40 ml，向锥形瓶中加入 20 ml 浓磷酸，加热近沸时，加入 2 ml 硫酸亚铁铵溶液，继续煮沸 1～2 min，取下，流水中冷至室温。在通风柜中往锥形瓶中逐滴加入亚硝酸钠溶液，并不断摇动，直至棕色刚好褪去，立即加入 10 ml 尿素溶液，剧烈摇动 1～2 min，使大部分气泡逸出，静置几分钟后，加入适量水使总体积控制在 80 ml［此时酸度为 20%～25%（体积比浓度）］，接着加入二苯胺磺酸钠和苯基邻氨基苯甲酸指示剂各 2 滴，用标准钒酸铵溶液进行滴定，滴至溶液呈稳定的微红色时，即为终点，读出消耗的钒酸铵溶液体积。

8.1.4 结果计算

$$铀的含量（U\%）=\frac{T\times V}{m_0}\times 100\%$$

式中：T——钒酸铵标准溶液对铀的滴定度，g/ml；

V——滴淀时消耗钒酸铵标准溶液的体积，ml；

m_0——称取样品的重量，g。

8.1.5 注意事项

1. 样品含有机物太多应事先在 500～600 ℃下灼烧 20 min 左右除去，否则将影响溶矿效果，使分析结果不稳定。

2. 大量硝酸根的存在将影响分析结果，必须事先除去。

3. 锡和钼对测量有干扰，均使结果偏低。

4. 对于红色矿石，若用磷酸和双氧水直接溶矿，则不必过滤，加水控制好酸度，以下按操作方法进行。

5. 滴定时磷酸酸度在 20%～25%（体积比浓度）为好，酸度过高终点提前，酸度低，反应慢，终点滞后，结果偏高。

6. 分析低含量铀时，滴定操作必须缓慢，并不断搅拌，否则容易过终点，另外，也可以在滴定前加入 2～5 ml 的 1:1 的硫酸以利于滴定时终点的观察。

8.2 矿石中铀的分析（亚钛—钒酸铵容量法）

8.2.1 方法原理

矿样用盐酸、磷酸、双氧水分解，在有亚铁存在下，用亚钛还原六价铀为四价铀，过量的亚钛和其他低价金属离子，在预先加入尿素的条件下用亚硝酸钠氧化，最后以苯基邻氨基苯甲酸和二苯胺磺酸钠为指示剂，用钒酸铵标准溶液滴定至终点。

8.2.2 试剂

1. 混合溶液：300 ml 磷酸，100 ml 盐酸，50 g 碳酸铵，加水至 1 000 ml。

2. 其余试剂同亚铁法。

8.2.3 操作方法

准确称取 0.2～1.0 g 矿样，加水湿润，加入 10 ml 磷酸和 1.5 ml 浓硫酸，摇匀，在电热板上加热煮沸 6～7 min，取下稍冷，加入 20 ml 热水，搅拌均匀，过滤于 250 ml 三角瓶中，用稀的混合洗液洗涤烧杯、沉淀和滤纸 5 次（每次 5 ml），滤液如果呈黄色，滴加 10 g/L 的高锰酸钾，加热破坏有机物，直到紫红色不褪为止，取下并于流水中冷却至室温，加入盐酸 1～2 ml，加入几滴硫酸亚铁铵溶液，滴加 15%（体积比浓度）的三氯化钛，至稳定的紫红色不褪为止，放置 3～5 min 冷却到 30 ℃以下，加入 1 ml 的 150 g/L 亚硝酸钠溶液氧化，摇动至大部分气泡消失，放置 5 min，加入 2 滴二苯胺磺酸钠和 2 滴苯基邻氨基苯甲酸指示剂，用标准钒酸铵溶液滴定至微红色，30 s 不变即为终点。

8.2.4　结果计算

$$铀的含量（U\%）= \frac{T \times V}{m_0} \times 100\%$$

式中：T——钒酸铵标准溶液对铀的滴淀渡，g/ml；

V——消耗钒酸铵标准溶液体积，ml；

m_0——称取样品重量，g。

8.2.5　注意事项

1. 亚钛为较强的还原剂，对铀的还原能力随酸度的增强而稍有增强，因此三氯化钛可瞬间还原六价铀为四价铀，还原酸度无需严格控制。

2. 三氯化钛不易保存，容易变质降低或失去还原能力，使结果偏低。如果发现三氯化钛紫色变为暗红色，可加锌粒还原处理。

3. 三氯化钛用量只要稍过量到稳定的紫红色，如果过量太多可能引起结果偏高。氧化时，要剧烈摇动，氧化温度在 30 ℃为宜，否则结果偏低。

4. 钒、钼、铜在 10 mg 以下时对铀含量为 0.1%以上的矿石不干扰，0.1 mg 硝酸、2 ml 硫酸、9 ml 盐酸和 200 mg 氟不干扰测定，溶液中磷酸浓度低于 25%（体积比浓度）时以及无铁时则钒、钼、铜允许含量就大大降低。

8.3　矿石中四价铀的分析

8.3.1　方法原理

用 5%的碳酸铵与 0.2%的硫酸羟胺的混合溶液，在密闭的容器中加热加压的条件下，使矿石中的六价铀与碳酸根反应生成三碳酸铀酰络合物进入溶液，而矿石中的四价铀和铁等变价元素在此条件下不溶解，从而达到了矿石中四价铀与六价铀以及干扰元素的分离。密闭容器中的氧在加热的条件下干扰六价铀的测定，因为氧可以氧化四价铀为六价铀，加入硫酸羟胺可以消除氧的干扰。

8.3.2　试剂

1. 50 g/L 碳酸铵溶液。

2. 2 g/L 硫酸羟胺溶液。

3. 混合溶液：吸取 90 ml 50 g/L 的碳酸铵溶液，再加入 10 ml 2 g/L 硫酸羟胺溶液，并加几滴 1:1 氨水，现配现用。

4. 其他试剂同前。

8.3.3 操作方法

称取 0.1～0.6 g 矿样于聚四氟乙烯密闭容器中，加入 15 ml 的碳酸铵、氢氧化铵和硫酸羟胺混合溶液，盖上内塞，并拧紧外盖，摇匀，放入预先加热到 60 ℃恒温控制箱内溶解 3 h，取出摇动冷却，将冷却后的溶液过滤，滤液接入 200 ml 的三角瓶中用 20 g/L 的碳酸钠溶液洗涤，其洗水和滤液总体积不大于 50 ml。慢慢加入 5 ml 浓盐酸和 15 ml 浓磷酸摇匀，逐滴加入三氯化钛溶液使溶液呈稳定的紫红色，放置冷却后，逐滴加入 150 g/L 的亚硝酸钠使紫色全部消除，立即加入 5 ml 尿素。用力摇动，加入适量水，用标准钒酸铵溶液滴定。

8.3.4 结果计算

$$\text{六价铀（}U^{6+}\%\text{）}=\frac{T\times V}{m_0}\times 100\%$$

式中符号意义同前。

四价铀（$U^{4+}\%$）＝总铀量－六价铀（$U^{6+}\%$）

8.3.5 注意事项

1. 在加热浸取过程中，一定要防止空气进入。最好将试样放入真空干燥恒温箱内，这样操作过程比较安全。

2. 加热温度一般不要超过 60 ℃。最好在 55～58 ℃。

3. 用亚铁测定总铀量，减去六价铀，即为四价铀含量。

8.4 矿石中锆的分析（二甲酚橙光度法）

8.4.1 方法原理

二甲酚橙在微酸性介质中和锆形成红色络合物，最大吸收峰在 536 nm 处，提高显色酸度至 0.9 mol/L 盐酸，虽使灵敏度下降，但可以使干扰元素降至最低。

8.4.2 试剂

1. 4 mol/L 盐酸溶液。

2. 100 g/L 氯化亚锡溶液：取 15 g 二水合氯化亚锡，用 50 ml 温热浓盐酸溶解，慢慢加水至 100 ml，加入金属锌约 1 g 贮于棕色瓶中保存。

3. 1 g/L 二甲酚橙：称取 500 mg 二甲酚橙，用 250 ml 水溶解后，加入乙醇 250 ml，摇匀。

4. 标准锆溶液：称取纯二氧化锆 0.135 1 g 于光滑的瓷坩埚中，加入细粒状硫酸钾或硫酸氢钾 2 g，加盖放入马沸炉中，升温 600～700 ℃熔融 30 min，取出冷却，用 4 mol/L 盐酸提取，转入 1 000 ml 容量瓶中，用 4 mol/L 盐酸稀释至刻度摇匀，此溶液 1 ml 含有 100 μg 锆。分取 50 ml 于 250 ml 容量瓶中，用 4 mol/L 盐酸稀释至标线摇匀，此溶液 1 ml 含有 20 μg 锆。

8.4.3　分析方法

1. 绘制标准曲线

分别吸取锆 0、10、20、40、50、60、80、100 μg 于 50 ml 容量瓶中，加 4 mol/L 盐酸至 10 ml，加入氯化亚锡 1 ml，摇匀，放置 10 min 后加水至 30～40 ml，摇匀，加入二甲酚橙 4 ml，加水至标线，摇匀，25 min 后选择 530～540 nm 波长，用 2 cm 比色杯，在分光光度计上测其消光值。之后根据测得的数值绘制标准曲线。

2. 矿石样品分析

称取 0.1～0.5 g 矿石样品于碳酸钠坩埚或高铝坩埚中，加入过氧化钠 3～4 g 搅匀，面上用少量过氧化钠盖好，放入 500～600 ℃高温炉中熔融 10～15 min，取出冷却，放入盛有 60～80 ml 水的烧杯中提取，洗出坩埚，盖上表面皿置电炉上煮沸至烧杯中产生大气泡，使过氧化氢分解完全，过滤，沉淀用 20 g/L 氢氧化钠溶液洗涤 4～5 次，如含有磷，应适当增加洗涤次数，沉淀用热的 4 mol/L 盐酸溶入 50 ml 容量瓶中，用热的 4 mol/L 盐酸稀释至标线，摇匀后分取 1～10 ml（使锆含量不大于 100 μg）于 50 ml 容量瓶中，加 4 mol/L 盐酸至 10 ml，加入氯化亚锡 1 ml，摇匀，以下同标准曲线。

8.4.4　结果计算

$$\text{锆（Zr\%）}=\frac{m}{m_0}\times 100\%$$

式中：m——测得的锆量，mg；

m_0——分析试样重量，mg。

8.4.5　注意事项

1. 锆与二甲酚橙络合物在 0.3～0.9 mol/L 盐酸中光密度变化不大，当酸度大于 0.9 mol/L 时光密度随酸度增加而显著递增，为了消除钍的影响，选择显色酸度为 0.9 mol/L。

2. 3 ml 二甲酚橙可使 100 μg 锆充分显色，络合物在 20 min 后显色完全，并至少可稳定 8 h。

3. 磷酸根离子的干扰。对于一般矿样，磷酸根可基本上转入碱性溶液而与锆分离。若矿样含钡量高，可适当提高酸度，或者少取样，防止干扰。

8.5 矿石中铌的分析（PAR 光度法）

8.5.1 方法原理

在 pH＝5.8～6.2 的醋酸介质中，PAR 与五价铌（Nb^{5+}）形成 1:1 的红紫色络合物，其最大吸收峰在 540 nm，克分子吸收系数 3.87×10^4。在 5%酒石酸盐中，表观克分子系数 2.35×10^4，在测定铌的 pH 范围内，PAR 本身的最大吸收波长为 410 nm，1,2-环已烷二胺四乙酸作掩蔽剂，可消除许多离子的干扰，大大提高方法的选择性。

8.5.2 试剂

1. 20 g/L、50 g/L 的酒石酸溶液。
2. 36%（体积比浓度）的醋酸。
3. 1:1 的氨水。
4. 5%的酚酞。
5. 醋酸与醋酸铵（HAC-NH_4AC）的缓冲溶液：称取 154 g 醋酸铵，加入 36%醋酸 16 ml，加水至 1 000 ml，再用醋酸和 1:1 的氨水调节 pH 为 5.8～6.2。
6. 0.5 g/L PAR 溶液：称取 4-（2-吡啶偶氮）间苯二酚 250 mg 于 500 ml 容量瓶中，加水 20 ml，滴加尽可能少的 20%NaOH 溶液至溶解完全，加水至标线，摇匀即可。
7. 标准铌溶液：于光滑的瓷坩埚中加入细粒硫酸氢钾 2 g，准确称取 0.1 g 纯三氧化铌均匀散布于硫酸氢钾之上，然后再用 2～3 g 硫酸氢钾盖住其上面，盖上坩埚盖子，置于高温炉中升温至 700～750 ℃持续 1 h，取出冷却，擦净坩埚外部，将坩埚连同盖子放入 400 ml 烧杯中，加入 60 g/L 酒石酸 300 ml 提取后，用 100 ml 6%酒石酸洗涤坩埚和表面皿，加热至熔块溶解，此时若有少量白色残渣，则过滤，灰化，用硫酸氢钾再熔一次，并准确地加 100～200 ml 酒石酸提取后，将二者合并在 1 000 ml 容量瓶内，用 60 g/L 100～200 ml 酒石酸洗涤烧杯，洗液倒入瓶内，控制酒石酸全部用量为 1 000 ml，此时因蒸发损失而溶液未达标线，可用水洗涤烧杯，用此洗液稀释至标线，摇匀，此溶液 1 ml 含有 100 μg 五氧化二铌（Nb_2O_5），用 60 g/L 酒石酸稀释 10 倍，即得 1 ml 含有 10 μg 五氧化二铌（Nb_2O_5）的标准使用溶液。

8.5.3 分析方法

1. 样品分析

称取 0.1～0.25 g 矿样于刚玉坩埚或碳酸钠坩埚中，加入过氧化钠 3～4 g 与矿样充分混匀，上面再盖一层过氧化钠，置于 550～600 ℃的高温炉中熔融 10 min，取出稍冷，以 50 ml 温水提取（对 Sn 和 W 含量高的样品，用 200 g/L 的氯化钠溶液 50 ml 提取），若沉淀很少，滴加 20 g/L 三氯化铁溶液 3～4 滴，煮沸 3～4 min，冷却至室温，用快速滤纸过滤，用 20 g/L 氢氧化钠溶液洗涤沉淀和烧杯 7～8 次，展开滤纸贴于杯壁，准确用 25 ml 120 g/L 酒石酸把纸上沉淀冲入杯内，再用 10%硫酸溶液数滴溶解滤纸上的沉淀（若溶液尚需供结晶紫比色法分析钽，则不宜用硫酸）。盖表面皿，加热煮沸至溶液清澈为止，此时洗涤滤纸，洗后的滤纸再次附于壁上，冷却至室温，转入 50 ml 容量瓶中，用水冲洗烧杯和滤纸 4～5 次，洗涤液合于瓶内，加水至标线，摇匀，准确吸取 1～5 ml（使 Nb_2O_5 含量不大于 50 μg）于 50 ml 容量瓶内，加 60 g/L 酒石酸至 5 ml，加水至 10 ml，以下同标准曲线。

2. 绘制标准曲线

吸取五氧化二铌标准溶液（Nb_2O_5）0、5、10、20、30、40、50 μg 于 50 ml 容量瓶中，加 6%酒石酸至 5 ml，再加水至 10～15 ml，加 0.1 mol/L 环已烷二胺四乙酸 2 ml，加酚酞 1 滴，滴加 1:1 氨水至红色，立即滴加 36%醋酸至红色刚褪去，再过量 2～3 滴，加入醋酸与醋酸铵缓冲溶液 10 ml，PAR 2 ml，加水至标线，每加一种试剂均需摇匀，半小时后，选择波长 540 nm，用 3 cm 比色杯，在分光光度计上测其消光值，根据所测数据绘制标准曲线。

8.5.4　结果计算

$$\text{五氧化二铌}（Nb_2O_5\%）=\frac{m}{m_0}\times 100\%$$

式中：五氧化二铌（$Nb_2O_5\%$）——五氧化二铌百分含量；

m——测得的 Nb_2O_5 量，mg；

m_0——称取的矿样，mg。

8.6　矿石中钽的分析（罗丹明 B 光度法）

8.6.1　方法原理

在硫酸—氟化钾溶液中，丁基罗丹明 B 与氟钽酸盐生成络合物，此络合物可被苯萃取，钽浓度在一定范围内时，苯层中络合物质颜色与钽量成正比。为使游离染料的萃取尽可能低和保证有足够的灵敏度。本方法选定在 $c\left(\frac{1}{2}H_2SO_4=3.5\ mol/L\right)$ 硫酸—0.1 mol/L 氟化钾中，使染料氟与钽酸盐反应和萃取络合物的有色络合物在苯层中的最大吸收与染料在水溶液中的最大吸收一致，其吸收峰均在 565 nm 处（此方法也可用于目视比色）。

8.6.2 试剂

1. 4%氟化氢溶液。

2. $c\left(\frac{1}{2}H_2SO_4 = 12\ mol/L\right)$硫酸溶液。

3. 1 mol/L 氟化钾溶液：称取 9.4 g，二水合氟化钾加水至 100 ml，用塑料瓶贮存。

4. 1 g/L 的丁基罗丹明 B 溶液。

5. 苯。

6. 钽标准溶液：准确称纯五氧化二钽 (Ta_2O_5) 0.050 0 g 于预先铺有 4～5 g 硫酸氢钾或焦硫酸钾的光滑瓷坩埚中，加入浓硫酸 3～4 滴，再以 3～4 g 硫酸氢钾铺面，盖上坩埚盖，置于高温炉中，升温至 700～750 ℃，在此温度下熔 1 h 取出，趁热揭开盖子，冷却，再加浓硫酸 3～4 滴，盖上坩埚盖，在 700～750 ℃下再熔半小时。取出冷却，再用 50 ml 浓硫酸提取，冷却后，慢慢倾入 300 ml 水中，冷却，移入 500 ml 容量瓶中，加水至标线，摇匀。此溶液 1 ml 含有 100 μg Ta_2O_5。分取 1 ml 含有 100 μg Ta_2O_5 的标准溶液 50 ml 于另一 500 ml 容量瓶中，加入 12%酒石酸溶液 250 ml，加水至标线，摇匀。此溶液 1 ml 含有 10 μg Ta_2O_5。

8.6.3 操作方法

1. 矿石分析

吸取测铌后的酒石酸溶液 1～5 ml 于塑料瓶中或 25 ml 比色管中，加入 60 g/L 酒石酸至 5 ml，以下按标准曲线方法操作。

2. 绘制标准曲线

分别取出五氧化二钽标准溶液（Ta_2O_5）0、2、4、6、8、12、14 μg 于塑料奶瓶中，加 60 g/L 酒石酸溶液至 5 ml，加入 $c\left(\frac{1}{2}H_2SO_4\right) = 12\ mol/L$ 硫酸 3.5 ml，冷却后，加入 1 mol/L 氟化钾 1.2 ml，1 g/L 丁基罗丹明 B2 ml，摇匀，准确加入苯 6 ml，旋紧活塞，摇动 1 min，分层后吸取苯层于 1 cm 比色杯中，于 565 nm 波长测其消光值。将测得的数据绘制标准曲线。

8.6.4 结果计算

$$五氧化二钽（Ta_2O_5\%）= \frac{m}{m_0} \times 100\%$$

式中：五氧化二钽（$Ta_2O_5\%$）——矿石中的五氧化二钽的百分含量；

m——从曲线上查得的 Ta_2O_5 量，mg；

m_0——矿样分析量，mg。

8.7　矿石中钼的分析（抗坏血酸还原—硫氰酸盐比色法）

8.7.1　方法原理

在硫酸介质中，用抗坏血酸还原钼至五价，钼与硫氰酸盐形成钼酰硫氰酸络合物，此络合物的最大吸收峰在 460 nm 处，波长变动为 445～470 nm。减少抗坏血酸用量和加快还原速度，可加入铜离子作接触剂。

8.7.2　试剂

1. 1 g/L 的对硝基酚水溶液。

2. 1:1 的硫酸溶液。

3. 100 g/L 的抗坏血酸水溶液。

4. 硫酸铜溶液：称取含五个结晶水的硫酸铜（$CuSO_4 \cdot 5H_2O$）5 g 于烧杯中，加入 1:1 硫酸 1 ml，加水至 1 000 ml，摇匀即可。

5. 6 mol/L 硫氰酸铵溶液：称取 228 g 硫氰酸铵于 500 ml 容量瓶中，加水至 500 ml，摇匀。

6. 钼标准溶液：准确称取经 105 ℃烘干 2 h 的纯三氧化钼（MoO_3）0.150 0 g。于小烧杯中，加水 10 ml，加入 200 g/L 氢氧化钠溶液至溶解完全。加入 1:1 硫酸溶液 5 ml，然后转入 1 000 ml 容量瓶中，加水至标线，摇匀，此溶液 1 ml 含有 100 μg 钼。再分取此标准溶液 10 ml 于 100 ml 容量瓶中，用水稀释至刻度，即为 1 ml 含有 10 μg 钼的标准使用溶液。

8.7.3　操作方法

1. 标准曲线

分别吸取 0、10、20、40、60、80、120、160、200 μg 钼于 50 ml 容量瓶中，依次加入 1:1 硫酸 5 ml，硫酸铜 1 ml，抗坏血酸 2 ml，摇匀，再加入 6 mol/L 硫氰酸铵溶液 5 ml，加水至标线。摇匀，等待 10 min～2.5 h 进行测量，选择 460 nm 波长，用 2 cm 比色杯测定消光值。之后绘制标准曲线。

2. 样品分析

称取矿样 0.5～1.0 g 于镍坩埚中，加入过氧化钠 4～6 g 搅匀，以少量过氧化钠铺面，在 550～650 ℃的高温炉中烧结 10 min，取出稍冷，用 50 ml 水提取，洗出坩埚，煮沸至过氧化氢分解完全，冷却，转入 100 ml 容量瓶中，加水至标线，摇匀。澄清后，分取 5～20 ml 溶液（使钼含量不大于 200 μg）于 50 ml 容量瓶中，加入对硝基酚 1 滴，滴加 1:1 的硫酸至溶液无色和硅胶溶解为止。立即加入 1:1 的硝酸 5 ml，以下同标准曲线。

8.7.4 结果计算

$$\text{氧化钼含量（MoO\%）}=\frac{m}{m_0}\times 100\%$$

式中：氧化钼含量（MoO%）——矿石中 MoO 的百分含量；

m——从工作曲线上查得的钼量乘以 1.500 3，即为氧化钼质量，$n\times 10^{-6}$ g；

m_0——分析用的矿石重量，g。

8.7.5 注意事项

1. 本方法 20 min 显色完全，当室温在 30～40 ℃时颜色可稳定 1 h，1.5 h 后光密度开始下降。室温低时稳定时间长。

2. 加热时硫脲易分解。因此在加入硫脲之前，应将试样冷至室温，以免加入后溶液出现浑浊，影响比色测定。

3. 本方法应严格控制硫酸浓度为 $c\left(\frac{1}{2}H_2SO_4\right)=1\sim4$ mol/L，硫脲浓度为 12～20 g/L，硫氰酸盐浓度为 0.24～0.6 mol/L。否则测定结果不准。

8.8 矿石的系统分析（硅、钙、镁、铝、钛、锰、铁、磷、硫等）

矿石的系统分析主要指铀矿石中的二氧化硅（SiO_2），三氧化二铁（Fe_2O_3），三氧化二铝（Al_2O_3），二氧化钛（TiO_2），氧化锰（MnO），五氧化二磷（P_2O_5），氧化钙（CaO），氧化镁（MgO）和三氧化硫（SO_3）9 个常规项目的分析。

8.8.1 系统分析溶液的制备

矿样在银坩埚或镍坩埚中用氢氧化钾（加少量硝酸钾氧化硫化物）于 550～600 ℃熔融，以热水提取，加硝酸酸化，稀释至一定体积，供测定上述 9 个项目之用。

1. 试剂

（1）氢氧化钾（AR）粒状。

（2）硝酸钾（AR）粉状。

（3）硝酸（AR），$d=1.42$（$\rho=1.42$ g/ml）。

2. 操作方法

称取 0.5 g 矿样于银坩埚或镍坩埚中，加入氢氧化钾 5～6 g，轻轻摇动使部分矿样被氢氧化钾粘附，再将 0.2 g 氢氧化钾撒于试样之上，加入乙醇 2～3 滴，放入高温炉中，加温至 550～600 ℃时轻摇坩埚一次，使熔融的氢氧化钾与矿样充分混合，再熔 10～15 min，取出稍冷，用约 100 ml 近沸的水提取，洗出坩埚，在不断搅拌下加入浓的硝酸 15 ml，加入 1:1 的硫酸 1 滴，搅匀，盖上表面皿，加热至沸后取下，冷却后，转入 200 ml 容量瓶中，用水稀释至标线，摇匀备用。

3. 注意事项

（1）控制好氢氧化钾和硝酸的加入量，使定容后的多余硝酸浓度在 4%～5%（体积比浓度），酸度过低，可能出现硅胶，反之，使测硫的酸度太高。

（2）pH＝4～9 为硅胶析出危险区，故应在不断搅拌下，迅速加入硝酸使 pH＝4～9 这一范围瞬间跃迁。

（3）用银坩埚熔矿时，因有微量银进入溶液，必须加入 1 滴 1:1 盐酸消除，但盐酸加入量过多则影响锰的发色，当锰含量高时，提取后的溶液呈紫红色，可在煮沸前加入双氧水 1 滴消除。

8.8.2　硅的分析（氟硅酸钾容量法）

1. 方法原理

在强酸性溶液中，在有大量钾离子存在下，氟离子与二氧化硅形成氟硅酸钾沉淀，沉淀水解时产生等当量于硅的氢氟酸，此氢氟酸用标准碱溶液滴定。

2. 试剂

（1）盐酸（AR），$d=1.19$（$\rho=1.19$ g/ml）。

（2）氯化钾固体（AR）。

（3）20%氟化钾溶液：称取氟化钾 20 g 于塑料杯中，加入 150 ml 水溶解，加入浓盐酸和浓硝酸各 25 ml，加入氯化钾至饱和，使氟化钾中的硅呈氟硅酸钾沉淀，加入纸浆少许，搅匀，半小时后，用塑料漏斗或涂腊漏斗滤入塑料瓶中。

（4）洗液：工业酒精与水等容混合，加入氯化钾至饱和。

（5）5 g/L 酚酞：称取 0.5 g 酚酞溶于 100 ml 50%（V/V）的乙醇中。

（6）氢氧化钠标准溶液（见标准溶液配制一章）。

3. 操作方法

准确吸取 25 ml 样液于 250 ml 塑料杯中，加入浓盐酸 10 ml，加氯化钾至饱和，加入氟化钾溶液 10 ml，充分搅拌。放置 10～15 min，再搅拌一次，加入纸浆少许，搅匀，在塑料漏斗上用快速定性滤纸过滤，用 50%的乙醇洗液洗涤烧杯和滤纸 3～5 次，用以洗去大部分游离的酸和大部分金属离子（Al，Fe 等），将沉淀连同滤纸展开于 400 ml 烧杯中，加入 50%（体积比浓度）酒精溶液 20 ml，酚酞 5 滴，用标准氢氧化钠溶液滴定至稳定的红色，不计数，加入 200 ml 沸水，搅拌，以氢氧化钠标准溶液滴定至稳定的红色，并以同样的方法做空白校正。

4. 结果计算

$$二氧化硅（SiO_2\%）=\frac{T\times V}{m_0}\times 100\%$$

式中：T——氢氧化钠对二氧化硅的滴定度，g/ml；

V——消耗氢氧化钠溶液的体积，ml；

m_0——分析样品重量，g。

5. 注意事项

（1）大量钾离子有助于氟硅酸钾沉淀完全，一般均加入氯化钾至饱和。

（2）200 g/L 的氟化钾加入量在 5～15 ml，对于粘土等含泥量高的样品，加入 10 ml 为宜。

（3）沉淀反应宜在强酸性介质中完成，取样后加 10～20 ml 硝酸或盐酸。

（4）水解时用沸水 200 ml，水解后宜立即进行滴定，以免氢氟酸腐蚀玻璃而受损失。

8.8.3 钙镁的连续测定（EDTA 容量法）

1. 方法原理

在 pH=6 左右，用六次甲基四胺及铜试剂分离锰及其他重金属元素。在 pH＞12 时，用 EDTA 滴定钙，调节溶液 pH=10，再用 EDTA 滴定镁。

2. 试剂

（1）5 g/L 铬黑 T 指示剂。

（2）200 g/L 氢氧化钠溶液：称取 20 g 氢氧化钠溶解于 100 ml 水中，摇匀。

（3）200 g/L 六次甲基四胺溶液：称取 20 g 六次甲基四胺溶于 100 ml 水中，摇匀。

（4）铜试剂，固体，AR。

（5）EDTA 标准溶液：见标准溶液配制一章。

（6）钙标准溶液：称取在 110～120 ℃烘过的碳酸钙（$CaCO_3$）0.893 0 g 于 100 ml 烧杯中。加入 10 ml 水，滴加盐酸并摇动至溶解，加水至 30～40 ml，煮沸，转入 1 000 ml 容量瓶中，摇匀。此溶液 1 ml 相当于含有 0.5 mg 氧化钙（CaO）。

（7）镁标准溶液：称取 1.529 0 g 七水合硫酸镁（$MgSO_4\cdot 7H_2O$）加水溶解，转入

1 000 ml 容量瓶中，摇匀，此溶液 1 ml 相当于含有 0.5 mg MgO。

3. 操作方法

吸取 25 ml 样液于 150 ml 烧杯中，加水稀释至 30～40 ml，用氢氧化铵中和至沉淀出现，再用 1:1 盐酸使沉淀溶解。依次加入 200 g/L 六次甲基四胺 5 ml，少量纸浆，固体铜试剂 0.2～0.5 g，搅动至上层清液呈无色透明，过滤于 250 ml 三角瓶中，用少量铜试剂水溶液洗涤杯 3 次，洗沉淀 5～6 次。在滤液中加入 200 g/L 氢氧化钠溶液 8 ml，使 pH＞12，加入混合指示剂 4 滴，用 EDTA 标准溶液滴定，当溶液由紫红色变为蓝色即为终点，记下消耗的 EDTA 标准溶液体积 V_1。将滴完钙的溶液用 1:1 盐酸酸化，使溶液由蓝色转变为紫红色再到天蓝，最后呈现红色，加入浓氨水 5～7 ml，加入铬黑 T 指示剂 2～3 滴，用 EDTA 标准溶液再次滴定，使溶液由紫红色变为蓝色即为终点，记下消耗的 EDTA 标准溶液体积为 V_2。

4. 结果计算

$$\text{氧化钙（CaO\%）}=\frac{T\times V_1}{m_0}\times 100\%$$

$$\text{氧化镁（MgO\%）}=\frac{T\times V_2}{m_0}\times 100\%$$

式中：T——EDTA 对 CaO 或 MgO 的滴定度，mg/ml 或 g/ml；

V_1——滴定 CaO 时消耗的 EDTA 的体积，ml；

V_2——滴定 MgO 时消耗的 EDTA 的体积，ml；

m_0——分析试样的重量，mg 或 g。

5. 注意事项

（1）如果试样中锰含量高，过滤时易穿滤，可在过滤前加入 10 ml 乙醇。另外，在加入铜试剂时，要充分搅动，使空气进入溶液中，将 Mn^{2+}氧化成 Mn^{3+}，有利于铜试剂与 Mn^{3+}生成沉淀而消除。

（2）采用铜试剂分离锰。铜试剂的加入量要适量，如果量少则干扰离子分离不完全，量过多，则酸化后要析出大量的单质硫，影响终点观察。氰化钾虽然可以有效地掩蔽 Mn^{2+}，但对滴定 Ca、Mg 影响大，而且氰化钾是剧毒品。本方法也可以用 L-半胱氨酸代替氰化钾掩蔽干扰元素。

8.8.4　铁和铝的连续测定（EDTA 容量法）

1. 方法原理

EDTA 络合铁的最低 pH 为 1，EDTA 定量络合铝的最低 pH 为 4。因此，控制溶液

pH，铁和铝可以用 EDTA 连续滴定，本方法选择 pH=1～3 的介质中用磺基水杨酸作指示剂，用 EDTA 滴定铁，于此溶液中准确加入过量的 EDTA，调节溶液的 pH=5.5～5.8，煮沸使 EDTA 与铝、铁定量络合，冷却后，用甲酚醇作指示剂，以锌盐或铝盐回滴剩余的 EDTA。

2. 试剂

（1）1:1 氨水。

（2）1:1 硝酸。

（3）50 g/L 磺基水杨酸

（4）醋酸—六次甲基四胺缓冲溶液：称取 200 g 六次甲基四胺与 70 ml 36%（体积比浓度）的醋酸混合，加水至 1 000 ml。

（5）二甲酚橙指示剂：称取 1 g 二甲酚橙与 100 g 硫酸钾一起研匀，保存于广口瓶中备用。

（6）滴定铁用 0.005 mol/L EDTA 标准溶液：称取 1.9 g EDTA 溶于 1 000 ml 水中，用标准铁溶液按分析方法标定其对三氧化二铁的滴定度 T_{EDTA/Fe_2O_3}（mg/ml）。

（7）滴定铝用 0.03 mol/L EDTA 标准溶液：称取 11.2 g EDTA 溶于 1 000 ml 水中。

（8）铁标准溶液：称取纯铁丝 0.699 5 g 于 250 ml 烧杯中，加入 1:1 的盐酸 40 ml，盖上表面皿，加热溶解，滴加浓硝酸至棕褐色消失（表明亚铁已被全部氧化）。冷却，转移至 1 000 ml 容量瓶中，加水至标线，摇匀。此溶液 1 ml 相当于含有 1 mg 三氧化二铁（Fe_2O_3）。

（9）铝标准溶液：称取纯金属铝片 0.529 0 g 于 250 ml 烧杯中，加入 1:1 盐酸 40 ml，盖上表面皿，加热至溶解。冷却，转入 1 000 ml 容量瓶中，加水至标线，摇匀。此溶液 1 ml 相当于含有 1 mg Al_2O_3。

（10）锌标准溶液：0.01 mol/L，称取 2.2 g 二水合醋酸锌，溶入水中，加入 36%（体积比浓度）醋酸 2 ml，加水至 1 000 ml。

（11）标准锌溶液对三氧化二铝滴定度的确定：分取 0.03 mol/L EDTA 标准溶液 5 ml 10 份，于其中 5 份中准确加入三氧化二铝 5 mg，按分析程序滴定其对三氧化二铝的滴定度。

$$\text{醋酸锌溶液对三氧化二铝的滴定度}\ T_{Zn(AC)_2/Al_2O_3}=\frac{5\ \text{mg}}{V_1-V_2}$$

式中：V_1——5 ml 纯 EDTA 消耗醋酸锌标准溶液之体积，ml；

V_2——5 ml EDTA 溶液络合 5 mg 三氧化二铝后，所消耗的醋酸锌标准溶液的体积，ml。

3. 样品分析

准确吸取 10 ml 样液于 150 ml 锥形瓶中，加入 50 g/L 的磺基水杨酸 1 ml，滴加 1:1 的氨水至橙黄色，再用 1:1 硝酸反调至刚出现紫色，过量 1～2 滴，加水至 20 ml，加热至 60～70 ℃，用 0.005 mol/L 的 EDTA 溶液滴定至淡黄色或无色为终点，记录消耗的 EDTA 体积，为 V_1。于上述滴定铁后的溶液中准确加入 0.03 mol/L EDTA 标准溶液 5 ml，摇匀，加入缓冲液 5 ml，煮沸 2～3 min，冷却后，加入二甲酚橙少许，以标准锌溶液滴定至溶液呈橙红色，即为终点。计下消耗标准锌溶液体积，为 V_2。

4. 结果计算

$$\text{三氧化二铁}（Fe_2O_3\%）=\frac{T_1\times V_1}{m_0}\times 100\%$$

$$\text{三氧化二铝}（Al_2O_3\%）=\frac{T_2\times V_2}{m_0}\times 100\%$$

式中：三氧化二铁（$Fe_2O_3\%$）——矿石中的 Fe_2O_3 百分含量；
三氧化二铝（$Al_2O_3\%$）——矿石中的 Al_2O_3 百分含量；
T_1——EDTA 对 Fe_2O_3 的滴定度，mg/ml 或 g/ml；
T_2——醋酸锌标准溶液对 Al_2O_3 的滴定度，mg/ml 或 g/ml；
V_1——滴定 Fe_2O_3 时消耗的 EDTA 体积，ml；
V_2——滴定 Al_2O_3 时消耗醋酸锌标准溶液体积，ml；
m_0——分析样品的重量，mg 或 g。

5. 注意事项

（1）滴铁酸度以 pH=1.5～2.5 为好，pH≤1 铁指示剂显示不完全，且滴定终点提前。pH≥3，铁发生水解，溶液呈橙红色，终点突跃不明显。

（2）由于 EDTA 与铁反应较慢，故必须加热到 50～60 ℃为宜，滴定至终点时，应放慢滴定速度。

（3）大量六价铀不干扰铁的测定，当其量达到 3～5 mg 时，因六价铀与二甲酚橙显色而影响铝的终点观测，遇此情况，可用氢氧化铵与碳酸铵混合试剂分离好铀后，再进行测定。

8.8.5 锰的分析（高锰酸盐比色法）

1. 方法原理

在含有磷酸的酸性溶液介质中，高碘酸盐可将二价锰氧化成七价锰，颜色呈紫红色，以此进行比色测定。

2. 试剂

（1）混合酸：硫酸和磷酸各 125 ml，硝酸 35 ml，三者混合。在不断搅拌的同时，慢慢加入水至 500 ml，摇匀。

（2）高碘酸钾：固体粉末。

（3）标准锰溶液：称取一级高锰酸钾 0.222 8 g，溶于 50 ml 水中，加入 1:1 硫酸 10 ml，搅拌至溶解完全，分数次加入无水亚硫酸钠至紫色消失，煮沸驱除二氧化硫，冷却，转移至 1 000 ml 容量瓶中，加水至标线，摇匀。此溶液 1 ml 相当于含有 100 μg 二氧化锰（MnO_2）。

3. 操作方法

（1）标准曲线绘制

分别吸取 0、20、40、60、80、120、160、200、300 μg 二氧化锰于 150 ml 烧杯中，加入混合酸 5 ml，加水至 25 ml，加过碘酸钾 0.2～0.3 g，加热煮沸，持续 5～10 min，冷却后，转移至 50 ml 容量瓶中，加水至标线，于 525 nm 波长处，用 2 cm 比色杯测其消光值。根据所测数据绘制校正曲线。

（2）样品分析

准确吸取 10 ml 样液于 150 ml 烧杯中，以下按标准曲线的操作方法进行。

4. 结果计算

$$\text{二氧化锰（}MnO_2\%\text{）}=\frac{m}{m_0}\times100\%$$

式中：二氧化锰（$MnO_2\%$）——矿石中 MnO_2 的百分含量；

m——从工作曲线上查得 MnO_2 量，$n\times10^{-6}$ g；

m_0——分析用的矿样重量，g。

5. 注意事项

样品显色冷却后应立即进行比色，因 MnO_4^- 极易褪色，室内氯化氢气体很浓时褪色更快。若将溶液保存在棕色瓶中，可稳定 8～12 h。

8.8.6 磷的分析（磷钼钒酸盐比色法）

1. 方法原理

在硝酸介质中，磷酸根与钼酸盐、钒酸盐形成黄色杂多酸络合物，以此进行比色测定。

2. 试剂

（1）显色剂

1）100 g/L 的钼酸铵溶液：称取 10 g 钼酸铵于烧杯中，加入 100 ml 水，摇动使其溶解完全即可。

2）3 g/L 的钒酸铵溶液：称取 0.3 g 钒酸铵用 70 ml 水加热溶解，再加入浓硝酸 30 ml。

3）将 2 体积 100 g/L 的钼酸铵溶液慢慢地加入 2 体积 3 g/L 钒酸铵溶液中，再加入 1 体积浓硝酸，混合后即得显色剂溶液。

（2）磷标准溶液：称取经 90～95 ℃烘后的磷酸二氢钾 1.917 4 g，溶于水中，转入 1 000 ml 容量瓶，加入 1:1 硝酸 2 滴，加水至标线，摇匀。此溶液 1 ml 相当于 1 mg 五氧化二磷。

3. 操作方法

（1）样品分析

准确吸取 2～10 ml 样液于 50 ml 容量瓶中，加入 4%（体积比浓度）硝酸至 10 ml，加水 30 ml，以下操作同标准曲线。

（2）标准曲线

分别吸取 0、50、100、200、300、400、500 μg 五氧化二磷于 50 ml 容量瓶中，加入 4%（体积比浓度）硝酸 10 ml，加水至 30 ml，在不断搅拌下，准确地加入显色剂 10 ml，立即摇匀，加水至标线，30 min 后，在 420 nm 波长处，用 3 cm 比色杯测其消光值。之后可绘制标准曲线。

4. 结果计算

$$五氧化二磷（P_2O_5\%）= \frac{m}{m_0} \times 100\%$$

式中：五氧化磷（$P_2O_5\%$）——矿石中 P_2O_5 的百分含量；

m——从工作曲线上查得的并经换算成 P_2O_5 量，$n \times 10^{-6}$ g；

m_0——分析用的矿样重量，g。

5. 注意事项

（1）室温高于 20 ℃时，15 min 后充分发色，室温在 10～20 ℃之间，30 min 后充分发色，若室温低于 10 ℃，宜在 50～60 ℃温水中放置 10～20 min，冷至室温后再测定。

（2）为了消除硅的干扰选定硝酸浓度在 8.8%（体积比浓度），高于 11%（体积比浓度）则方法灵敏度稍有下降。

（3）配制显色剂的硝酸若因氧化氮较多而呈棕黄色时，可以每 100 ml 显色剂中加入尿素 1 g 使之褪色。

8.8.7 钛的分析（过氧化氢比色法）

1. 方法原理

在酸性溶液中，过氧化氢与钛形成钛酰-过氧化氢 $[TiO(H_2O_2)]^{2+}$ 黄色络合物。此络合物的最大吸收峰在 410 nm 处，波长变动在 405～425 nm 之间，光密度变化不明显。以此可用于光度比色测定。

2. 试剂

（1）200 g/L 氢氧化钠溶液。

（2）100 g/L 碳酸溶液。

（3）硫酸钾，固体粉末。

（4）5%（体积比浓度）稀硫酸溶液。

（5）钛标准溶液：准确取在 700 ℃灼烧半小时后的二氧化钛 0.1 g 铺于有 2 g 焦硫酸钾的瓷坩埚中，再用 1 g 焦硫酸钾铺面，盖上坩埚盖，置于高温炉 700 ℃，熔半小时，取出冷却，在 500 ml 烧杯中，用 100 ml 1:1 硫酸提取，洗出坩埚，加热使熔块溶解，冷却至室温，加水至 400 ml，冷却，转入 1 000 ml 容量瓶中，在不断摇动下，加水 900 mL，冷却至室温，加水至标线。摇匀，此溶液 1 ml 相当于 100 μg 二氧化钛。

3. 操作方法

（1）绘制标准曲线

分别吸取 0、50、100、200、300、400、500 μg 的二氧化钛（TiO_2）标准溶液于 50 ml 容量瓶中，用 5%（体积比浓度）硫酸稀释体积至 30 ml 左右，加入 1:1 磷酸 1 ml，双氧水 6 滴，用 5%（体积比浓度）硫酸稀释至刻度，摇匀，放置 25 min 后，于 420 nm 波长处，用 3 cm 比色杯，以试剂空白为参比测其消光值，且绘制标准曲线。

（2）样品分析

准确吸取样液 10 ml 于 100 ml 烧杯中，加水 30 ml，加热至沸腾，加入 200 g/L 氢氧化钠 5 ml，如果铀含量高可加入 100 g/L 碳酸钠 5 ml，摇匀，加入纸浆少许，趁热过滤，用 50 g/L 氢氧化钠洗涤沉淀 4～5 次，将沉淀用热的 5%（体积比浓度）硫酸溶入 50 ml 容量瓶中，加入 1:1 磷酸 1 ml，以下同标准曲线。

4. 结果计算

$$二氧化钛（TiO_2\%）=\frac{m}{m_0}\times 100\%$$

式中：二氧化钛（$TiO_2\%$）——矿石中 TiO_2 的百分含量；
m——从工作曲线上查得的 TiO_2 量，$n\times 10^{-6}$ g；
m_0——分析用的矿石重量，g。

5. 注意事项

由于 Fe^{3+}对测定有干扰，加入磷酸消除 Fe^{3+}的干扰。F^-离子明显干扰钛的测定，因 F^-与 Ti 生成 H_2TiF_6 络合物，不与双氧水反应，使钛的分析结果偏低。

8.8.8　全硫分析（EDTA 容量法）

1. 方法原理

在硝酸—酒精介质中，用硝酸铅沉淀硫酸根，沉淀经过滤与洗涤后，溶于 pH=5～5.5 的醋酸铵溶液中，用二甲酚橙作指示剂，以 EDTA 滴定相当于硫酸根的铅。本方法适于分析含硫（SO_3 计）大于 0.5%的矿样，因从系统溶液中取样，故不适合测定含钡试样分析。若要测定含钡试样，矿样需用碳酸钠—硝酸钾半熔。

2. 试剂

（1）1 mol/L 硝酸铅溶液：称取 331 g 硝酸铅[$Pb(NO_3)_2$]，加入 1:1 硝酸 5 ml。加水至 1 000 ml 搅匀后，用滤纸过滤悬浮物。

（2）150 g/L 醋酸铵溶液：称取 150 g 醋酸铵 (NH_4AC) 溶于约 900 ml 水中，加入 3 ml 浓盐酸，加水稀释至 1 000 ml。

（3）200 g/L 六次甲基四胺溶液：称取 20 g 六次甲基四胺溶于 100 ml 水中，摇匀即可。

（4）20%（体积比浓度）的酒精洗涤溶液：每 800 ml 水中加入无水酒精 200 ml，之后每 1 000 ml 加入 1:1 硝酸 1 ml。

（5）EDTA 标准溶液：见标准溶液配制。

（6）硫标准溶液：称取经 105～110 ℃烘烤后的一级或二级硫酸钾（K_2SO_4）2.1770 g，于 50 ml 小烧杯中，用少量水溶解后转入 1 000 ml 容量瓶，加水至标线，摇匀。此溶液 1 ml 相当于 1 mg 三氧化硫（SO_3）。

（7）二甲酚橙溶液：见铝的 EDTA 测定方法。

3. 操作方法

准确吸取 25 ml 样液于 150 ml 烧杯中，加热至沸腾，趁热加入酒精 20 ml，滴加 1 mol/L 硝酸铅溶液 1 ml，搅拌均匀后，放置过夜，沉淀用定性滤纸过滤，用 20%（体积比浓度）酒精洗液洗涤烧杯和沉淀至无铅，用 1 滴 PAR 醋酸钠溶液（10 ml 200 g/L 醋酸钠溶液与 2 ml 0.5 g/L PAR 混合），若反应出现橙黄色即表示洗净，将滤纸展开于杯底，加入 150 g/L 醋酸铵溶液 15～20 ml，加热煮沸，使硫酸铅全部溶解，加入 200 g/L 六次甲基四胺 2 ml，加水至 100 ml，二甲酚橙少许，用 EDTA 标准溶液滴定至黄色为终点。

4. 结果计算

$$三氧化硫（SO_3\%）=\frac{T_{EDTA/SO_3}\times V_{EDTA}}{m_0}\times 100\%$$

式中：T_{EDTA/SO_3}——EDTA 对 SO_3 滴定度，mg/ml 或 g/ml；

V_{EDTA}——滴定消耗 EDTA 标准溶液的体积，ml；

m_0——分析样品重量，mg 或 g。

5. 注意事项

准确吸取样液 2～5 ml 于 50 ml 容量瓶中，加水至 30 ml，如有 Fe^{3+}干扰，使溶液呈黄色，则加入无色的抗坏血酸进行掩蔽，加入油酯乙醇溶液 5 ml，加入氯化钡 50～200 mg，摇匀，加水至刻度，摇匀后测其消光值。

8.9 黄铁矿中的亚铁分析

8.9.1 方法原理

1. 原理一：适用于测定黄铁矿、黄铜矿、磁铁矿、赤铁矿、褐铁矿、铁矿和钒钛磁铁矿中的二硫化铁（FeS_2），方法基于在常温下氟化氢对二硫化铁（FeS_2）溶解率为 2%～3%，而对上述矿物中其他铁的氧化物溶出率大于 98%。二硫化铁（FeS_2）基本上留于酸不溶残渣中，残渣经灼烧，酸溶，用 EDTA 滴定相当于二硫化铁（FeS_2）中的铁。

2. 原理二：适用分析在常温下，不能被氟化氢定量溶解的矿样中的二硫化铁（FeS_2）中的铁。此法基于盐酸—醋酸—氟化铵在沸腾条件下，可将大部分矿石，包括上述可被氟化氢在常温下溶解的铁矿石以及辉石、石榴子石、橄榄石、含铁绿泥石、十字石、阳起石、蔷薇辉石和普通角闪石等矿石中的铁溶解，溶出率为 95%以上，而二硫化铁仅溶出约 5%，酸溶后残渣灼烧，再经酸溶，最后用 EDTA 标准溶液滴定相当于二硫化铁（FeS_2）中的铁。

以上两种方法不适用于测定铬铁矿的亚铁和二硫化铁。

8.9.2　试剂

1. 氟化氢。
2. 硫酸。
3. 硝酸。
4. 盐酸。
5. 盐酸—醋酸混合酸：浓盐酸与 36%（体积比浓度）醋酸以 1:2 体积比混合，摇匀即成。
6. EDTA 标准溶液：见标准溶液配制。
7. $K_2Cr_2O_7$ 标准溶液：见标准溶液配制。
8. 50 g/L 磺基水杨酸溶液。
9. 5 g/L 二苯胺磺酸钠溶液。
10. 硫酸—磷酸混合酸：于 200 ml 水中，慢慢加入浓磷酸和浓硫酸各 150 ml，搅匀即可。

8.9.3　操作方法

1. 操作方法一：称取矿样 0.1～0.2 g 于塑料坩埚中，加入氟化氢 5 ml，在室温下放置 2～4 h，在放置期间搅拌 2～3 次，用塑料漏斗过滤，将坩埚中的残渣全部转入漏斗中，再用 1%（体积比浓度）的稀硫酸洗涤残渣 5～7 次，将滤纸连同残渣转入 10 ml 瓷坩埚中，于电炉上烤干并炭化，然后放入高温炉中，升温至 600～650 ℃灼烧 10～20 min，取出冷却，将残渣用细水流冲入 150 ml 烧杯中，加入浓盐酸 10 ml，煮沸 2～3 min 后，慢慢加入浓硝酸 3～4 ml，置于电炉上加热煮沸溶解完全，如尚剩黑色残渣，则补加盐酸和硝酸，再次加热至黑残渣全溶，蒸发至 0.5～1 ml，稍冷，用水冲洗表面皿和杯壁，使溶液总体积为 30～40 ml，加入 50 g/L 的磺基水杨酸 1 ml，加入 1:1 的氢氧化铵至橙色，再滴加 1:1 的硝酸至出现紫色，过量 2 滴，之后加热至 40～50 ℃，用标准 EDTA 溶液滴定。

2. 操作方法二：称取 0.1～0.2 g 矿样于三角瓶中，加入 300 g/L 氟化铵溶液 5 ml，碳酸氢钠 1 g，加入盐酸—醋酸混酸 50 ml，盖上瓷坩埚盖，置电炉上煮沸 15～20 min，稍冷，加入硫酸-磷酸混酸 15 ml，加水至约 120 ml，加入 5 g/L 二苯胺磺酸钠 2～3 滴，用 $K_2Cr_2O_7$ 标准溶液滴定至溶液呈紫色，即为终点。

8.9.4 结果计算

$$氧化亚铁或二硫化铁（FeO\%或 FeS_2\%）=\frac{T_{EDTA/Fe^{2+}}\times V}{m_0}\times 100\%$$

$$氧化亚铁（FeO\%）=\frac{T_{K_2Cr_2O_7/Fe^{2+}}\times V}{m_0}\times 100\%$$

式中：$T_{EDTA/Fe^{2+}}$——EDTA 对亚铁的滴定度，mg/ml 或 g/ml；

$T_{K_2Cr_2O_7/Fe^{2+}}$——$K_2Cr_2O_7$ 对亚铁的滴定度，mg/ml 或 g/ml；

m_0——分析试样重量，mg 或 g。

8.9.5 注意事项

溶矿时要特别小心，仔细观察，黑色残渣一定要溶解完全，否则分析结果偏低。

8.10 砷的分析（钼蓝比色法）

8.10.1 方法原理

在 $c\left(\frac{1}{2}H_2SO_4\right)=0.7\sim 1.0$ mol/L 硫酸介质中，砷（五价砷）与钼酸根形成黄色钼砷络合物，此络合物的钼能被硫酸联胺（即硫酸肼）还原成钼蓝，进行比色测定，钼蓝的最大吸收峰在 835 nm 处。对于没有红外线滤光的光度计，其吸收峰在 650 nm 处。

8.10.2 试剂

1. $c\left(\frac{1}{2}H_2SO_4\right)=1$ mol/L 硫酸溶液。
2. 15%（体积比浓度）的三氯化钛溶液。
3. 4 mol/L 碘化钾溶液。
4. 苯。
5. 4:1 的盐酸萃洗液。
6. 1 g/L 高锰酸钾溶液。
7. 25 g/L 钼酸铵溶液。
8. 1.5 g/L 的硫酸联胺溶液。
9. 砷标准溶液：称取三氧化二砷（As_2O_3）0.132 0 g 于 150 ml 烧杯中，加入水 10～20 ml，再加入 200 g/L 氢氧化钠 1～2 ml，溶解后用 1:1 硫酸中和至刚果红试纸变蓝，过量 3～5 滴，转入 1 000 ml 容量瓶中，加水至标线，摇匀。此溶液 1 ml 相当于 100 μg

砷（As）。接着吸取此溶液 50 ml 于 500 ml 容量瓶中，用水稀释至刻度，摇匀。则得 1 ml 相当于 10 μg 砷（As）的标准使用液。

8.10.3 操作方法

1. 标准曲线的绘制

分别吸出砷 0 ml、10 ml、20 ml、40 ml、60 ml、80 ml、100 μg 于 50 ml 容量瓶中，加入 $c\left(\frac{1}{2}H_2SO_4\right)=1.0$ mol/L 硫酸溶液 2 ml，滴加 1 g/L 高锰酸钾使溶液呈紫色并过量 1 滴，使 As^{3+}氧化成 As^{5+}，加入 25 g/L 钼酸铵 2 ml，摇匀，放置 3～5 min 后，加入 1.5 g/L 硫酸联胺 2 ml，加水至标线，摇匀，在沸水浴中放置 10～15 min，冷却至室温。选择波长为 650 nm，用 2 cm 比色杯测其消光值。之后绘制曲线。

2. 矿样分析

称取 0.1～1.0 g 矿样于 150 ml 烧杯中，加水湿润，加入浓硝酸 10 ml，加热至剩余 1～2 ml，加入 1:1 硫酸 28 ml，加热至硫酸冒烟，冷却，在不断搅拌下慢慢地加入水 20 ml，冷却至室温，转入 50 ml 容量瓶中，加水至标线，摇匀，分取 2～10 ml 于 60 ml 分液漏斗中，补加 $c\left(\frac{1}{2}H_2SO_4\right)=1.0$ mol/L 硫酸至 10 ml，滴加三氯化钛至紫色，过量 8～10 滴，加入 4 mol/L 碘化钾 2 ml，摇匀，加入苯 5 ml，萃取 2 min，待分层后，弃去水相，往分液漏斗中加入三氯化钛 2 滴和 4:1 盐酸 5 ml，萃取约 50 s，弃去水相，用水冲洗漏斗颈数次，往分液漏斗中加水 10 ml，反萃取 1 min，水相转入 50 ml 容量瓶中，再每次用 2～3 ml 水洗涤漏斗 2 次，洗水并入 50 ml 容量瓶中，加入 $c\left(\frac{1}{2}H_2SO_4\right)=1.0$ mol/L 硫酸 2 ml，摇匀，滴加 1 g/L 高锰酸钾溶液呈紫色，过量 2 滴，以下同标准曲线。

8.10.4 结果计算

$$砷（As\%）=\frac{m}{m_0}\times 100\%$$

式中：m——测得的砷量，mg 或 g；

m_0——分析样品重量，mg 或 g。

8.10.5 注意事项

磷严重干扰测定，硅和锗也干扰测定，显色前在 7～9 mol/L 硫酸与 0.5 mol/L 碘化钾的介质中，用苯萃取 As^{3+}的碘化物，以此与干扰元素分离。

8.11 中和法测定碳酸根

8.11.1 方法原理

加入过量的标准盐酸于固体试样中，经加热至沸腾，使试样中的碳酸根与盐酸作用，过量的酸以酚酞为指示剂，用标准的氢氧化钠溶液滴定至红色，即为终点。

8.11.2 试剂

1. 0.1 mol/L 盐酸（见标准溶液配制）。
2. 0.1 mol/L 氢氧化钠溶液（见标准溶液配制）。
3. 1 g/L 酚酞溶液：称取 0.1 g 酚酞溶于 100 ml 50%（体积比浓度）的乙醇中，加入 1～2 滴稀氢氧化钠溶液。

8.11.3 操作方法

称取 0.2 g 矿样于 250 ml 三角瓶中，准确加入 0.1 mol/L 盐酸 25 ml，用水冲洗三角瓶壁，置电炉上加热至沸腾 1 min，取下冷却，加入 1 g/L 酚酞 8～10 滴，用标准氢氧化钠溶液滴定至微红色，即为终点。同时做空白样品。

8.11.4 结果计算

$$碳酸根\,(CO_3^{2-}\%)\frac{(NV_1 - NV_2)\times 0.03}{m_0}\times 100\%$$

式中：碳酸根 $(CO_3^{2-}\%)$——矿石样品中碳酸根百分含量；

N——氢氧化钠的摩尔质量浓度，mol/L；

V_1——空白样品消耗的氢氧化钠体积，ml；

V_2——样品消耗的氢氧化钠体积，ml；

m_0——分析样品重量，g。

8.11.5 注意事项

如果矿样呈黑色，近终点时滴定操作要慢，观察终点要待溶液为澄清，并能看出上面清液呈微红色，即为终点。否则结果会偏高。

8.12 氟的分析（离子选择性电极法）

8.12.1 方法原理

当氟电极与含氟的试剂接触时，电极的电动势 E 随溶液中氟离子活度的变化而改变，当溶液中的总离子强度为定值且有足够多时，遵守下列关系式：

$$E = E_0 \frac{-2.303RT}{F} \times \lg c_{F^-}$$

式中：E 与 $\lg c_{F^-}$ 成直线关系，2.303 RT/F 为该直线的斜率，亦为电极的斜率。

8.12.2　试剂与设备

1. 氟化镧单晶电极。
2. 饱和甘汞电极。
3. PH-3 型酸度计。
4. 电磁搅拌器。
5. 离子强度缓冲溶液：称取 212.5 g 硝酸钠，75.5 g 柠檬酸钠，74 g 氢氧化钠，用水溶解，加入 120 ml 冰醋酸，加水稀释至近 1 000 ml，用醋酸和氢氧化钠溶液在 pH 计上调节溶液 pH 为 5.5±0.1，最后稀释至 1 000 ml。
6. 氟标准溶液：称取一级氟化钠（NaF）0.221 0 g 于 100 ml 烧杯中，加入适量水溶解后，转入 1 000 ml 容量瓶中，用水稀释至刻度，摇匀，倒进干燥的塑料瓶中保存。此溶液 1 ml 相当于 100 μg 氟（F）。吸取此溶液 10 ml 于 100 ml 容量瓶中，用水稀释至刻度，摇匀。即为 1 ml 相当于 10 μg 氟（F）的标准使用溶液。

8.12.3　分析方法

1. 绘制标准曲线

分别吸取 1 000、100、10、5、2 μg 氟标准溶液于 6 个 50 ml 容量瓶中，加入 20 ml 离子缓冲溶液，用水稀释至刻度，摇匀，倒入 100 ml 烧杯中，加入 1 粒搅拌子，以饱和甘汞电极为参比电极，对氟电极测定电势值 E，以测得的电势值 E 与氟含量 c 用半对数座标纸绘制 E—c 曲线图，或在普通座标纸上绘制 E—$\lg c_{F}$-曲线图。

2. 样品分析

称取 0.5 g 矿样于银坩埚中，加入氢氧化钠 3～4 g，在高温炉中 500～550 ℃熔融 20 min，取出冷却，置于 250 ml 烧杯中，用热水浸出，体积保持在 70～80 ml，用浓醋酸与 50 g/L 氢氧化钠溶液调节 pH=6，将溶液过滤于 50 ml 容量瓶中，沉淀用 pH=6 的水洗涤至刻度，摇匀。取滤液 5～10 ml 于容量瓶中，加入 20 ml 离子缓冲液，用水稀释至刻度，摇匀，以下操作同标准曲线。

8.12.4　结果计算

$$氟（F\%）= \frac{m}{m_0} \times 100\%$$

式中：氟（F%）——矿石中氟的百分含量；

m——测得的氟量，mg 或 g；

m_0——分析样品重量，mg 或 g。

8.13 镍的分析（丁二酮肟比色法）

8.13.1 方法原理

在碱性溶液中，有氧化剂存在时，镍与丁二酮肟生成红色络合物，以此进行比色测定。

8.13.2 试剂

1. 浓盐酸，d=1.19（ρ=1.19 g/ml）。
2. 1:1 硫酸溶液。
3. 硝酸—硫酸混合溶液：量取 7 份浓硝酸与 3 份浓硫酸充分混合即成。
4. 氟化钠固体粉末。
5. 50 g/L 的过硫酸铵溶液（现配现用）。
6. 300 g/L 酒石酸钾钠溶液：称取 30 g 酒石酸钾钠溶于 100 ml 水中，摇匀。
7. 丁二酮肟溶液：称取 1 g 丁二酮肟溶于 100 ml 50 g/L 的氢氧化钠溶液中。
8. 醋酸钠固体。
9. 50 g/L 的氢氧化钠溶液。
10. 镍标准溶液：称取纯金属镍 0.100 0 g 于 150 ml 烧杯中，加入浓硝酸 10 ml，加热蒸干，加浓盐酸 5 ml 蒸干，并重复此项操作一次。再加入浓盐酸 5 ml，加热溶解，加水 50 ml，然后移入 1 000 ml 容量瓶中，用 20 g/L 的盐酸稀释至标线，摇匀。此溶液每毫升含镍 100 μg。分取此溶液 10 ml 于 100 ml 容量瓶中，用 20 g/L 的稀盐酸稀释至标线，摇匀。此溶液每毫升含镍 10 μg。

8.13.3 操作方法

1. 绘制标准曲线

分别吸取镍 0 μg、5 μg、10 μg、15 μg、20 μg、30 μg、40 μg、50 μg、60 μg、70 μg、80 μg 于 11 个 50 ml 容量瓶中，分别加入 300 g/L 酒石酸钾钠溶液 5 ml，50 g/L 的氢氧化钠溶液 5 ml，50 g/L 过硫酸铵溶液 5 ml，丁二酮肟 10 ml，仔细混匀，放置 1～3 min，加水稀释至刻度，摇匀，放置 5～7 min，进行比色，在波长为 530 nm 下，用 3 cm 比色杯进行比色测定。并绘制标准曲线。

2. 样品分析

称取试样 0.5～1 g 于 250 ml 烧杯中，加入氟化钠 0.5 g，以少量水湿润，加入盐酸 10 ml，低温加热 10 min，加入硝酸—硫酸混合酸 10 ml，蒸发至析出 SO_3 烟，取下，稍冷，加水 50 ml 煮沸，使盐类溶解，冷却，用 1:1 氨水中和至溶液呈现微混浊，加入醋酸钠 4～5 g，待溶解后，在不断搅拌下加入氟化钠约 6 g，至出现白色沉淀后，移入 100 ml 容量瓶中，以水稀释至刻度，摇匀，用干滤纸过滤部分样液，根据含量高低分取一定体积的样液于 50 ml 容量瓶中，以下操作同标准曲线。

8.13.4　结果计算

$$\text{镍（Ni\%）} = \frac{m}{m_0} \times 100\%$$

式中：镍（Ni%）——矿石样品中镍的百分含量；

m——从工作曲线上查出计算的镍量，mg 或 g；

m_0——分析比色用的样品重量，mg 或 g。

8.13.5　注意事项

1. 中和步骤很重要，如果中和过头，则有絮状 $Fe(OH)_3$ 沉淀出现，从而吸附镍而使结果偏低，如中和不够微混浊则加氟化钠沉淀铁时，铁不容易沉淀完全，致使留有少量铁，在加入酒石酸钾钠时，有黄绿色出现，影响比色。

2. 试液加入醋酸钠后，应变为白色（盐基性醋酸铁），加入氟化钠时应边加边搅拌，至烧杯溶液变为淡黄色时即可。于砂浴上低温加热，即可生成白色氟化铁沉淀，如试液不变，可能是酸度太大，也可能是氟化钠加入量不足，这时可加入醋酸钠降低酸度或适量增加氟化钠的用量。

3. 样液摇动后，如有白色沉淀，则是 $Mg(OH)_2$ 沉淀，可用 50 g/L 的氢氧化钠处理过的干滤纸将沉淀滤去。如试液呈橙黄或黄色，这是铜的影响，可另取试液，加入 50 g/L 硫氰化钾溶液 2 ml，再滴加 30 g/L 的亚硫酸钠溶液使颜色消失，加入乙醇搅拌，使生成白色沉淀，吸取上清液进行比色测定。

4. 开始蒸发样品时宜用低温，并经常摇动烧杯，如有结底现象，可用玻璃棒捣碎，防止样液飞溅。

8.14　铋的分析（硫脲比色法）

8.14.1　方法原理

在 0.2～1.2 mol/L 硝酸溶液中，铋与硫脲生成可溶性的黄色络合物，借此进行比色测定。三价铁与硫脲生成黄色络合物，可加入酒石酸掩蔽，铜与硫脲反应生成白色沉淀而妨碍比色，可以用氢氧化铝为凝聚剂，以氨水和碳酸铵使铋沉淀，而与 Ca、Co、Ni 等元素分离。Fe 超过含量 100 倍时，与硫脲中的杂质硫氰化物生成红色络合物干扰，但少量铁、有铜存在时可消除影响。

8.14.2 试剂

1. 1:9 硝酸溶液和 d=1.42（ρ=1.42 g/ml）的浓硝酸。
2. 8%（体积比浓度）盐酸溶液和 d=1.19（ρ=1.19 g/ml）的浓盐酸。
3. 浓氨水。
4. 20 g/L 的碳酸铵溶液。
5. 30 g/L 的硝酸铜溶液。
6. 100 g/L 的硫脲溶液（现配现用）。
7. 铋的标准溶液：准确称取纯金属铋 0.100 0 g 于 250 ml 烧杯中，加入 5 ml 硝酸低温溶解，并蒸发近干，加入稀硝酸 50 ml，微热使盐类溶解。冷却后移入 1 000 ml 容量瓶中，加水稀释至标线，摇匀，此溶液每毫升含铋 0.1 mg。再吸取此溶液 10 ml 于 100 ml 容量瓶中，加稀硝酸至标线，摇匀，即为每毫升含铋 10 μg 的标准使用溶液。

8.14.3 操作方法

1. 标准曲线绘制

准确吸取铋标准溶液 0 μg、10 μg、20 μg、30 μg、50 μg、60 μg、80 μg 于一系列 50 ml 容量瓶中，加入硝酸 2 ml，100 g/L 的硫脲溶液 10 ml，以水稀释至刻度放置 15～25 min 后进行比色测定，选用 10 mm 比色杯和 425 nm 波长。

2. 样品分析

称取试样 0.2～1.0 g，放入 250 ml 烧杯中，用水湿润，加入盐酸 15 ml，蒸发至近干，加入王水 10 ml，蒸至近干，再加 5 ml 盐酸，蒸至近干，并反复处理 1 次，加入 8%（体积比浓度）盐酸溶液 50 ml，煮沸数分钟，冷却，用慢速滤纸过滤，用 8%（体积比浓度）盐酸溶液洗涤器具及滤纸 4～5 次。滤液用氨水中和至微有氨味，加入 0.2 g 碳酸铵，加热煮沸，使沉淀凝聚，用慢速滤纸过滤，用碳酸铵溶液洗涤 5～6 次，将沉淀用 20 ml 1:9 的热硝酸洗入 50 ml 容量瓶中，之后用少量热水洗净烧杯和滤纸，向容量瓶中加入硝酸铜溶液 2 ml 和硫酸肼 0.5 g，在水浴上加热溶解，冷却后加入 10 ml 硫脲溶液，用水稀至标线。摇匀，以下同标准曲线。

8.14.4 结果计算

$$铋（Bi\%）=\frac{m}{m_0}\times 100\%$$

式中：铋（Bi%）——矿石中铋（Bi）的百分含量；

m——测得样品中铋量，mg 或 g；

m_0——分析样品重量，mg 或 g。

8.14.5 注意事项

1. 残渣较多时，必须重复蒸发 2 次以上，使所有的铅都转变成氯化铅。

2. 试样中含铁量高于 5%以上时，用硫酸肼还原不完全，应预先分离。

3. 试样中如含有锑，应先加入 1 ml50 g/L 酒石酸溶液或 1 ml 10 g/L 氟化钠溶液后，再加入硫尿溶液显色。

8.15 锑的分析（孔雀绿比色法）

8.15.1 方法原理

在 1～3 mol/L 盐酸介质中，锑络阴离子（$SbCl_6^{3-}$）与孔雀绿生成难溶性有色络合物，被苯或甲苯等有机溶液萃取，有机相呈绿色，借此进行比色。三价铁干扰测定，可以加入足够量的磷酸将铁络合而消除干扰。四价钛因生成磷酸钛白色沉淀影响分层，可以在萃取时加入足够量的氟化钠络合消除干扰。金（Au）、铊（Te）与孔雀绿也有同样反应而干扰测定，应预先分离，铜大于 0.7 mg 使结果显著偏低，也应分离除去。

8.15.2 试剂

1. 硫酸钾固体。

2. 硫酸，d=1.84（ρ=1.84 g/ml）。

3. 8 mol/L 盐酸。

4. 100 g/L 的二氯化锡溶液：称取 10 g 二氯化锡溶于 67 ml 浓盐酸中，再加入 33 ml 水，摇匀即可。

5. 100 g/L 亚硝酸钠溶液：称取 10 g 亚硝酸钠溶于 100 ml 水中，摇匀。

6. 1:4 的磷酸溶液：1 体积磷酸与 4 体积水混合，摇匀。

7. 500 g/L 的尿素溶液：称取 50 g 尿素溶于 100 ml 水中，摇匀。

8. 苯（液体）。

9. 2 g/L 孔雀绿溶液：称取 0.5 g 孔雀绿溶于 250 ml 水中，摇匀后进行过滤，取滤液备用。

10. 氟化钠固体。

11. 锑标准溶液：称取 0.1 g 纯金属锑加入 20 ml 硫酸，加热溶解。冷却后，加入 8 mol/L 盐酸 50 ml，溶液移入 1 000 ml 容量瓶中，用 8 mol/L 盐酸稀释至刻度，摇匀。分取上述溶液 100 ml 移入 1 000 ml 容量瓶中，用 8 moL/L 盐酸稀释至刻度，摇匀。此溶液每毫升含锑 10 μg。

8.15.3 操作方法

1. 绘制标准曲线

准确吸取锑标准溶液 0 μg、2 μg、5 μg、10 μg、15 μg、20 μg、25 μg 于以下 7 个分液漏斗中，加入 50 g/L 三氯化铁溶液 1 ml，用 8 mol/L 盐酸补加到 10 ml，滴加氯化亚锡溶液至铁离子的黄色消失，并过量 1～2 滴，加入 1 ml 100 g/L 亚硝酸钠溶液，摇匀，过 1 min 再加入 500 g/L 尿素溶液 2 ml，充分摇动至大量气泡消失，加水至 40 ml，准确加入 10 ml 苯和 1 ml 孔雀绿溶液，摇动 1 min，待分层后，将水相弃去，有机相用无水硫酸钠除去水分后，移入 0.5 cm 比色杯中，于 625 nm 波长处测量其消光值。同时做空白样品，之后按实际消光值绘制标准曲线。

2. 样品分析

准确称取试样 0.1～0.5 g 于 250 ml 烧杯中，加入硫酸钾 2 g，硫酸 10～15 ml（必要时加入硝酸 5 ml），盖上表面皿，在砂浴上蒸发至试样完全分解，取下冷却，用少量水洗涤表面皿及烧杯壁，继续加热蒸发至溶液体积为 3～4 ml，取下稍冷，加入 8 mol/L 盐酸 20 ml 微热溶解，将溶液移入 100 ml 容量瓶中，并用 8 mol/L 盐酸稀释至刻度，摇匀，用干滤纸过滤于烧杯中，最初部分滤液弃去，吸取 5 ml 滤液于 125 ml 分液漏斗中，加入 5 ml 8 mol/L 盐酸溶液，以下同标准曲线。

8.15.4 结果计算

$$锑（Sb\%）=\frac{m}{m_0}\times 100\%$$

式中：锑（Sb%）——矿石样品中锑的百分含量；

m——测得的锑量，mg 或 g；

m_0——分析比色用的矿样重量，mg 或 g。

8.15.5 注意事项

1. 锑必须先用氯化亚锡还原至三价，然后再用亚硝酸钠氧化成五价，如果直接氧化，则不能保证全部锑形成 $SbCl_6^{3-}$ 离子，氧化还原时应在 7～10 mol/L 盐酸介质中进行，酸度过低锑易水解，也不易形成锑络阴离子。

2. 显色酸度应在 1～3 mol/L 盐酸介质之间，才能得到最大光密度值，故氧化后应加水稀释，使酸度降低。

3. 过多的亚硝酸钠必须用尿素破坏，此时过多的尿素不会引起五价锑的还原。

4. 加入尿素以后，应立即萃取分层，弃去水相，否则使结果波动，所以在操作中应每两个样品为一批进行显色，以便于控制。

8.16　钒的分析（硫酸亚铁滴定法）

8.16.1　方法原理

在硫磷混合酸中，用高锰酸钾将三价钒氧化至五价钒，与此同时，其他还原物质也被氧化。过量的高锰酸钾在尿素存在下用亚硝酸钠还原。以 N—苯基邻氨基苯甲酸作指示剂，用标准亚铁溶液滴定。

8.16.2　试剂

1. 硫磷混合酸：1:1 硫酸与 1:1 磷酸等体积混合，摇匀即可。

2. 标准亚铁溶液：称取六水合硫酸亚铁铵$[(NH_4)_2Fe(SO_4)_2 \cdot 6H_2O]$3.93 g，用 5%（体积比浓度）的硫酸溶解，转入 1 000 ml 容量瓶中，加入 5%（体积比浓度）硫酸稀释至刻度，摇匀。

标定：吸取 $c\left(\frac{1}{5}KCr_2O_7\right)=0.01$ mol/L 重铬酸钾标准溶液 20 ml 于 250 ml 三角瓶中，加入混酸 30 ml，水 50 ml，加入 2 g/L 的 N—苯基邻氨基苯甲酸 2 滴，用已配制的亚铁溶液滴定至草绿色为终点。

$$T_{Fe^{2+}/V^{5+}}=\frac{c\times V}{V_1}\times 0.025\,47$$

式中：$T_{Fe^{2+}/V^{5+}}$——硫酸亚铁铵标准溶液对五氧化二钒的滴定度，g/ml；

c——重铬酸钾标准溶液的摩尔质量浓度；

V——量取重铬酸钾标准溶液的体积，ml；

V_1——滴定时消耗硫酸亚铁铵标准溶液体积，ml；

0.025 47——钒的克摩尔质量，g。

8.16.3　操作方法

称取矿石样品 0.5～1.0 g 于瓷坩埚中，加入过氧化钠 3～5 g，搅匀，以少许过氧化钠盖住，在 500～600 ℃高温炉中熔融 10 min。取出冷却，用 40～50 ml 水提取，用水洗出坩埚，慢慢加入混酸 30 ml，滴加 30 g/L 高锰酸钾溶液至呈紫红色，并过量 2 滴，放置 5 min，加入 100 g/L 尿素溶液 10 ml，滴加 10 g/L 的亚硝酸钠溶液至无色，过量 1 滴，剧烈搅拌 1 min 左右，加入 N—苯基邻氨基苯甲酸 2 滴，以标准亚铁溶液滴定至亮绿色为终点。

8.16.4 结果计算

$$钒（V\%）=\frac{T\times V}{m_0}\times 100\%$$

式中：钒（V%）——矿石中钒的百分含量；

T——亚铁对钒的滴定度，g/ml；

V——滴定时消耗亚铁标准溶液的体积，ml；

m_0——称取试样的重量，g。

8.16.5 注意事项

1. 采用碱分解法，可以防止结果偏低。

2. 滴定酸度：在 5%（体积比浓度）的磷酸中，硫酸浓度在 2.5%～10%（体积比浓度）均可。无硫酸时，终点不明显，并且提前；在 5%（体积比浓度）硫酸中，磷酸浓度在 2.5%～10%（体积比浓度）均可。但磷酸的体积浓度不能大于 50%，因在较高浓度的磷酸中，亚铁可能将 U^{6+}、V^{4+}、Mo^{6+}分别还原至 U^{4+}、V^{3+}、Mo^{5+}，脲素和亚硝酸钠溶液须按分析手续依次加入，否则结果会偏低或不稳。

3. 滴定反应速度慢，故滴定时要充分摇动并逐滴加入，接近终点时更要小心，以防滴过终点。

8.17 金的分析

8.17.1 方法原理

在 0.05 mol/L 盐酸溶液中，三价金（Au^{3+}）氯化物络阴离子与结晶紫反应，生成能被苯或甲苯萃取的蓝紫色络合物，以此进行比色测定。

8.17.2 试剂

1. 王水：3 份盐酸与 1 份硝酸混合即成（现配现用）。
2. 活性炭，粉状。
3. 4%（体积比浓度）的盐酸：量取 4 ml 浓盐酸于 100 ml 水中，摇匀。
4. 10 g/L 的氟化铵溶液：称取 1 g 氟化氢铵溶于 100 ml 水中，摇匀。
5. 200 g/L 的氯化钾溶液：称取 20 g 氯化钾溶于 100 ml 水中，摇匀。
6. 250 g/L 的三氯化铁溶液：称取 25 g 三氯化铁溶于 100 ml 4%的盐酸溶液中，摇匀。

7. 30%过氧化氢。

8. 250 g/L 的磷酸氢二钠溶液：称取 25 g 磷酸氢二钠溶于 100 ml 水中，摇匀。

9. 2 g/L 的结晶紫溶液：称取 0.2 g 结晶紫于 150 ml 烧杯中，加少量水，用玻璃棒压碎，加水稀释至 100 ml，全部溶解后，过滤于 250 ml 分液漏斗中，用 15～20 ml 苯反复萃取至苯层无色为止，弃去苯层，水相移入棕色瓶中于黑暗处保存备用。

10. 苯或甲苯。

11. 金标准溶液：称取纯金 0.050 0 g，溶于 10 ml 王水中，加入氯化钠 0.5 g，在水浴上加热溶解，并蒸发至干。用盐酸 5 ml 加热蒸发赶硝酸 3 次。最后用 4%（体积比浓度）盐酸溶解后转移至 500 ml 容量瓶中，以 4%（体积比浓度）盐酸稀释至标线。此溶液每毫升含金为 0.000 1 g。分取上述标准溶液 10 ml 于 1 000 ml 容量瓶中，用 4%（体积比浓度）盐酸稀释至标线，摇匀。此溶液即为每毫升含金 1 μg 的标准使用溶液。

8.17.3　操作方法

1. 绘制标准曲线

准确吸取金标准 0、1、3、5、7、10、20 μg 于 7 个 125 ml 分液漏斗中，加入三氯化铁 1 ml，双氧水 5 滴，摇匀。放置 5～10 min，用 4%（体积比浓度）盐酸溶液稀释至 30 ml，加入 250 g/L 的磷酸氢二钠溶液 5 ml，摇匀，加入苯 5 ml，2 g/L 结晶紫 1 ml，立即摇动 30 s，于暗处放置 10～20 min，放出水相，有机相放入 1 cm 比色杯中，于 540 nm 波长处进行比色测定，并绘制标准曲线。

2. 样品分析

称取 200 目样品 25 g 于 400 ml 烧杯中（硫化矿物应先放在瓷皿中，在 600～700 ℃焙烧 30～60 min，并用玻璃棒间断性搅拌），加入 1:1 王水 80～100 ml，加热微沸 40 min 左右，此时体积在 50 ml 左右，取下冷却，用直径 70～80 mm 的多孔瓷漏斗，以中速滤纸进行过滤，以盐酸酸化水洗涤 8～10 次，将滤液移入 250 ml 容量瓶中，以水稀释至标线，摇匀。根据金含量高低分取一定量溶液于 400 ml 烧杯中，补加王水 40 ml 左右，用水稀释至 200 ml，慢慢加入 1 g 活性炭，边加边搅拌，放在 30～40 ℃水浴中保温 40～60 min，并充分搅拌，以快速滤纸过滤，用水洗涤 3～4 次，用氟化氢铵溶液洗涤 3～5 次，以盐酸酸化水洗涤 3～4 次，最后再用水洗涤 7～8 次，沉淀连同滤纸放入 50 ml 瓷坩埚中炭化，然后放入 700～800 ℃高温炉中灼烧 60 min，取出坩埚冷却，加入氯化钾溶液 5 滴，王水 1～2 ml，并用玻璃棒将残渣捣碎，用少量水洗涤玻璃棒，将坩埚置水浴上蒸至近干后，加入王水 1 ml，蒸至近干，加入盐酸 1～2 ml，反复处理 3～4 次，蒸至近干后，加入 4%（体积比浓度）盐酸 10 ml，加热溶解残渣，取下稍冷，以 4%（体积比浓度）盐酸洗入 125 ml 分液漏斗中，加入 250 g/L 三氯化铁溶液 1 ml，双氧水 5 滴，摇匀，放置 5～10 min，以 4%（体积比浓度）的盐酸溶液稀释至 30 ml，加入 250 g/L 磷酸氢二钠溶液 5 ml，摇匀，加入苯 5 ml 和 2 g/L 结晶紫溶液 1 ml，立即摇动 30 s 萃取，弃去水相，有机相用无水硫酸钠除去水分，然后移入 1 cm 比色杯中，在 540 nm 波长处进行比色测定，同时做空白试样。

8.17.4 结果计算

$$金（Au，g/t）=\frac{m}{m_0}$$

式中：金（Au，g/t）——每吨矿石含金量，g/t；

m——分析的金量，μg；

m_0——分析的矿样重量，g。

8.17.5 注意事项

1. 抽滤与否取决于当时具体情况，如溶液呈胶体，不易过滤，可连同滤纸洗入容量瓶，并稀释至标线，摇匀后静置，取上清液进行分析。

2. 含量在 0.3 g/t 以下取 100 ml，含量在 0.3～2 g/t 时取 50 ml，含量在 2～4 g/t 时取 10 ml，含量在 4～20 g/t 时取 5 ml，含量在 20～40 g/t 时取 2 ml，加活性炭富集金的酸度为 20%～25%（体积比浓度）王水为宜。

3. 炭化必须完全，否则残存的炭使结果偏低。

4. 应将硝酸根赶尽，因硝酸根使色调不正，结果不稳。

5. 结晶紫为碱性染料，在酸性溶液中，其在有氧化剂存在时不稳定，因此加结晶紫后必须立即萃取。

8.18 锡的测定（铝片还原法）

8.18.1 方法原理

矿样经硝酸处理，氧化锡不被溶解，硫化锡即呈β-锡酸沉淀，借此与绝大部分酸溶性杂质分离，所得残渣用碱熔分解，在 6 mol/L 盐酸中铝将四价锡还原成二价，以淀粉为指示剂，用碘标准溶液滴定至浅蓝色为终点。

8.18.2 试剂与设备

1. 1:1 硝酸。
2. 1:1 盐酸（GR）。
3. 硝酸铵固体。
4. 锌粉固体（AR）。
5. 铁粉。

6. 铝片。

7. 方解石。

8. 氢氧化钠固体。

9. 氯化钠固体。

10. 碘标准溶液：称取 2.6 g 碘片溶于加有 30 g 碘化钾的少量水中，用玻璃砂漏斗过滤于棕色瓶中，用水稀释至 1 L，摇匀，置于暗处保存。

标定方法：吸取亚砷酸盐溶液（每毫升含三氧化砷 0.01 g）20 ml 于 250 ml 锥形瓶中，用水稀释至 50 ml，滴加 10%（体积比浓度）盐酸使溶液呈酸性，并过量 2～3 滴，然后加入 5 g 碳酸氢钠和 5 g/L 淀粉溶液 5 ml，用碘标准溶液滴定至浅蓝色为终点。

按下式计算滴定度：

$$T_{I_2/S_n} = \frac{m}{V} \times 1.20$$

式中：T_{I_2/S_n} ——碘标准溶液对锡的滴定度，g/ml；

m——吸取砷标准中三氧化二砷的克数，g；

V——消耗碘标准溶液之体积，ml；

1.20——三氧化二砷换算为锡的系数。

11. 亚砷酸盐标准溶液：称取 1.000 g 三氧化二砷于 150 ml 烧杯中，加入 1 g 氢氧化钠，加水 50 ml 溶解，转入 100 ml 容量瓶中，用水稀释至标线，摇匀。此溶液每毫升含三氧化二砷 0.01 g。

12. 5 g/L 淀粉溶液：称取 0.5 g 淀粉于 100 ml 烧杯中，用少量水调成糊状，冲入 100 ml 沸水，并煮沸至清亮。

8.18.3　操作方法

称取样品 0.5 g 于 150 ml 烧杯中，以少许水湿润，加 2 g 硝酸铵和 15 ml 1:1 硝酸，低温加热至近干。冷后加 15 ml 水煮沸 5 min，稍冷，用 200 g/L 硝酸铵溶液吹洗杯壁、表面皿。用慢速滤纸过滤，用 20%硝酸铵溶液洗涤沉淀及烧杯 3～4 次。沉淀连同滤纸一起放入 30 ml 的瓷坩埚内，置电炉上炭化，再加 1 g 氯化钠、8～10 粒氢氧化钠、2 g 锌粉，拌匀，最后在试样上面再铺一层约 1 g 的氯化钠，于 700 ℃马福炉中灼烧 20 min，取出，置于 250 ml 烧杯中，加入 1:1 盐酸 150 ml 煮沸，取出坩埚，将试液转入 300 ml 三角瓶中，加还原铁粉 1 g，摇匀，待铁粉溶尽，再加 3 g 铝片至铝片溶完，不再有小气泡发生时，立即加入 2 颗大理石，冷却并不断补充大理石，加 5 g/L 淀粉溶液 3 ml，用碘标准溶液滴定至浅蓝色 1 min 不消失，即为终点。

8.18.4　结果计算

$$锡（Sn\%）= \frac{T_{I_2/Sn} \times V}{m_0} \times 100\%$$

式中：$T_{I_2/Sn}$——碘标准溶液对锡的滴定度，g/ml；

V——滴定消耗碘标准溶液的体积，ml；

m_0——分析试样的重量，g。

8.18.5 注意事项

1. 本方法适于含铜、砷矿样中锡的分析，但对含有大量砷的样品应在硝酸处理前，先混入硫磺粉置瓷坩埚内于 450～550 ℃烧 15 min，以使砷呈五硫化二砷（As_2S_5）挥发除去。

2. 用硝酸蒸干，可使偏锡酸脱水成氧化锡而避免过滤损失。

3. 加盐酸浸取熔融物时，必须迅速一次加入，否则容易析出硅胶吸附锡而导致结果偏低。

4. 滴定前不允许有残留铁粉和铝片，否则分析结果不稳定。

5. 铝片还原至滴定结束，瓶内始终应维持有足够的二氧化碳气体，以保护二价锡不至于被空气中的氧气化成四价锡。

8.19 银的分析（原子分光光度法）

8.19.1 方法原理

由空心阴极灯产生银共振辐射，只被银原子吸收，其吸收程度完全取决于辐射通道中银原子的多少，检测由此引起的辐射减弱，即可测得辐射通道中银原子的浓度。

8.19.2 仪器与试剂

1. GFU—201 型原子吸收分光光度计。其工作条件为灯电流 3 mA，波长 3 280 nm，狭缝 0.5 mm，贫火焰，燃烧器调至最佳位置。

2. 银标准溶液：称取高纯银 0.010 0 g 于 150 ml 小烧杯中，加入 10 ml 的 1:1 硝酸，置电炉上微热至银完全溶解，小心转移至 1 000 ml 容量瓶中，烧杯用 1:1 盐酸溶液 500 ml 分 7～8 次洗涤，其洗液均并入容量瓶内，冷却至室温，加水至刻度，摇匀。此溶液每毫升含银 10 μg。

3. 浓硝酸。

4. 正丁醇。

8.19.3 操作方法

1. 绘制工作曲线

分别吸取含银 10 μg/ml 标准溶液 0、5、10、15、20、30 ml 于 6 个 100 ml 容量瓶

内，补加 1:1 盐酸 40 ml，加入正丁醇 8 ml，在不断摇动下加水至标线，摇匀。此溶液的银浓度分别 0、0.5、1.0、1.5、2.0、3.0 μg/ml。按测定条件分别喷雾并测量，根据测量数据绘制工作曲线。

2. 矿石分析

称取 1 g 矿石样品于 150 ml 烧杯中，加水湿润，加入浓盐酸 10～15 ml，低温煮沸半小时，慢慢加入浓硝酸 5～6 ml，继续蒸至湿盐状，加入浓盐酸 5 ml，煮沸，冷却，转入 25 ml 容量瓶中，加入正丁醇 2 ml，加水至标线，摇匀，澄清后测量。

8.19.4　结果计算

$$银（Ag\%）=\frac{m}{m_0}\times 100\%$$

式中：m——测得的银量，g 或 mg；

m_0——分析试样重量，g 或 mg。

8.19.5　注意事项

1. 试样中盐酸浓度低于 10%（体积比浓度）时，分析结果偏低。
2. 加入正丁醇可以提高灵敏度。
3. 铁、钙、镁、钠、钾浓度达到 10^4 μg/ml 时，未见干扰。

8.20　锗的分析（苯芴酮分光光度法）

8.20.1　方法原理

苯芴酮试剂在 0.4～1.2 mol/L 盐酸溶液中，与四价锗形成橙红色悬浮质点，加入动物胶作保护剂，则有色液近于均相，其色泽可稳定 8 h。为避免干扰，须对锗在 8 mol/L 盐酸溶液中用苯或四氯化碳萃取锗的氯络合物，以此与干扰元素分离。

8.20.2　试剂

1. 30%三氯化铝溶液：称取 30 g 三氯化铝，加入 0.5 mol/L 盐酸至 100 ml。
2. 9 mol/L 盐酸，4 mol/L 盐酸。
3. 1%动物胶（临用时配制）。
4. 0.5 g/L 苯芴酮试剂。
5. 锗标准溶液：称取纯二氧化锗 0.144 1 g，加水 20 ml，加入氢氧化钠 1 g，加热溶解，转入 1 000 ml 容量瓶中，加入 1:1 硫酸 4 ml，加水至标线，摇匀。此溶液 1 ml 含有 100 μg 锗。分取 10 ml 于另一 1 000 ml 容量瓶中，加水至标线，摇匀。此溶液 1 ml

含有 1 μg 锗。

8.20.3 操作方法

1. 绘制工作曲线

分别吸取 0 μg、1.0 μg、2.0 μg、4.0 μg、6.0 μg、8.0 μg、10.0 μg 锗于 25 ml 容量瓶中，加入 4 mol/L 盐酸 5 ml，动物胶 1 ml，立即摇匀，准确加入苯芴酮 2 ml，加水至标线，再摇匀。1 h 后，在 505 nm 波长下，用 2 cm 比色杯测其吸光度，并绘制工作曲线。

2. 样品分析

称取 0.5 g 矿样于 50 ml 的银坩埚中，加入少量水湿润，加 1:1 磷酸 5 ml，氢氟酸 5～10 ml，加热蒸至 2～3 ml，加入三氯化铝 1 ml，加水 4～5 ml（使水溶液体积不大于 10 ml），转入 50 ml 容量瓶中，以浓盐酸洗涤坩埚，洗液并入容量瓶中，用浓盐酸稀释至标线，摇匀。分取 5～25 ml（使锗不大于 10 μg）于预先盛有 10 ml 苯的 60 ml 分液漏斗中，萃取 2 min，分层后，弃去水相。用 5 ml 9 mol/L 盐酸洗涤有机相 30 s，弃去水相，再用 2.5 ml 9 mol/L 盐酸洗涤 30 s，弃去水相，用 10 ml 蒸馏水反萃取 2 min，与此同时用细流水冲洗漏斗尾管 4～5 次，以除去尾管中的残余酸。水相转入 25 ml 容量瓶中，用 2～3 ml 水洗涤漏斗及有机相 2 次，其洗液并入容量瓶中。以下操作同工作曲线。

8.20.4 结果计算

$$锗（Ge\%）=\frac{m}{m_0}\times 100\%$$

式中：m——测得锗量，μg；

m_0——分取试样重量，mg。

8.20.5 注意事项

1. 在 0.8 mol/L 盐酸、苯芴酮用量足够和有动物胶存在的条件下，络合物在 1 h 后充分发色，溶液的吸光度至少在 8 h 内不变。

2. 试液酸度对分析结果有影响，本方法应严格控制显色酸度为 0.8 mol/L。

3. 动物胶的加入是为了防止锗与苯芴酮络合物沉淀较快。本方法在 25 ml 溶液中，1%动物胶用量在 0.25～2.5 ml 均可。对 10 μg 锗而言，0.5 g/L 苯芴酮需 1.5 ml 才能充分显色，本法所加入的苯芴酮已过量约 30%左右。

4. 从有磷酸存在的 9 mol/L 盐酸中用苯或四氯化碳萃取锗，几乎可与所有干扰离子分离。由于四价钼与苯芴酮显色非常灵敏，所以，对于含钼试样，应适当增加萃洗次数。

5. 含有机物、硫化物较高的矿样，在银坩埚中，应在高温炉中于 450～500 ℃中灼烧 1.5 h。

6. 四氯化锗沸点为 83.1 ℃，因此，试样在加入盐酸后温度不能过高，更不允许高温加热。

7. 显色时加入动物胶和苯芴酮后，应立即摇动，否则分析结果不够稳定。

8.21　钍的分析（钍试剂比色法）

8.21.1　方法原理

在抗坏血酸、盐酸羟胺、酒石酸存在下的微酸性溶液中，钍与钍试剂形成红紫色络合物，借以进行比色测定。铁（Ⅲ）、铈（Ⅳ）被还原，稀土及少量锆被掩蔽，不干扰测定。

8.21.2　试剂

1. 盐酸：比重 1.19 和 1:1 溶液。

2. 30%过氧化氢溶液。

3. 0.1%对硝基酚溶液。

4. 氨水：1:1 溶液。

5. 5%抗坏血酸溶液。

6. 5%盐酸羟胺溶液。

7. 10%酒石酸溶液。

8. 钍试剂：称取邻苯胂酸偶氮-2-萘酚-3，6-二磺酸钠 0.1 g 溶于 100 ml 水中（临用时配制）。

9. 钍标准溶液：准确称取硝酸钍($Th(NO_3)_4 \cdot 4\ H_2O$)0.237 7 g，溶于适量水中，加热至 50～60 ℃，滴加 1:1 氨水，并过量，使其沉淀。用快速滤纸过滤，用热的 2%（体积比浓度）氨水洗涤沉淀 6～8 次，用 1:1 热盐酸 50 ml 分数次溶解沉淀于 1 000 ml 容量瓶中，用热水洗涤滤纸数次，洗液收集于容量瓶中，最后以水稀释至标线，摇匀。此溶液每毫升含钍 0.000 1 g。将上述溶液用水稀释 10 倍即得每毫升含钍 0.000 01 g 的钍标准使用溶液。

8.21.3　操作方法

1. 样品分析

称取试样 0.2 g 于 100 ml 烧杯中，以少量水湿润，小心加入盐酸 5 ml，过氧化氢 1 ml，加热使其全部溶解并驱尽过氧化氢（如溶解不完全可补加浓盐酸）。移入 100 ml 容量瓶中，用水稀释至标线，摇匀。分取1～5 ml，移入50 ml容量瓶中，加入对硝基酚指示剂1滴，用1:1氨水中和至恰呈黄色，准确加入1:1盐酸2 ml，抗坏血酸溶液2 ml，盐酸羟胺溶液2 ml，摇匀，加酒石酸溶液2 ml，以水稀释至约40 ml，加入钍试剂溶液3 ml，以水慢慢稀释至标线，摇匀。放置15 min，用2 cm比色杯，以试剂空白为参比，于545 nm波长处测定光密度。分析时必须同时做空白试验。

2. 绘制工作曲线

准确吸取钍标准溶液 0 ml、2.5 ml、5.0 ml、7.5 ml、10.0 ml、15.0 ml、20.0 ml、25.0 ml，分别放入8只50 ml容量瓶中，加入对硝基酚指示剂1滴，用1:1氨水中和至恰呈黄色，以下操作同样品分析。

8.21.4 结果计算

$$\text{钍（Th\%）}=\frac{m}{m_0}\times 100\%$$

式中：m——从工作曲线上查出的钍量，mg；

m_0——分析时称取的试样重量，g。

8.21.5 注意事项

本方法只适合于钍含量较高的样品（0.01%～0.1%），对于钍含量低的样品，溶矿后，一般应采用有机溶剂萃取的方法为佳。

8.22 铊的分析（乙醚萃取—结晶紫光度法）

8.22.1 方法原理

在盐酸溶液中，三价铊的氯阴离子（$TiCi_4^-$）与结晶紫形成蓝紫色络合物，可被乙酸异戊酯或甲苯等有机溶液萃取，进行光度测定。

8.22.2 试剂

1. 氢溴酸：$c(HBr)=1$ mol/L。取125 ml氢溴酸（$\rho=1.48$ g/ml），加少许溴水，用水稀释至1 L。

2. 氢溴酸饱和过的乙醚：取 300 ml 乙醚放入 500 ml 分液漏斗中，加入100 ml 1 mol/L氢溴酸溶液，加少许溴水，强烈振荡，待分层后放入棕色瓶中。

3. 乙醚饱和过的氢溴酸：按上述方法处理过的水相，即为乙醚饱和过的氢溴酸。

4. 铊标准溶液A：准确称取0.117 3 g优质纯氯化铊（TlCl），放入100 ml烧杯中，加少量水微热使其溶解，加入少量盐酸，冷却，移入 1 L 容量瓶中，加水定容。此溶液含铊 100 μg/ml。

5. 铊标准溶液 B：吸取 20 ml 铊标准溶液 A 于 1 L 容量瓶中，以水定容。此溶液含铊 2 μg/ml。

8.22.3　分析方法

1. 样品分析

称取 0.1000～1.000 0 g 试样于 100 ml 烧杯中，加少许水湿润试样，加入 15 ml 盐酸，加热溶解片刻，稍冷，加入 5 ml 硝酸，加热至试样分解完全后，继续加热至近干，然后将烧杯移至水浴上蒸干，再加入 2 ml 盐酸（1+1）蒸发干。加入 3～5 ml 氢溴酸，蒸发至干，再加 2 ml 氢溴酸，重复蒸干 1 次，再加入 10 ml 1 mol/L 氢溴酸溶液，微热使盐类溶解，冷却后，移入 60 ml 分液漏斗中，用 5 ml 1 mol/L 盐酸溶液洗净烧杯，洗液并入分液漏斗中，加入 10 ml 用氢溴酸饱和过的乙醚激烈振荡 1 min，分层后弃去水相，有机相用被乙醚饱和过的 1 mol/L 氢溴酸洗涤 2 次（每次 5 ml）。将乙醚放入 50 ml 锥形小烧杯中，以少量水洗涤分液漏斗并入小烧杯中，将小烧杯置于低温水浴上使乙醚完全蒸发后再升高温度蒸发至干。加入 1～2 ml 硝酸，数滴硫酸（1+1）加热至冒三氧化硫白烟，取下冷却，用少量水洗杯壁，继续加热至三氧化硫白烟冒尽。取下冷却后，准确加入 5 ml 1.2 mol/L 盐酸溶液，在水浴上温热溶解后，用水洗入分液漏斗中，使溶液体积为 50 ml，滴加 4 滴 10 g/L 高锰酸钾溶液，摇匀，放置 5 min，加入 2 滴过氧化氢，摇匀，待紫色消失后，加入 1 ml 0.2 g/L 结晶紫溶液，10 ml 乙酸异戊酯，振荡 30 s，待分层后弃去水相。将有机相移入离心试管中，离心分离 1 min，用 1 cm 比色皿，在 584 nm 波长处测其消光值，以试剂空白为参比。

2. 工作曲线的绘制

分别吸取含铊 0 μg、2.0 μg、4.0 μg、6.0 μg、8.0 μg、10.0 μg 的铊标准溶液于分液漏斗中，准确加入 5 ml 1.2 mol/L 盐酸溶液，加水稀释至体积为 50 ml，滴加 4 滴 10 g/L 高锰酸钾溶液，摇匀，放置 5 min，以下操作同样品分析。

8.22.4　结果计算

$$铊（Tl\%）=\frac{m}{m_0}\times 100\%$$

式中：m——测得铊量，μg；

m_0——分取试样重量，mg。

8.22.5　注意事项

1. 若试样含有金干扰本法分析，应将金分离处理。处理方法为将试样用王水处理后，在低温处蒸发至干，加入 10 ml 盐酸，加热煮沸，滴加 100 g/L 二氯化锡溶液至溶液变为无色，再过量 1～2 滴，冷却后过滤，用稀盐酸洗涤，滤液蒸干后，加氢溴酸使之转化为溴化物，以下同分析方法。

2. 分析硅酸盐试样时须在铂皿中用氢氟酸、盐酸、硫酸处理，并加热至冒三氧化硫白烟，用水转移至 100 ml 烧杯中，蒸发至干，加氢溴酸重复蒸干，以下同分析方法。

3. 显色时盐酸浓度以 0.1～0.15 mol/L 为宜，萃取后甲苯层中的颜色稳定，若浓度增大，稳定性下降。

第 9 章　控制分析方法

水冶控制分析包括堆场浸淋液，水冶过程中的吸附原液、尾液、洗涤水、淋洗剂、合格液、贫液、母液、滤液，以及中和水质监控等分析对象。分析项目有 U、pH、H^+、Ra、Fe^{2+}、Fe^{3+}、Al、Mn、Ca、Mg、As、Mo、Ti、SiO_2、SO_4^{2-}、PO_4^{3-}、NO_2^-、NO_3^-、Cl^-、F^-、Au、Ga、In、Te、Nb 和 Ta 等。上述项目中 U、pH、H^+和流量每天必须做 3～5 次，其他常规项目每周或每月做 1 次，稀有元素每半年或每一年做 1 次。另外根据不同季节或特殊情况下的需要，可以随时进行监测，以便更好地对水冶生产流程中各种参数实行有效的监控和指导，保证生产始终正常、稳定、安全地进行。

9.1　酸度分析（六偏磷酸钠容量法）

9.1.1　方法原理

用硫代硫酸钠还原三价铁，六偏磷酸钠掩蔽铀和其他干扰离子，用氢氧化钠标准溶液滴定余酸。

9.1.2　试剂

1. 50 g/L 硫代硫酸钠溶液：称取 5 g 硫代硫酸钠溶于 100 ml 去离子水中。
2. 2.5 g/L 硫酸铜。
3. 10 g/L 六偏磷酸钠：称取 1 g 六偏磷酸钠溶于 100 ml 水中，摇匀即可。
4. 2 g/L 甲基红—3 g/L 溴甲酚绿混合指示剂：先将甲基红和溴甲酚绿分别配制好，然后等体积混合。
5. 氢氧化钠标准溶液（见标准溶液配制）。

9.1.3　操作方法

吸取 10 ml 堆浸液或淋浸合格液等水冶过程中的酸性溶液于 250 ml 三角瓶中，加 1 滴 2.5 g/L 硫酸铜溶液，然后缓缓逐滴加入 50 g/L 硫代硫酸钠溶液至棕色消失为止，加入 10 g/L 六偏磷酸钠溶液 30 ml 及 2～3 g/L 的混合指示剂 2 滴，用 1 mol/L 标准氢氧化钠溶液滴定至亮绿色为终点。

9.1.4 结果计算

$$硫酸含量（g/L）=\frac{c\times V\times 0.049}{V_s}\times 1\,000$$

式中：c——氢氧化钠标准溶液的摩尔质量浓度，mol/L；

V——滴定时消耗的氢氧化钠体积，ml；

V_s——取样体积，ml；

0.049——与 1 ml 氢氧化钠标准溶液[$c(NaOH)=1.000$ mol/L]相当的以 g 表示的硫酸质量。

9.1.5 注意事项

1. 配制六偏磷酸钠时，不能加热，以防六偏磷酸钠水解。

2. 如酸度高、杂质元素多，应减少取样量；如果在操作时，加入六偏磷酸钠出现混浊现象，应放置一段时间，待溶液变清后再行滴定，否则终点不易观察。

3. 当铀含量高时，可适当增加六偏磷酸钠的浓度，铀含量少于 50 mg 时不干扰测定。

4. 六偏磷酸钠不能络合铝，因此，此法用于含铝样品均有系统偏差。

9.2 碱度分析（$BaCl_2$）

9.2.1 方法原理

总碱度的化学反应式：

$$NH_4OH+HCl\longrightarrow NH_4Cl+H_2O$$

$$(NH_4)_2CO_3+HCl\longrightarrow NH_4Cl+H_2O+NH_3\uparrow$$

$$NH_4HCO_3+HCl\longrightarrow NH_4Cl+CO_2\uparrow+H_2O$$

总碳酸根化学反应式：

$$(NH_4)_2CO_3+2NaOH\longrightarrow Na_2CO_3+2NH_3\uparrow+2H_2O$$

$$NH_4HCO_3+2NaOH\longrightarrow Na_2CO_3+NH_3\uparrow+2H_2O$$

$$Na_2CO_3+BaCl_2\longrightarrow 2NaCl+BaCO_3\downarrow$$

$$BaCO_3+2HCl\longrightarrow BaCl_2+H_2O+CO_2\uparrow$$

9.2.2 试剂

1. 1 g/L 甲基橙。

2. 1 g/L 酚酞。

3. 100 g/L 氯化钡溶液。

4. 盐酸标准溶液（见标准溶液配制）。

5. 氢氧化钠标准溶液（见标准溶液配制）。

9.2.3　操作方法

取适量样品溶液于250 ml三角瓶内，加水50 ml，加1 g/L的甲基橙1滴，用0.5 mol/L盐酸标准溶液滴至橙红色为终点，消耗盐酸体积为 V_1。另取相同体积的同一样品溶液于第二个250 ml三角瓶内，依次加入水100 ml，玻璃珠5～6颗，1 mol/L氢氧化钠10 ml，加热赶氨，数分钟后加入 100 g/L 的氯化钡溶液 10 ml，再赶氨至尽，取下冷却后，加入 1 g/L 酚酞 10 滴，用 0.5 mol/L 盐酸滴至红色刚刚消失、不再出现为止，消耗的盐酸体积不计，再加甲基橙 1 滴，继续用 0.5 mol/L 盐酸滴至橙红色为终点，消耗的盐酸体积为 V_2，同时做空白样品，所消耗的盐酸体积为 V_0。根据 2 份样品消耗的盐酸体积计算出被测组分各物质含量。

9.2.4　结果计算

1. 若 $V_1 > V_2 - V_0$，溶液中有 NH_4OH 和 $(NH_4)_2CO_3$

$$NH_4OH(g/L) = \frac{c(V_1 - V_2 + V_0) \times 0.035}{V_S}$$

$$(NH_4)_2CO_3(g/L) = \frac{c(V_2 - V_0) \times 0.048}{V_S}$$

2. 若 $V_1 < V_2 - V_0$，溶液中有 $(NH_4)_2CO_3$ 和 NH_4HCO_3

$$NH_4HCO_3(g/L) = \frac{c(V_2 - V_0 - V_1) \times 0.079}{V_S}$$

$$(NH_4)_2CO_3(g/L) = \frac{c(2V_1 - V_2 + V_0) \times 0.048}{V_S}$$

3. 若 $V_1 = V_2 - V_0$，溶液中仅有 $(NH_4)_2CO_3$

$$(NH_4)_2CO_3(g/L) = \frac{c \times V_1 \times 0.048}{V_S}$$

4. 若 $2V_1 = V_2 - V_0$，溶液中仅有 NH_4HCO_3

$$NH_4HCO_3(g/L) = \frac{c \times V_1 \times 0.079}{V_S}$$

5. 若 V_1 不等于 0，$V_2 = 0$，溶液中仅有 NH_4OH

$$NH_4OH(g/L) = \frac{c \times V_1 \times 0.035}{V_S}$$

上述式中 V_0 为第二步测定空白消耗盐酸体积，ml；

c——盐酸标准溶液的摩尔质量浓度，mol/L；

V_1——第一步测定消耗盐酸体积，ml；

V_2——第二步测定样品消耗盐酸体积，ml；

V_s——分析时的取样体积，ml。

9.2.5 注意事项

1. 加热时间 5 min，可以将 NH_4^+ 赶尽为止，否则在酚酞为指示剂滴定 OH^- 的一步中，NH_4^+ 有缓冲作用，使其不能将过量的 OH^- 滴定完。

2. HCO_3^- 含量在 200 mg/L 以上，或 CO_3^{2-} 在 125 mg/L 以上时应适当减少取样量。

3. 使用的水应不含有 CO_3^{2-} 一般可经过煮沸除去 CO_2，必要时可加入氯化钡。

9.3 堆场浸出原液中的电位测定

9.3.1 试剂及仪器

1. PH-3 型酸度计。

2. 铂电极和饱和甘汞电极。

3. 0.003 mol/L 高铁氰化钾，0.003 mol/L 亚铁氰化钾和 0.1 mol/L 氯化钾混合溶液。

9.3.2 操作方法

将液体试样放入 50 ml 广口瓶中，用三孔橡皮塞塞紧瓶口，扦入铂电极和甘汞电极，在电位差计上读出氧化还原体系对饱和甘汞电极的电位。

9.3.3 注意事项

1. 铂电极的检验和净化：将铂电极扦入具有固定电位的高铁氰化钾，亚铁氰化钾和氯化钾混合溶液中，当温度为 25 ℃时，其电位为 430 mV（对甘汞电极），若超过 ±5 mV 时则需再净化。

2. 净化可用 1:1 盐酸溶液或 1:1 硝酸溶液（注意不能用盐酸与硝酸混合酸溶液）洗净电极，然后在喷灯的氧化焰上灼烧，或将电极浸入 30 g/L 硫酸溶液中，使其与 1.5 V 干电极的阴极相连，阳极与另一支铂电极相连，通电 5～8 min，将阴极上的一支铂电极取下，用水洗净备用。

9.4 pH 的测定

测定溶液的 pH 可用试纸法、比色法和电位法。

9.4.1 试纸法

将 1 条市售的 pH 试纸（广泛 pH 试纸或精密 pH 试纸）浸入欲测溶液中，半秒钟后取出与标准色阶比较，即可读出溶液中 pH 的大小。

9.4.2　比色法

是基于酸碱指示剂在不同的 pH 样品溶液中呈现不同的颜色，和已知的 pH 值标准色阶进行比较的方法。

9.4.3　pH 计法

这是测定 pH 值的准确方法，它不受样品溶液颜色浊度的影响。将参比（饱和甘汞电极）和指示电极（玻璃电极）扦入样品溶液中，即组成 1 个电池。

9.4.4　注意事项

1. 新的玻璃电极在使用前必须在水中或 0.1 mol/L 盐酸中浸泡一昼夜以上，以稳定不对称电位。不用时最好也浸在上述溶液中，玻璃膜易破坏，使用时要特别小心。

2. 具体操作见仪器说明书。

9.5　硫酸根离子分析

9.5.1　方法原理

联苯胺的硫酸盐在水中的溶解度极小，可在弱酸性溶液中加入盐酸联苯胺，使硫酸根定量地形成硫酸联苯胺沉淀。硫酸联苯胺经水解后，生成等量的硫酸，用标准碱溶液滴定。

9.5.2　试剂

1. 25 g/L 的盐酸联苯胺溶液：称取 25 g 盐酸联苯胺，置于 1 000 ml 烧杯中，加入 50 ml 水和 5 ml 盐酸，搅成糊状，加入 300～500 ml 水不断搅拌至溶解，用脱脂棉过滤，滤液用水释至 1 L，保存于棕色瓶中。

2. 饱和硫酸联苯胺溶液：于 10 L 水中加入 10 g 三级硫酸联苯胺，充分搅拌后，静置过夜，再过滤后使用。

3. 100 g/L 柠檬酸溶液。

4. 1:1 氨水溶液。

5. 1:1 盐酸溶液。

6. 刚果红指示试纸。

9.5.3　操作方法

根据样品溶液中硫酸根含量高低，取 1～20 ml 试样溶液，置于 150 ml 烧杯中，加入小块刚果红试纸，以 1:1 氨水和 1:1 盐酸调刚果红试纸变蓝，加水 60～70 ml，加 100 g/L

柠檬酸溶液 10 ml，不断搅拌然后加入 25 g/L 的盐酸联苯胺 30 ml 搅拌，放置 30 min 左右，用定性滤纸（放入少量纸浆）过滤，用饱和的硫酸联苯胺溶液洗涤烧杯 4～5 次，洗沉淀 7～8 次，最后用水洗烧杯和沉淀各 1 次，将沉淀连同滤纸放入原烧杯中，加入沸水 100 ml，8 滴酚酞，趁热用标准氢氧化钠溶液滴到微红色为终点，同时做空白样品。

9.5.4 结果计算

$$硫酸根（SO_4^{2-}，g/L）=\frac{c\times(V-V_0)\times 0.049}{V_S}\times 1\,000$$

式中：c——氢氧化钠标准溶液的摩尔质量浓度，mol/L；

V——滴淀样品时消耗的氢氧化钠体积，ml；

V_0——滴定空白样品时消耗氢氧化钠体积，ml；

V_S——取样体积，ml。

9.5.5 注意事项

1. 加入柠檬酸络合铀、铁等水解离子，起掩蔽作用。
2. 如 SO_4^{2-} 少于 10 mg，沉淀时体积最好在 50 ml 左右。
3. 滴定快到终点时，应不断搅拌，使微红色保持 1 min 不变即为终点。

9.6 铵离子分析（甲醛容量法）

9.6.1 方法原理

在中性溶液中铵离子与甲醛作用生成六次甲基四胺和等量的酸，用标准碱溶液滴定生成的酸，以此求出铵的含量。

9.6.2 试剂

1. 0.1 mol/L 氢氧化钠标准溶液（见标准溶配制）。
2. 15%的甲醛溶液（体积比浓度）：量取 15 ml 甲醛溶于 85 ml 水中，摇匀即成。
3. 固体氟化钠（AR）。
4. 5 g/L 酚酞溶液。

9.6.3 操作方法

取适量溶液于预先盛有 30 ml 水的三角瓶中，加入固体氟化钠 1 g 左右，充分摇匀，加入 5 g/L 酚酞 10 滴，然后，用 0.1 mol/L 氢氧化钠标准溶液滴定至微红色（如加入酚酞后呈红色，则用盐酸滴至微红色，消耗氢氧化钠体积不计），再加入 15%（体积比浓度）甲醛溶液 5 ml，继续用 0.1 mol/L 氢氧化钠溶液滴定，近终点时再加入 15%（体积比浓度）甲醛溶液 5 ml，再用 0.1 mol/L 氢氧化钠溶液滴定至稳定的微红色为终点。

9.6.4　结果计算

$$氨离子（NH_4^+，g/L）=\frac{c\times V\times 0.018}{V_S}\times 1\,000$$

式中：c——氢氧化钠摩尔质量浓度，mol/L；

V——消耗氢氧化钠标准溶液的体积，ml；

V_S——取样体积，ml。

9.6.5　注意事项

1. 氟化钠用于络合铀、铝等干扰离子，如果样品中杂质含量高，终点不明显，滴定过程中会出现沉淀，可相应减少取样量或增加氟化钠用量，PO_4^{3-} 的存在对测定有影响。

2. 甲醛溶液应呈中性，配制 15%（体积比浓度）的甲醛溶液时，用酚酞作指示剂，以氢氧化钠调至微红色。

3. 滴定近终点时可补加 2 ml（体积比浓度）甲醛溶液，如红色消失，说明原甲醛量不足，应该继续滴定至红色，如红色不褪，说明甲醛量已够。

9.7　锰的分析（高锰酸盐比色法）

锰的分析方法原理同矿石样品中锰的分析方法原理，试剂与操作方法也基本相同。不同的是直接吸一定体积的样品溶液于 150 ml 烧杯中，加入硫磷混合酸 5 ml，加入约 50 mg 高碘酸钾，于电炉上加热煮沸 10～15 min，取下冷却，转移至容量瓶中，加水稀释至刻度，摇匀。以下操作同矿样分析。结果按下式计算：

$$锰（Mn，mg/L）=\frac{m}{V_S}$$

式中：m——从工作曲线上查得的锰量，μg；

V_S——取样体积，ml。

9.8　钙的分析（EDTA 容量法）

9.8.1　方法原理

在 pH=12 的碱性条件下，使镁、锰、铁和铝等元素生成氢氧化物沉淀，同时加入三乙醇胺以消除其干扰，加入钙指示剂，用 EDTA 标准溶液滴定。

9.8.2 试剂

1. 200 g/L 氢氧化钠溶液。

2. 30%（体积比浓度）的三乙醇胺溶液。

3. 钙指示剂：称取 0.1 g 钙指示剂与 100 g 纯氯化钠（AR）在研钵内研匀，放入试剂瓶内，于干燥器中保存备用。

4. 钙标准溶液（见矿石中的钙的分析标准溶液配制）。

5. 0.1 mol/L EDTA 标准溶液（见标准溶液配制）。

9.8.3 操作方法

根据样品溶液中钙含量高低取 1～100 ml 样品于 250 ml 三角瓶中，用水稀释至 100 ml，加入 5 ml 200 g/L 氢氧化钠，搅拌均匀，再加入 5 ml 30%（体积比浓度）的三乙醇胺溶液摇匀，放置 3～5 min，加入约 50 mg 已配制好的的钙指示剂，用标准的 EDTA 溶液滴定至蓝色即为终点。

9.8.4 结果计算

$$钙（Ca，mg/L）=\frac{c\times V\times 0.040}{V_s}\times 1\,000$$

式中：c——EDTA 标准溶液的摩尔质量浓度，mol/L；

V——滴定消耗 EDTA 标准溶液体积，ml；

V_s——取样体积，ml。

9.8.5 注意事项

1. 堆场样品中含有较多的杂质，加入三乙醇胺掩蔽消除干扰。一般情况下尽可能少取样，否则终点难以观测。

2. 滴定快到终点时，滴定速度一定要慢，同时加快摇动，否则会容易过终点，使结果偏高。

3. 钙指示剂不宜太多，也不能太少，方法中 50 mg 已足够显色。

9.9 镁的分析（铬黑 T 指示剂法）

9.9.1 方法原理

在碱性介质中，以三乙醇胺掩蔽干扰元素，以铬黑 T 为指示剂，用 EDTA 标准溶液滴定，消耗的 EDTA 量为钙、镁总量，计算时需减去滴定钙时所消耗的 EDTA 体积量，即为镁消耗的 EDTA 量。

9.9.2　试剂

1. 1:1 的氢氧化铵溶液。

2. 其他试剂同钙分析。

9.9.3　操作方法

根据样品中镁含量的高低取 1～100 ml 样品于 250 ml 三角瓶中，加水至 100 ml，加入 1:1 氢氧化铵溶液 5 ml，摇匀，再加入铬黑 T 指示剂 2～3 滴，用标准的 EDTA 溶液滴定至蓝色为终点。

9.9.4　结果计算

$$镁（Mg，mg/L）=\frac{c\times V\times 0.024}{V_S}\times 1\,000$$

式中：V——为已减去滴定钙时所消耗 EDTA 标准溶液之体积，ml；

其他符号意义同钙的分析。

9.9.5　注意事项

1. 在计算镁的含量时必须要注意到钙镁分析样品的体积都是相同的，若二者不同必须经换算才能相减。

2. 滴定近终点时，滴定操作须缓慢，否则容易过终点。

9.10　铝的分析（铝试剂法）

9.10.1　方法原理

在 pH=8～9 的醋酸与醋酸铵缓冲溶液中，试样中的铝离子与铝试剂生成红色络合物，借此进行比色测定。

9.10.2　试剂

1. 醋酸与醋酸铵缓冲溶液。

2. 10 g/L 铝试剂溶液：称取铝试剂 1 g 溶于 100 ml 蒸馏水，摇匀，待全部溶解后，转入棕色瓶中保存备用。

3. 铝标准溶液的配制（见矿石中铝的分析标准溶液配制）。

9.10.3 操作方法

1. 样品分析

根据水样中铝含量的高低，准确吸取 0.1～25 ml 水样于 50 ml 容量瓶中，加入缓冲溶液 10 ml，加水至总体积为 40 ml，加入 3 ml 10 g/L 的铝试剂溶液，加水稀释至刻度，放置 30 min，选取波长为 460 nm，用 3 cm 比色杯在分光光度计上进行比色测定。

2. 绘制标准曲线

准确吸取铝标准溶液 0 μg、2.5 μg、5.0 μg、7.5 μg、10.0 μg、15.0 μg、20.0 μg 于 50 ml 容量瓶中，加水至 40 ml，以下操作同样品分析。根据所测得的消光值绘制标准曲线。

9.10.4 结果计算

$$铝（Al，mg/L）=\frac{m}{V_s}$$

式中：m——从工作曲线上查得的铝量，μg；

V_s——取样体积，ml。

9.10.5 注意事项

1. 对于杂质含量高的样品，尽可能地少取样，以减少干扰，否则分析结果偏高。
2. 铝试剂最好是现配现用。
3. 铝试剂是一种红色染料，用过的器皿必须尽快用稀硫酸溶液洗涤，时间久了粘附在器皿上较难洗涤。

9.11 二氧化硅分析

9.11.1 方法原理

单硅酸和双硅酸在弱酸性介质中，能与钼酸铵生成硅钼黄络合物，然后提高酸度，消除磷的干扰，利用二价铁作还原剂，将硅钼黄还原为硅钼蓝，其颜色的深度与硅的含量成正比关系，借此进行比色，

9.11.2 试剂

1. 1 mol/L 氢氧化铵溶液：称取 40 g 氢氧化铵于 250 ml 烧杯中，加水 200 ml，让其溶解后，加水稀释至 1 000 ml。

2. 50 g/L 钼酸铵溶液：称取钼酸铵 5 g 溶于 100 ml 水中，摇匀即可。

3. $c\left(\frac{1}{2}H_2SO_4\right)=3$ mol/L 硫酸溶液：准确量取浓硫酸 84 ml 于预先加有 500 ml 水的 1 000 ml 容量瓶中，加水稀释至 1 000 ml。

4. $c\left(\frac{1}{2}H_2SO_4\right)=0.75$ mol/L 硫酸溶液：准确量取 21 ml 浓硫酸缓慢地加入于 979 ml 水中，摇匀。

5. 60 g/L 硫酸亚铁铵溶液：称取 6 g 硫酸亚铁铵于 200 ml 烧杯中，加水 97 ml，浓硫酸 3 ml，摇匀备用。

6. 5 g/L 对硝基苯溶液：称取对硝基苯 0.5 g，溶于 100 ml 水中。

7. 草酸硫酸混合溶液：分别配制 40 g/L 的草酸溶液和 $c\left(\frac{1}{2}H_2SO_4\right)=8$ mol/L 硫酸溶液，然后按 3:1 的比例混合（即 3 份 40 g/L 草酸溶液与 1 份 8 mol/L 硫酸溶液混合）。

8. 二氧化硅标准溶液：准确称取在高温下灼烧至恒重的光谱纯的二氧化硅（SiO_2）0.500 0 g 于铂金坩埚中，加入 5 g 无水碳酸钠混匀。在 900 ℃马福炉中熔融 30～40 min，取出稍冷，用热水提取，洗净坩埚。提取液转入 500 ml 容量瓶中，稀释至刻度，摇匀。此溶液 1 ml 相当于 1 mg 二氧化硅（SiO_2），移入塑料瓶中保存。

9.11.3　操作方法

1. 绘制工作曲线

用移液管准确吸取 0、25、50、75、100、125、150、200 μg 的 SiO_2 于 50 ml 容量瓶中，加入少量蒸馏水及 1～2 滴对硝基酚指示剂，用 0.75 mol/L 硫酸中和至溶液黄色消失，加水至 25 ml，准确加入 3 mol/L 硫酸 2 ml，50 g/L 钼酸铵溶液 5 ml，摇匀，放置 15～25 min 后，加入草硫混合酸 10 ml，60 g/L 硫酸亚铁铵溶液 2.5 ml，稀释至刻度，摇匀，在 530 nm 波长下，用 3 cm 比色杯在分光光度计上测其消光值，并绘制标准曲线。

2. 样品分析

准确吸取样品溶液 1～10 ml 于 50 ml 容量瓶中，加水至 10 ml 左右，滴加 1～2 滴对硝基酚溶液，以下同工作曲线。

9.11.4　结果计算

$$二氧化硅（SiO_2，mg/L）=\frac{m}{V_S}$$

式中：m——从工作曲线上查出的 SiO_2 量，μg；

V_S——取样体积，ml。

9.11.5 注意事项

1. 方法中必须严格控制好酸度，否则分析结果误差大。
2. 关于磷的干扰，可在还原前提高酸度加以消除。
3. 铁、铀含量过高时，可用稀释方法降低干扰元素的含量，或者少取样加以克服。

9.12 钼的分析（硫氰酸铵比色法）

9.12.1 方法原理

在硝酸介质中，五价钼与硫氰酸铵生成稳定的络合物，在二氯化锡（$SnCl_2$）还原下呈黄色。借此进行比色，黄色深度与钼含量成正比。

9.12.2 试剂

1. 1:1 硝酸溶液。
2. 1:1 盐酸溶液。
3. 氯化铵固体。
4. 100 g/L 二氯化锡溶液：称取 10 g 二氯化锡（$SnCl_2$）溶于 10 ml 浓盐酸中，加热至完全溶解澄清，慢慢加水至 100 ml。
5. 250 g/L 硫氰酸铵溶液：称取 25 g 硫氰酸铵溶于 100 ml 水中，摇匀。
6. 1 g/L 酚酞溶液。
7. 钼标准溶液（见矿石中钼的分析标准溶液配制）。

9.12.3 操作方法

1. 绘制工作曲线

准确吸取 0 μg、200 μg、400 μg、800 μg、1 200 μg、1 600 μg、2 000 μg 钼标准溶液分别于 7 个预先洗净的 100 ml 烧杯内，加水至 50 ml 左右，加入 1:1 硝酸 10 ml，摇匀，于冷水中冷至再加入 250 g/L 硫氰酸铵溶液 10 ml 和 100 g/L 的二氯化锡溶液 5 ml，稀释至刻度，放置 15 min 后，选取波长为 460 nm，用 2 cm 比色杯，在分光光度计上进行比色测定。根据测定结果，绘制出工作曲线。

2. 样品分析

视样品溶液中钼含量高低，吸取 1～50 ml 样品于 100 ml 容量瓶中，加入王水 10 ml，在电炉上浓缩至 10～20 ml，加入氯化铵 1～2 g，搅拌让其溶解，加入 1:1 氨水至有浓氨味出现，让其沉淀完全，稍加热煮沸（在此过程中加入数滴氨水），取下趁热过滤，用 30 g/L 硫氰酸铵和 3%（体积比浓度）的氢氧化铵混合洗液洗涤沉淀和滤纸 5～6 次，去掉沉淀物，往滤液中加入 1～2 滴酚酞溶液，用 1:1 的硝酸调节酸度，中和至红色消失，再加入 1:1 硝酸 10 ml，待冷却后，加入硫氰酸铵溶液 10 ml，二氯化锡溶液 5 ml，每加入一种试剂都要摇匀，放置 10～15 min，以下按工作曲线条件下测定比色。

9.12.4　结果计算

$$钼（Mo，mg/L）=\frac{m}{V_s}$$

式中：m——从工作曲线上查得的钼量，μg；

V_s——取样体积，ml。

9.12.5　注意事项

1. 氯化亚锡溶液现配现用，并保存在暗处。
2. 还原显色后，放置时间不能过长。
3. 在分离过程中，由于有胶体生成，应趁热过滤。
4. 铀对分析方法有干扰，应当除去。

9.13　磷酸根离子分析

9.13.1　方法原理

在硝酸介质中，磷酸根与钼酸盐、钒酸盐形成黄色杂多酸络合物，以此进行比色测定。

9.13.2　试剂

1. 显色剂：准备 100 g/L 的钼酸铵溶液和 3 g/L 的钒酸铵（0.3 g 钒酸铵用 70 ml 水加热溶解，再加入浓硝酸 30 ml），将 2 体积钼酸铵溶液慢慢倒入 2 体积钒酸铵溶液中，再加入 1 体积浓硝酸，摇匀。

2. 标准磷酸根溶液（见标准溶液配制）。

9.13.3　操作方法

1. 工作曲线绘制

准确吸取 1 ml 含有 100 μg 磷酸根的溶液 0 ml、0.5 ml、1 ml、2 ml、3 ml、4 ml、5 ml 于 50 ml 容量瓶中，加入 4%（体积比浓度）硝酸 10 ml，加水至 30 ml，在不断搅拌下准确加入显色剂 10 ml，立即摇匀，加水至标线，摇匀。放置 30 min，在 420 nm

波长下，选用 3 cm 比色杯，进行比色测定。之后根据测定结果绘制工作曲线。

2. 样品分析

根据样品中磷酸根含量高低吸取 10～20 ml 试样于 50 ml 容量瓶中，加入 4%硝酸 10 ml，加水至 30 ml。以下操作同工作曲线。

9.13.4 结果计算

$$磷酸根离子（PO_4^{3-}，mg/L）= \frac{m}{V_S}$$

式中：m——从工作曲线上查得的 PO_4^{3-} 的量，μg；

V_S——取样体积，ml。

9.13.5 注意事项

1. 室温高于 20 ℃时，15 min 后能充分显色，室温在 10～20 ℃时，30 min 后充分显色，若室温低于 10 ℃，宜在 50～60 ℃的水浴中放置 10～20 min，冷至室温后再测量。

2. 为了消除硅的干扰，选定硝酸酸度为 8.8%（体积比浓度），当酸度高于 11%（体积比浓度）时，方法灵敏度稍有下降。

3. 配制显色剂的硝酸若因氧化氮较多，而呈棕黄色时，可于每毫升溶液中加入尿素 1 g 使之褪色。

9.14 氟离子分析

9.14.1 方法原理

同矿石样品分析。

9.14.2 试剂

同矿石样品分析。

9.14.3 操作方法

根据样品中氟离子含量，准确吸取 0.1～5 ml 试样溶液于 50 ml 容量瓶中，加入 1 ml 双氧水摇匀，再加入 25 ml 碳酸氢钠，摇匀，加入 20 ml 离子缓冲溶液，加水至刻度，以下操作同矿石中的氟分析。

9.14.4　结果计算

$$\text{氟离子（F}^-\text{，mg/L）}=\frac{m}{V_S}$$

式中：m——从工作曲线上查出的氟量，μg；

V_S——取样体积，ml。

9.15　亚硝酸根离子分析

9.15.1　方法原理

在酸性溶液中，亚硝酸根（NO_2^-）能与对氨基苯磺酸-α-萘胺共同生成有色鲜艳的偶氮染料。通常比色是在酸性溶液中进行。

9.15.2　试剂

1. 2 g/L-α-萘胺溶液：称取 0.2 g-α-萘胺溶于 18 ml 冰醋酸中，加水稀释至 100 ml，摇匀，备用。

2. 25 g/L 对氨基苯磺酸溶液：称取 2.5 g 对氨基苯磺酸溶于 90 ml 冰醋酸中，加水稀释至 100 ml，摇匀。使用时将上述两种溶液等体积混合，此试剂叫格里斯试剂。

3. 亚硝酸根（NO_2^-）标准溶液（见标准溶液配制）。

9.15.3　操作方法

1. 绘制工作曲线

分别准确吸取 1 μg、2 μg、3 μg、4 μg、5 μg、6 μg、8 μg 亚硝酸根标准溶液于 50 ml 容量瓶中，加水至 40 ml，加 4 ml 格里试剂，加水至刻度，摇匀，选用 3 cm 比色杯于 530 nm 波长下测其消光值，并绘制出工作曲线。

2. 样品分析

视样品中亚硝酸根含量取 1～40 ml 样品于 50 ml 容量瓶中，加入格里斯试剂 4 ml，摇匀，加水至刻度，放置 10 min 后，以下操作同工作曲线。

9.15.4　结果计算

$$\text{亚硝酸根离子（}NO_2^-\text{，mg/L）}=\frac{m}{V_S}$$

式中：m——从工作曲线上查得的亚硝酸根（NO_2^-），μg；

V_S——取样体积，ml。

9.15.5 注意事项

1. 当水样色度大时，用氢氧化铝溶液 1 ml 处理（称取 100 g 氢氧化铝，加入 300 ml 水配制而成）。

2. 为了避免水中含有游离的氨而影响分析，最好先加入α-萘胺溶液后，再加入对氨基苯磺酸溶液。

9.16 硝酸根离子分析

9.16.1 方法原理

在碱性溶液中，硝酸根（NO_3^-）与酚二磺酸作用生成黄色的化合物，借此而进行比色。

9.16.2 试剂

1. 1:1 氢氧化铵溶液。

2. 酚二磺酸溶液：称取 8 g 苯酚于 250 ml 烧杯中，加入 80 ml 无水浓硫酸，然后置于水浴中加热溶解，直至溶液清晰为止。

3. 硝酸根（NO_3^-）标准溶液（见标准溶液配制）。

9.16.3 操作方法

1. 绘制工作曲线

分别准确吸取 0 μg、10 μg、20 μg、40 μg、60 μg、80 μg、100 μg 硝酸根（NO_3^-）标准溶液于 7 个烧杯中，加入 1 滴 20%氢氧化钠溶液，使之呈碱性。然后置电炉上缓慢蒸干。冷却后，加入 2.5 ml 酚二磺酸溶液，摇匀，使残渣溶解，加入 15 ml 水，放置冷却至室温，滴加 1:1 的氨水至产生稳定的黄色为止，再过量 1 ml，冷却至室温，移入 50 ml 容量瓶中，原烧杯用水洗涤 3～5 次，洗液并入同一容量瓶内，加水至刻度，在波长为 400 nm 下，用 3 cm 比色杯进行比色测定，并绘制出工作曲线。

2. 样品分析

视样品中硝酸根含量高低取 5～50 ml 样品于 150 ml 烧杯中，用 200 g/L 氢氧化钠溶液调溶液呈碱性后，置电炉上慢慢蒸干，冷却后加入 2.5 ml 酚二磺酸，以下同工作曲线。

9.16.4　结果计算

$$\text{硝酸根离子（}NO_3^-\text{，mg/L）} = \frac{m}{V_S}$$

式中：m——从标准曲线上查得的 NO_3^- 量，mg；

V_S——出样体积，ml。

9.16.5　注意事项

1. 样品中氯离子大于 30 mg/L 时，需事先加入硫酸银消除氯离子的干扰。

2. 样品蒸干过程必须在碱性环境下进行。

3. 样品中的亚硝酸根含量超过 8 mg/L 时，在蒸发前加入 30%双氧水 0.5 ml，使亚硝酸根氧化成硝酸根，计算结果时减去亚硝酸根含量。

9.17　化学耗氧量的测定（COD）

9.17.1　方法原理

水样加入硫酸使呈酸性后，加入一定量的高锰酸钾溶液并在沸水浴中加热反应一定的时间，剩余的高锰酸钾用草酸钠标准溶液还原并过量，然后再用高锰酸钾溶液回滴过量的草酸溶液。

9.17.2　试剂

1. 1:3 的硫酸溶液：将 1 体积浓硫酸慢慢地加入预先已量取好的盛有 3 体积水的烧杯中。

2. 高锰酸钾标准溶液 $c\left(\frac{1}{5}KMnO_4\right)=0.01$ mol/L（见标准溶液配制）。

3. 草酸钠标准溶液 $c(Na_2C_2O_4)=0.01$ mol/L（见标准溶液配制）。

9.17.3　操作方法

吸取 50～100 ml 水样于 250 ml 锥形瓶中，不足 100 ml 则加水至 100 ml，加入 1:1 硫酸 5 ml，加入 5 ml $c\left(\frac{1}{5}KMnO_4\right)=0.01$ mol/L 高锰酸钾溶液，立即置沸水浴上加热约 30 min，取下三角瓶，趁热加入 5 ml 0.01 mol/L 草酸钠标准溶液（使紫红色褪尽并过量 1 ml，V_2），摇匀，立即用 0.01 mol/L 高锰酸钾溶液滴定至微红色为终点。记录消耗高锰酸钾溶液体积（V_1）。

高锰酸钾溶液 $c\left(\frac{1}{5}KMnO_4\right)=0.01\ mol/L$ 的标定：将上述已滴定完的溶液加热至 70 ℃，准确加入 10 ml 草酸钠（$Na_2C_2O_4$）标准溶液，立即用同一高锰酸钾标准溶液滴定至微红色，记录消耗高锰酸钾溶液体积，按下式计算出高锰酸钾标准溶液的校正系数 K。

$$K=10/V$$

式中：V——消耗高锰酸钾溶液体积，ml。

9.17.4 结果计算

$$化学耗氧量（COD，mg/L）=\frac{[(5+V_1)\times K-V_2]\times c\times 8}{V_S}\times 1\,000$$

式中：V_1——滴定水样时消耗 $KMnO_4$ 溶液体积，ml；

V_2——加入草酸钠标准溶液之体积，ml；

V_S——取样体积，ml；

K——$KMnO_4$ 溶液校正系数；

c——$\frac{1}{5}KMnO_4$ 摩尔质量浓度，mol/L；

8——1/2（O）摩尔质量。

9.17.5 注意事项

1. 在水样中加热完毕后，溶液应仍然保持淡红色，如变淡或全部褪去，说明高锰酸钾用量不够，此时，应将水样稀释倍数加大后再测定或减少分析时的取样体积。

2. 在酸性条件下，草酸钠与高锰酸钾的反应温度保持在 60～80 ℃，所以滴定操作必须趁热进行，若溶液温度过低，需加温至上述温度范围。

9.18 全铁的测定（EDTA 容量法）

9.18.1 方法原理

在 pH=1.3～2.0 的酸性溶液中，以磺基水杨酸与三价铁形成的红色络合物作指示剂，用 EDTA 标准溶液滴定铁，当到达终点时，溶液由红色变成淡黄色。

9.18.2 试剂

1. 磺基水杨酸（固体）。

2. 冰醋酸。

3. 1:1 盐酸。

4. 1:1 氨水。

5. EDTA 标准溶液：吸取 10 mg 铁标准溶液于 250 ml 三角瓶中，加水至 20 ml，加入少许磺基水杨酸，用 1:1 盐酸和 1:1 氨水调溶液呈微红色，加入 1 ml 冰醋酸，加热至 60 ℃左右，取下趁热加入约 0.1 g 固体磺基水杨酸，用已配好的 EDTA 标准溶液滴定至溶液变为淡黄色即为终点。

$$T_{\mathrm{EDTA/Fe}}=\frac{m_{\mathrm{Fe}}}{V_{\mathrm{EDTA}}}=\frac{10\ \mathrm{mg}}{V_{\mathrm{EDTA}}}$$

9.18.3　样品分析

吸取 1～20 ml 水样于 250 ml 三角瓶中，加水至总体积为 20 ml，加入 1 ml 浓硝酸，置电炉上煮沸 1 min，加入少许磺基水杨酸，用 1:1 盐酸和 1:1 氨水调至溶液呈红色，用已标定的 EDTA 标准溶液滴定至淡黄色为终点。

9.18.4　结果计算

$$\text{总铁（Fe，mg/L）}=\frac{T_{\mathrm{EDTA/Fe}}\times V}{V_{\mathrm{S}}}\times 1\,000$$

式中：$T_{\mathrm{EDTA/Fe}}$——EDTA 标准溶液对铁的滴定度，mg/ml；

V——滴定时消耗的 EDTA 标准溶液体积，ml；

V_{S}——取样体积，ml。

9.18.5　注意事项

1. 滴定时将溶液加热到 60 ℃左右，有利于 EDTA 的络合作用。酸度调节必须严格，pH=1.3～2.0，是 EDTA 对铁的最佳络合酸度。

2. 含铁量高的样品尽可能少取样，使 EDTA 的用量不要超过 20 ml 为好。

9.19　二价铁的测定

9.19.1　方法原理

在硫磷混合酸介质中，以二苯胺磺酸钠为指示剂，用重铬酸钾（$K_2Cr_2O_7$）标准溶液滴定二价铁，当溶液出现紫红色为终点。

9.19.2　试剂

1. 硫磷混合酸：量取 150 ml 浓硫酸慢慢加到 500 ml 水中，冷却后再加入 150 ml 浓磷酸，搅拌均匀，用水稀释至 1 000 ml。

2. 重铬酸钾标准溶液：准确称取在 150～170 ℃烘烤至恒重的基准重铬酸钾

（$K_2Cr_2O_7$）0.878 0 g，溶于少量水中，然后转入 1 000 ml 容量瓶中，加水稀释至刻度，此溶液 1 ml 相当于含有 1 mg 铁（0.017 9 mol Fe）。

3. 5 g/L 二苯胺磺酸钠指示剂：称取 0.5 g 二苯胺磺酸钠溶于 100 ml 0.5 mol/L 硫酸溶液中。

9.19.3 操作方法

准确吸取适量试样于事先盛有 20 ml 硫磷混合酸的 250 ml 三角瓶中，加水至 30 ml 左右，加入 2 滴二苯胺磺酸钠指示剂，用标准的重铬酸钾（$K_2Cr_2O_7$）溶液滴定至紫红色即为终点。

9.19.4 结果计算

$$二价铁（Fe^{2+}，mg/L）= \frac{T \times V}{V_S} \times 1\,000$$

式中：T——重铬酸钾标准溶液对铁的滴定度，mg/ml；

V——滴定时消耗重铬酸钾溶液的体积，ml；

V_S——取样体积，ml。

9.19.5 注意事项

1. 加入硫磷混合酸的作用是：硫酸能减缓空气对二价铁的氧化作用，并保持一定的酸度，磷酸与滴定过程中所产生的三价铁离子形成无色 $Fe(PO_4)_2^{3-}$ 络离子，从而降低 Fe^{3+}/Fe^{2+} 的氧化还原电位，保持终点清晰，准确。

2. 由于磷酸存在，使还原的二价铁（Fe^{2+}）氧化得更快，所以加入混合酸以后应立即滴定，如果样品多必须逐个操作。

3. 操作过程中要快速准确，以免时间长亚铁被氧化，使结果偏低。

9.20 砷的测定

9.20.1 方法原理

锌与酸作用产生新生态氢，在碘化钾和氯化亚锡存在下，使五价砷还原为三价砷，三价砷被新生态氢还原成气体砷化氢（胂），用二乙氨基二硫代甲酸银—三乙醇胺—三氯甲烷溶液吸收胂，生成红色胶体银，在波长为 510 nm 处，测其吸收溶液的光密度。

9.20.2 试剂

1. 2.5 g/L 吸收液：称取 0.25 g 二乙氨基二硫代甲酸银于 250 ml 烧杯中，用少量三氯甲烷调节成糊状，加入 2 ml 三乙醇胺，再用氯仿稀释至 100 ml，用力搅拌至溶液清晰，静置暗处过夜，用脱脂棉过滤于棕色瓶中保存（最好于冰箱中保存备用）。

2. 400 g/L 氯化亚锡溶液：称取 40 g 氯化亚锡于 250 ml 烧杯中，加入 40 ml 浓盐酸，置电炉上加热煮沸，待溶液澄清后，加水稀释到 100 ml。

3. 150 g/L 碘化钾溶液：称取 15 g 碘化钾溶于水中，加水至 100 ml，贮存于棕色玻璃瓶中，此溶液至少可稳定 1 个月。

4. 醋酸铅棉：将 10 g 脱脂棉浸泡于 100 g/L 醋酸铅溶液中，30 min 后取出拧去多余的水分，在室温下自然晾干，装入瓶中备用。

5. 无砷锌粒（10～20 目）。

6. 1:1 硫酸溶液。

9.20.3　操作方法

1. 绘制工作曲线

于 8 个砷化氢发生器中加入 0 μg、1.0 μg、2.5 μg、5.0 μg、10.0 μg、15.0 μg、20.0，25.0 μg 砷标准溶液，加水至 50 ml，加入 1:1 硫酸 8 ml 和 150 g/L 的碘化钾溶液 4 ml，放置 10～15 min 后再加入 400 g/L 氯化亚锡溶液 2 ml，摇匀，加入约 4 g 无砷锌粒，立即与装有 5 ml 吸收液的砷发生器导气管连接（各连接处不允许有漏气），在室温下反应吸收 60 min，使胂完全释放，用氯仿将吸收液补足 5 ml，用 10 mm 比色杯，以氯仿为参比，在 510 nm 波长下测其消光值，同时做空白样品，根据测定结果，绘制标准曲线。

2. 样品分析

准确吸取一定的样品溶液于砷发生瓶中，若不足 50 ml，则加水至 50 ml，加入 1:1 硫酸 8 ml，150 g/L 碘化钾溶液 4 ml，放置 10 min 后，再加入 400 g/L 氯化亚锡 2 ml，以下操作同标准曲线。

9.20.4　结果计算

$$\text{砷（As，mg/L）}=\frac{m}{V_S}$$

式中：m——从标准曲线上查得的砷量，μg；

V_S——取样体积，ml。

9.20.5　注意事项

1. 当硝酸浓度为 0.01 mol/L 以上时，本方法呈负干扰。若试样中有硝酸，在分析前将硝酸加热至冒白烟予以去除。

2. 锌粒的规格（粒度）对砷化氢发生有影响，表面粗糙的锌粒还原效率差，规格以 10～20 目为宜，粒度大或表面光滑者，可适当增加用量或延长反应时间，不过这样测定的重复性较差。

3. 吸收液高度应保持 8～10 cm，导管出口直径不大于 1 mm。在吸收过程中尽可能保持吸收液高度恒定为佳。

4. 醋酸铅棉变黑应立即更换。

9.21 氯离子分析（硝酸银法）

9.21.1 方法原理

在弱碱性条件下，溶液中的银离子与氯离子生成稳定的氯化银沉淀，因氯化银的溶解度小于铬酸银，因此用铬酸钾为指示剂，以标准的硝酸银溶液进行滴定至微砖红色。

9.21.2 试剂

1. 0.1 mol/L 硝酸银标准溶液（见标准溶液配制）。

2. 50 g/L 铬酸钾溶液：称取 5 g 铬酸钾，溶于 100 ml 水中，待完全溶解后，加入少量 $AgNO_3$ 至有铬酸银沉淀出现，放置过夜，并过滤清液备用。

3. 10 g/L 对硝基酚溶液：称取 1 g 对硝基酚，溶于 100 ml 水中即可。

4. 0.1 mol/L 氢氧化钠溶液。

5. 0.1 mol/L 硫酸溶液。

9.21.3 操作方式法

视溶液中氯离子含量高低，取适量样品溶液于 250 ml 三角瓶中，加水至 40 ml。加入 1 滴对硝基酚溶液，用 0.1 mol/L 氢氧化钠或 0.1 mol/L 硫酸溶液调至溶液呈黄色，加入 5～8 滴 50 g/L 铬酸钾溶液，用标准硝酸银溶液滴定至微砖红色出现即为终点。

9.21.4 结果计算

$$\text{氯离子（}Cl^-\text{，mg/L）} = \frac{c \times V \times 0.035\,45}{V_S} \times 1\,000$$

式中：c——硝酸银的摩尔质量浓度，mol/L；

V——滴定时消耗硝酸银的体积，ml；

V_S——取样体积，ml。

9.21.5 注意事项

1. 当样品中 Cl^- 含量不高时，终点不够清晰，应做空白试验。计算时应减去空白消耗的硝酸银体积。

2. 滴定时的酸度应严格控制在 6.5～10.5 之间，否则结果误差大。

3. 铬酸银溶于酸性溶液，要特别注意酸度调节。

4. 滴定快到终点时，必须用力摇动。同时滴定速度要慢，不然容易过终点，使结果偏高。

9.22 锰的测定（高碘酸钾法）

9.22.1 方法原理

用高碘酸钾氧化溶液中的低价锰为紫红色的高价锰。在酸性介质中，用高碘酸钾氧化需长时间加热煮沸才能完成，而本方法在中性（pH=7～8）溶液中，有焦磷酸钾—乙酸钠存在时，高碘酸钾可于室温下瞬间将低价锰氧化为高价锰且可稳定 16 h 以上。

9.22.2 试剂

1. 焦磷酸钾—乙酸钠缓冲溶液：称取焦磷酸钾 230 g 和结晶乙酸钠 130 g 溶于热水中，冷却后定容到 1 000 ml，此溶液的焦磷酸钾浓度为 0.9 mol/L，乙酸钠浓度为 1 mol/L。

2. 20 g/L 高碘酸钾溶液：用 1:9 的稀 HNO_3 溶液配制。

9.22.3 操作方法

1. 绘制工作曲线

分别吸取 0 μg、5 μg、10 μg、15 μg、20 μg、25 μg 锰标准溶液于 6 个 50 ml 容量瓶中，用水稀释至 25 ml，加入 10 ml 焦磷酸钾—乙酸钠缓冲溶液摇匀后，再加入 2% 高碘酸钾溶液 3 ml，用水稀释至刻度，摇匀放置 10 min，用 50 mm 比色杯于 525 nm 波长处测其消光值，以水做参比。

2. 样品分析

对于清洁水样，视锰含量高低取 10～25 ml 样品于 50 ml 容量瓶中，不足 25 ml 则加水至 25 ml，以下同工作曲线（对于含有机物的水冶废水或坑口废水必须进行硝化预处理）。

9.22.4 结果计算

$$锰（Mn，mg/L）= \frac{m}{V_S}$$

式中：m——从工作曲线上查得的锰量，μg；

V_S——取样体积，ml。

9.22.5 注意事项

1. pH 应控制在 7～8 之间，本方法选定的 pH 为 7.3～7.8 之间，若 pH 小于 6.5，则发色较慢，影响测定结果。当样品硝酸浓度不大于 0.5%（体积比浓度）时，无须调节酸度，可直接发色。酸度大的样品，分析前应调 pH 至弱酸性或中性。

2. 试样加热消解，不可蒸至干涸，否则 Fe、Mn 等氧化物析出后便难被稀释液溶解，易导致测定结果偏低。

9.23 饱和树脂中的 U、SO_4^{2-}、Mo、SiO_2、PO_4^{3-}、Cl^-、总 Fe 等项目的分析

9.23.1 铀的分析（淋洗剂法）

1. 试剂及条件

（1）淋洗剂：1.5 mol/L NaCl +5%H_2SO_4+1% NH_4NO_3+0.5%柠檬酸混合淋洗剂。

（2）淋洗接触时间：30 min，流速 0.4 ml/min。

（3）称取 4 g 湿树脂，淋洗总体积为 100 ml。

（4）淋洗效率为 99.9%。

2. 操作方法

准确称取用滤纸吸干的湿树脂 4 g，装入离子交换柱中，用 100 ml 上述已配好的混合淋洗剂，以 0.4 ml/ min 的流速进行淋洗，淋洗液用 100 ml 容量瓶接住，最后稀释至 100 ml，之后准确吸取 5 ml 溶液于 250 ml 三角瓶中，以下操作同浸出原液中铀的分析。

3. 结果计算

$$\text{铀（U，mg/g 湿树脂）}=\frac{T_{NH_4VO_3/U}\times V}{m_0}\times\beta$$

式中：$T_{NH_4VO_3/U}$——钒酸铵对铀的滴定度，mg/ml；

V——滴定时消耗的钒酸铵体积，ml；

m_0——称取湿树脂的重量，g；

β——换算系数。

9.23.2 硫酸根、钼和氯根的分析

称取已处理好的湿树脂 5 g 于 50 ml 容量瓶中，加入 25 ml 150 g/L 氢氧化钠溶液，

静态浸泡 10 h，然后将容量瓶放入沸水浴中加热 1.5 h，在加热过程中应不断地进行间断性摇动，取下冷却至室温，加水至刻度。

1. 硫酸根的测定（同原液中硫酸根的分析方法）。

2. 钼的分析（同原液中钼的分析方法）。

3. 氯根分析（同原液中氯根分析方法）。

9.23.3　二氧化硅、磷酸根和总铁的分析

称取已处理好的湿树脂 5 g 于 50 ml 镍坩埚中，先在电炉上炭化，然后，移入 500 ℃的高温炉中进行灰化至灰白色，取出冷却后，加入 2 g 氢氧化钠或氢氧化钾，搅匀，再放入马福炉中，于 500 ℃温度下熔融 15 min，取出稍冷，放入预先加有 20 ml 热水的塑料杯中，用沸水洗涤出坩埚，加入 10 ml 浓硝酸，待完全溶解后，转入 100 ml 容量瓶中，摇匀并稀释至刻度。

1. 二氧化硅分析（同浸出液二氧化硅分析方法）。

2. 磷酸根分析（同浸出液磷酸根分析方法）。

3. 总铁的分析（同浸出液铁的分析方法）。

第 10 章 原辅材料检验方法

铀矿冶联合企业的原辅材料分析主要包括炸药、树脂、硫酸、硝酸、盐酸、氨水、烧碱、纯碱、氯化钡、盐和石灰等。原辅材料分析方法原则上都是按照各种原辅材料的国家检验标准进行检验。

10.1 强碱型阴离子交换树脂的检验（HG 2—884～886—76）

本检验标准适用于型号为 201×7 强碱型阴离子交换树脂，颗粒直径为 0.3～1.2 mm，具有苯乙烯骨架的季铵Ⅰ型阴离子交换树脂。

10.1.1 技术要求

1. 外观：淡黄至金黄色圆粒状颗粒。
2. 出厂：氯型。
3. 树脂性能应符合的要求如表 10-1 所示。

表 10-1 201×7 阴离子交换树脂工艺指标参数

编号	指标名称	一级品	二级品
1	含水量/%	40～50	40～50
2	重量交换容量/（meq/g）	3.0	2.8
3	湿真比重，20 ℃/（g/ml）	1.00～1.11	1.06～1.11
4	湿视密度/（g/ml）	0.65～0.75	0.65～0.75
5	耐磨率/%	≥95.0	≥90.0
6	粒度（0.3～1.2 mm）/%	≥95.0	≥95.0

10.1.2 取样方法

1. 取样方法

至少选取每批产品总包装的 10%（桶数取样批量不足 30 桶时，不得少于 15%，批量不足 10 桶时，不得少于 50%），在包装桶的上、中、下三部分均匀取样，所取样品总重量不得少于 0.5 kg，如果不在桶中取样，也应以取到均匀有代表性的样品为原则。将取出的样品混匀，装入有盖的玻璃瓶（或塑料袋）中，贴好标签，注明型号、批号和取样方法。

2. 外观

目测。

10.1.3　基准型试样的制备

1. 仪器与试剂

（1）仪器

1）交换柱，直径为 200 mm，柱高 300 mm。

2）60 ml 1 号微孔砂芯漏斗。

3）玻璃抽水泵。

（2）试剂

1）盐酸（GB 622—77）配制成 1 mol/L 溶液。

2）硝酸银（GB 670—77）配制成 0.1 mol/L 溶液。

3）纯水，电阻率大于或等于 300 kΩ · cm，无氯根。

2. 操作方法

称取试样 1.5 g 左右，置于交换柱中，用 300 ml 1 mol/L 盐酸溶液以 10～15 ml/min 的流速通过树脂层，然后用纯水洗至无氯根为止。将树脂转入玻璃砂芯漏斗中，用抽水泵抽至无水滴（即 5 min 后无滴水）后立即装入干燥密闭的容器中备用。

10.1.4　含水量的测定

1. 仪器

（1）称量瓶 40 ml。

（2）分析天平。

（3）烘箱。

2. 测定方法

用已恒重的称量瓶称取基准试样 1 g 左右（准确到 1 mg），盖上盖子后，放入 105 ℃的烘箱内烘 2 h 后取出，放入干燥器中冷却至室温，之后称其重量。

3. 结果计算

$$树脂的水分含量（X_1\%）=\frac{W_1-W_2}{W_1}\times 100$$

式中：W_1——试样重量，g；

W_2——烘干后试样重量，g。

10.1.5　重量交换容量的测定

1. 仪器

交换柱，直径为 10～12 mm，柱高 200 mm；1 号微孔砂芯漏斗；100 ml 分液漏斗；250 ml 三角瓶；50 ml 酸式滴定管。

2. 试剂

（1）无水硫酸钠（Na_2SO_4，AR，GB 619—77）配制 1 mol/L 溶液。
（2）硝酸银（$AgNO_3$，AR，GB 670—77）配制 0.1 mol/L 溶液。
（3）铬酸钾（K_2CrO_4，CP，GB 3153—60）配制 0.5%溶液。

3. 测定方法

称取基准试样 2 份，每份 1 g 左右（准确到 1 mg），用洗瓶仔细地将树脂全部转移到交换柱中，使水不能超过树脂层，除去树脂层中的气泡，然后在分液漏斗中加入 70 ml 1 mol/L Na_2SO_4 溶液，以 1～2 ml/min 流速通过树脂层，流出液用 250 ml 三角瓶接收，加入 5 g/L K_2CrO_4 指示剂 1 ml，在剧烈摇动下，用 0.1 mol/L 硝酸银标准溶液滴定至浅砖红色，15 s 不变色即为终点，并记录消耗标准硝酸银体积。

4. 结果计算

$$\text{树脂的重量交换容量（meq/g）} = \frac{c \times V_1}{W_1 \times (1 - X_1\%)}$$

式中：c——硝酸银标准溶液的摩尔质量浓度，mol/L；
V——滴定时消耗硝酸银标准溶液体积，ml；
W_1——称取试样重量，g；
$X_1\%$——树脂中的含水量，%。

2 个平行样品的分析结果误差不得大于 0.1 meq/g。在允许误差范围内，取 2 份样品的算术平均值为测定结果。

10.1.6　湿真比重的测定

1. 仪器

（1）分析天平（感量为 0.1 mg）。
（2）比重瓶。

2. 测定方法

首先将比重瓶装满纯水，放在（20±1）℃的环境中恒温 30 min 后，称其重量（准确至 1 mg），倒出部分水，再称取基准型树脂 5 g（准确到 1 mg），全部放入比重瓶中，加水使其充满比重瓶，除去气泡，将比重瓶置于（20±1）℃环境中恒温 30 min 后，再称其重量。

3. 结果计算

$$\text{树脂湿真比重（g/ml）} D_m = \frac{W_4}{W_5 - W_6}$$

式中：W_4——称取试样重量，g；

W_5——20 ℃装满水的比重瓶重，g；

W_6——20 ℃时装满水和树脂的比重瓶重，g。

10.1.7 湿视密度的测定

1. 仪器

（1）分析天平（感量为 0.1 g）。

（2）10 ml 量筒（分度值为 0.1 ml）。

2. 测定方法

称取基准型树脂 5 g（准确到 0.1 g）全部转移至装有适量水的 10 ml 量筒中，将树脂全部浸于水中，若有气泡应当除去，轻轻敲打量筒底部至试样体积恒定不变，读出树脂试样在量筒中所占的体积数。

3. 湿视密度计算

$$\text{树脂湿视密度} P \text{（g/ml）} = \frac{W_7}{V_2}$$

式中：W_7——称取试样重量，g；

V_2——称取试样在量筒中的体积，ml。

10.1.8 耐磨率的测定

1. 仪器

（1）不锈钢滚筒，筒体材料为不锈钢，筒盖材料为黄铜，盖垫材料为一般橡皮，厚度为 2 mm。

（2）磨粉机。

（3）能保证滚筒转速为 125 r/min 的任何传动机械。

（4）瓷粒，数量为 10 颗，每颗直径为（20±0.5）mm，重量为（10±0.1）g，总重量为（100±0.1）g。

（5）100 ml 量筒。

（6）平板玻璃，长度为 50 mm，安放倾斜角为 10°。

（7）分样筛，金属筛网，直径为 200 mm，筛孔为（0.3±0.02）mm。

（8）天平，感量为 0.1 g。

2. 测定方法

（1）用 2 只 100 ml 量筒各量取 50 ml 试样，量时要加水至树脂层上面，反复摇动敦实至树脂体积不变为止。

（2）将 10 颗瓷粒放在不锈钢滚筒内，然后将 50 ml 试样放入，加入 100 ml 水，盖上滚筒盖子。

（3）将不锈钢滚筒放在球磨机上，开动马达滚动 30 min。

（4）将滚筒内试样倒入孔径为 0.07 mm 的分样筛上滤干，再放入 60～65 ℃的烘箱内烘 4 h，冷却后称重，然后倒入孔径为（0.3±0.02）mm 的分样筛中进行干筛，将筛下的树脂除去球状颗粒（利用玻璃板滚动法），剩下的称其重量。

3. 耐磨率计算

$$\text{树脂耐磨率}\,(X_2\%)=\frac{W_8-W_9}{W_1}\times 100$$

式中：W_8——烘干后的试样重，g；

W_9——筛下被破碎的树脂重量，g；

W_1——称取试样重量，g。

两平行样品的测定结果之差不得大于 0.5%，计算结果取 2 个平行样品的算术平均值。

10.1.9 粒度的测定

1. 仪器

（1）10 ml 量筒，分度为 0.1 ml；100 ml 量筒。

（2）分样筛，金属筛网，直径为 200 mm，孔径为（0.3±0.02）mm，（1.20±0.05）mm。

（3）三角漏斗，聚乙烯或其他塑料加工而成。

2. 测定步骤

用 100 ml 量筒量取 100 ml 试样，量时要加水至树脂层上面，摇动至体积不变为止，然后倒入孔径为 1.2 mm 的分样筛中，在三角漏斗内进行湿筛，直至每上下一次筛下的树脂极微为止，将筛下的树脂全部转入孔径为 0.3 mm 的分样筛中，最后将大于 1.2 mm 和小于 0.3 mm 的树脂收集在盛有适量水的 10 ml 量筒中，并读出其体积。

3. 粒度计算

$$X_3\% = \frac{V_3 - V_4}{V_3} \times 100\%$$

式中：$X_3\%$——合格树脂粒度所占百分比；

V_3——量取树脂试样体积，ml；

V_4——大于 10 mm 和小于 0.3 mm 的树脂体积，ml。

10.1.10　树脂验收规则

1. 树脂由生产厂的技术检验部门进行检验，生产厂应保证所有出厂的树脂全部符合本标准的要求，每批（或每桶）出厂的树脂都要附有质量证明书。

2. 树脂以每釜产品为一批，按批检验，其中湿真比重和粒度由生产厂定期抽检。

3. 使用单位可按本标准各项规定对所收到的产品质量进行检验。

4. 在验收时发现树脂中某些指标不符合本标准的规定要求，应重新自两倍量的包装桶中选取两倍量的试样进行复检，若复检结果仍未达到要求，可拒绝验收或由双方协商解决。

10.1.11　树脂的包装、标志、运输和贮存

1. 树脂应包装在同内衬塑料袋的铁桶或胶板桶内，在桶上标明产品名称、型号、规格、批号、净重、生产厂名及生产日期，净重应填写树脂的实际重量。

2. 由于本产品含有一定的水分，在运输和贮存过程中应尽量保持在 5～40 ℃的温度环境，避免过冷过热影响产品质量。

3. 本产品在符合保存条件下，自生产之日起有效贮存期为 2 年，若超过贮存期，可按本标准复验 1 次，如检验结果符合要求，仍可使用。

4. 本产品按交通运输规范属于非危险品。

10.2　硝酸铵的检验（GB 2945—82）

分子式： NH_4NO_3

分子量： 80.04

外观： 白色，肉眼不可见杂质，农业品允许有微黄色。

物化性质： 无色斜方晶系结晶或白色细小颗粒状结晶。相对密度 1.723（25 ℃），熔点 169.6 ℃。210 ℃时分解放出一氧化二氮和水蒸气。如加热过猛会引起爆炸。溶于

水、甲醇、乙醇、丙酮和液氯，不溶于醚。吸湿性强，易结块。在常温下对撞击、摩擦并无反应，但有引爆剂或密闭保存时，因蓄积的分解产物（二氧化氮和水蒸气）影响会引起爆炸。具有氧化性。与有机物、可燃物、亚硝酸钠、硫磺和酸等进行接触能引起爆炸或燃烧。各种有机杂质均能显著增加其爆炸性。

硝酸铵应符合的要求如表 10-2 所示。

表 10-2　硝酸铵工业指标参数

指标名称	工业品			农业品	
	结晶状	颗粒状		一类	二类
		一级	二级		
硝酸铵含量/%	≥99.5	≥99.5			
或总氮含量（以干基计）	—	—	—	—	—
水分/%	≤0.4	≤0.7	≤1.2	≤1.0	≤1.7
酸度（以硝酸计）	≤0.02	≤0.02	≤0.02	≤0.02	≤0.02
水不溶物含有量/%	≤0.05	≤0.05	≤0.05		
填料含量（以 $CaNO_3$ 计）/%	—	—	—	—	≤0.4～0.2

10.2.1　酸度的测定

1. 试剂

混合指示剂：溶解 0.1 g 甲基红于 50 ml 95%（体积比浓度）的乙醇中，再加入 0.5 g/L 亚甲基蓝，并用乙醇稀释至 100 ml。

2. 操作方法

称取 2 g 硝酸铵溶于 100 ml 水中，如试样浑浊，可用中速滤纸过滤，滤液收集于另一个 250 ml 三角瓶中，再补加几滴混合指示剂，如试样溶液呈紫红色，则此样为酸性，用 0.1 mol/L 氢氧化钠标准溶液滴定至呈灰色即为终点，记下消耗氢氧化钠溶液体积。如果试样溶液呈绿色，则此样为碱性。

3. 酸度计算

$$\text{酸度（以 } HNO_3 \text{ 含量计，\%）,} = \frac{c \times V \times 0.063}{m_0} \times 100\%$$

式中：V——消耗氢氧化钠标准溶液体积，ml；

c——氢氧化钠标准溶液的摩尔质量浓度，mol/L；

m_0——称取试样重量，g；

0.063——硝酸的克摩尔质量，g。

10.2.2 硝酸铵含量的测定

1. 试剂

（1）15%～25%（体积比浓度）甲醛溶液：量取 15～25 ml 甲醛溶液，溶于 75～85 ml 水中（总体积 100 ml），摇匀即成。加几滴酚酞，用氢氧化钠溶液调至微红色。

（2）氟化钠固体粉末（AR）。

（3）氢氧化钠标准溶液（0.5 mol/L）。

2. 操作步骤

准确称取 1.500 0 g 硝酸铵试样置于 250 ml 三角瓶中，加水溶解至体积为 100 ml，加入 0.3 g 固体氟化钠，摇动至氟化钠全部溶解后，放置 5～10 min，加入几滴酚酞指示剂，用氢氧化钠溶液调至微红色，加入 15%～25%（体积比浓度）的甲醛溶液 10 ml，摇匀，放置 5～15 min。用标准氢氧化钠溶液滴定至微红色，并保持 3 min 不变为止，即为终点。

3. 硝酸铵含量的计算

$$\text{硝酸铵}（NH_4NO_3\%）=\frac{c \times V \times 0.080}{m_0 \times (100\% - X\%)} \times 100\%$$

式中：$X\%$——试样中的水分含量；

c——氢氧化钠标准溶液的摩尔质量浓度，mol/L；

V——消耗氢氧化钠标准溶液体积，ml；

m_0——试样重量，g。

10.3 双氧水的检验（GB 1616—79）

分子式：H_2O_2

分子量：38.00

物化性质：无色透明液体。相对密度 1.406 7（25 ℃）。熔点 −0.41 ℃。沸点 150.2 ℃。溶于水、醇、乙醚，不溶于石油醚。极不稳定，遇热、光、粗糙表面、重金属及其他杂质会引起分解，同时放出氧和热。具有较强的氧化能力，为强氧化剂。在有酸存在下较稳定。有腐蚀性。高浓度的过氧化氢能使有机物燃烧，与二氧化锰相互作用，能引起爆炸。

双氧水应符合的要求如表 10-3 所示。

表 10-3 双氧水工业指标参数

项目	指标			
	27.5%		35.0%	
	1 级	2 级	1 级	2 级
H_2O_2 含量/%	≥27.5	≥27.5	≥35.0	≥35.0
游离酸（以 H_2SO_4 计）/%	≤0.05	≤0.10	≤0.06	≤0.12
不挥发物/%	≤0.10	≤0.20	≤0.12	≤0.24
稳定度/%	≥95.0	≥90.0	≥95.0	≥90.0

10.3.1 双氧水含量的测定

1. 试剂

（1）高锰酸钾标准溶液 $c\left(\frac{1}{5}KMnO_4\right)=0.1$ mol/L。

（2）5%（体积比浓度）H_2SO_4 溶液。

2. 操作步骤

用矮型称量瓶准确称取试样 0.150 0～0.200 0 g 放入盛有 100 ml 5%（体积比浓度）的硫酸溶液的 250 ml 三角瓶中，用 0.1 mol/L 高锰酸钾溶液滴定至溶液呈粉红色，30 s 内不褪色，即为滴定终点。

3. 结果计算

$$双氧水（H_2O_2\%）=\frac{c\times V\times 0.0171}{m_0}\times 100\%$$

式中：c——高锰酸钾溶液的摩尔质量浓度$\left(\frac{1}{5}KMnO_4=0.1\ \text{mol/L}\right)$；

V——滴定消耗高酸钾溶液体积，ml；

m_0——试样重量，g；

0.017 1——H_2O_2 的克摩尔质量，g。

10.3.2 双氧水中游离酸含量的测定

1. 试剂

（1）0.1 mol/L 氢氧化钠标准溶液。

（2）1 g/L 甲基红指示剂：称取 0.1 g 甲基红溶于 100 ml 20%的乙醇中即可。

2. 操作步骤

称取试样 30 g，用 100 ml 不含二氧化碳的新鲜蒸馏水转移至 250 ml 三角瓶中，加入 2～3 滴 1 g/L 甲基红指示剂，用 0.1 mol/L 氢氧化钠标准溶液滴定至溶液呈紫色，即为终点。

3. 结果计算

$$游离酸（以硫酸计，\%）=\frac{c\times V\times 0.049}{m_0}\times 100\%$$

式中：c——NaOH 摩尔质量浓度，mol/L；

V——滴定消耗 NaOH 溶液体积，ml；

m_0——试样重量，g；

0.049——硫酸的克摩尔质量，g。

10.4 工业用氯酸钠的检验（GB 2368—80）

分子式：$NaClO_3$

工业用氯酸钠应符合的要求如表 10-4 所示。

表 10-4 氯酸钠工业指标参数

指标名称	指标	
	1 级	2 级
$NaClO_3$/%	≥99.0	≥98.5
水分/%	≤0.10	≤0.20
水不溶物/%	≤0.01	≤0.03
$KClO_3$/%	≤0.60	≤1.00
氯化物（以 Cl^- 计）/%	≤0.06	≤0.20
溴酸盐（以 Br^- 计）/%	≤0.07	≤0.09
铬酸盐（以 Cr^- 计）/%	≤0.007	≤0.01
铁/%	≤0.03	≤0.05

10.4.1 氯酸钠含量的检验试剂

1. 50 g/L 硫酸亚铁铵溶液：称取 5 g 硫酸亚铁铵溶解于 100 ml 硫酸 $\left[c\left(\frac{1}{2}H_2SO_4\right)=1\ mol/L\right]$ 溶液中，摇匀即成。

2. 100 g/L 硫酸锰（$MnSO_4$）溶液：称取 100 g 硫酸锰，溶于 600 ml 水中，加入 160 ml 浓磷酸和 133 ml 浓硫酸，搅匀，加水至 1 000 ml。

3. 高锰酸钾溶液$\left[c\left(\frac{1}{5}KMnO_4\right)=0.1\,mol/L\right]$：见标准溶液配制。

10.4.2 操作步骤

称取已在 105～110 ℃干燥至恒重的试样 1.200 0 g 溶于容量瓶中，加水溶解并稀释至刻度，混匀后，取出 25 ml 置于盛有 25 ml 50 g/L 硫酸亚铁铵溶液的 250 ml 三角瓶中，加水 50 ml，瓶口应塞有橡胶塞，将溶液煮沸 5 min，冷却后，加入 10 ml 100 g/L 的硫酸锰溶液，用高锰酸钾标准溶液滴定至微红色 30 s 内不褪为止，同时做空白样。

10.4.3 结果计算

$$氯酸钠（NaClO_3\%）=\frac{(V-V_0)\times c\times 0.017\,74\times 100\times 500}{m_0\times 25}$$

式中：c——$\left(\frac{1}{5}KMnO_4=0.1\,mol/L\right)$摩尔质量浓度，mol/L；

V——滴定样品位消耗高锰酸钾溶液体积，ml；

V_0——滴定空白样品消耗高锰酸钾溶液体积，ml；

m_0——量取试样体积，ml。

10.5 工业用软锰矿的检验

化学式及组成：MnO_2

物化性质：软锰矿是主要含锰矿物之一，常与硬锰矿共生。斜方晶系，晶体呈细柱状或针状，通常呈块状、粉末状集合体。钢灰至黑色。半金属光泽。断口不平坦。硬度随形态和结晶程度而异，呈显晶者为 5～6，呈隐晶或块状集合体者降为 1～2。密度 4.7～5.0 g/cm^3。能污手、性脆。加入过氧化氢剧烈反应放出大量氧气，缓慢溶于盐酸放出氯气，并使溶液呈淡绿色。

软锰矿的一般质量要求如表 10-5 所示。

表 10-5 软锰矿工业指标参数

名称	Mn/%	MnO_2/%	Fe/%	Ca＋Mg/%	粒度/目
天然二氧化锰矿粉	≥38	≥60	≤6	≤2	–120
天然碳酸锰矿粉	≥20	—	≤4	≤10	–120

10.5.1 水分含量的检验

准确称取 1 g 样品放入已恒重的称量瓶中，在 105～110 ℃温度下烘烤 2 h，取出放入干燥器中冷却至室温，直至恒重，水分含量按下式计算：

$$水分含量（We\%）=\frac{W_1-W_2}{W_1}\times 100$$

式中：$We\%$——试样中的水份含量，%；

W_1——试样烘干前重量，g；

W_2——试样烘干至恒重后的重量，g。

10.5.2　二氧化锰含量的检验

1. 方法原理

在硫酸介质中，用草酸钠（$Na_2C_2O_4$）还原试样中的二氧化锰（MnO_2），然后用高锰酸钾（$KMnO_4$）标准溶液滴定过剩的草酸钠，由消耗的标准高锰酸钾溶液体积来计算二氧化锰含量。

2. 试剂

（1）草酸钠标准溶液 $c\left(\frac{1}{2}Na_2C_2O_4\right)=0.1\,mol/L$。

（2）高锰酸钾标准溶液 $c\left(\frac{1}{5}KMnO_4\right)=0.1\,mol/L$。

（3）1:6（体积比浓度）硫酸溶液：量取 600 ml 水于 1 000 ml 烧杯中，然后量取 100 ml 浓硫酸慢慢加入混合，即成。

3. 测定步骤

（1）准确称取试样 0.100 0 g 置于 250 ml 三角瓶中，加入 1:6（体积比浓度）的硫酸溶液 80 ml，准确加入标准草酸钠溶液 20 ml，置低温电炉上或砂浴上煮沸并不断摇动，直至黑色颗粒完全溶解（约需 2 h 左右），若溶液体积减少，应加水补充，使其保持与原体积基本一致。

（2）将上述溶液在 70～80 ℃时用高锰酸钾标准溶液滴定至出现微红色，并在 30 s 内不消失为止，同时进行空白试验。

4. 结果计算

$$二氧化锰含量（MnO_2\%）=\frac{(V-V_1)\times c\times 0.043\,47}{m_0}\times 100\%$$

式中：V——空白样品消耗标准高锰酸钾溶液体积，ml；

V_1——样品消耗标准高锰酸钾溶液体积，ml；

c——$\left(\frac{1}{5}KMnO_4=0.1\,mol/L\right)$摩尔质量浓度，mol/L；

m_0——试样重量，g。

5. 注意事项

（1）草酸钠加入量除了能满足与 MnO_2 起反应外，还必须适当过量，以促进矿样的全部溶解。

（2）本方法不适合含有亚铁及有机物试样，因亚铁和有机物也与 $KMnO_4$ 起反应而使结果偏低。

10.6 工业食盐的检验（GB 5482—92）

分子式：NaCl

分子量：58.45

工业食盐的一般质量要求如表 10-6 所示。

表 10-6 氯化钠工业指标参数

指标名称	优级	一级	二级	三级
氯化钠（NaCl）/%	≥95.5	≥94.0	≥92.0	≥89.5
水份含量/%	≤3.30	≤4.20	≤6.00	≤7.45
水不溶物/%	≤0.20	≤0.30	≤0.40	≤0.50
水溶性杂质/%	≤1.00	≤1.50	≤1.70	≤2.60

10.6.1 试样的制备

称取约 50 g 试样于研钵内，仔细研磨后，装进试剂瓶中作为基准试样备用。

10.6.2 水份含量的检验

称取 10 g 左右的基准试样(准确至 0.000 1 g)于已恒重的称量瓶中，置 105～110 ℃的烘箱内烘烤 2.5 h，取出置干燥器中冷却至室温，称重。直至恒重为止。

结果计算：

$$水分含量（We\%）=\frac{W_1-W_2}{W_1}\times100\%$$

式中：水分含量（$We\%$）——试样的水分含量，%；

W_1——烘干前的试样重量，g；

W_2——烘干后的试样重量，g。

10.6.3　氯化钠含量的检验

准确称取 1 g 左右的基准试样（准确至 0.000 1 g）于 50 ml 烧杯中，加水溶解后全部转移至 250 ml 容量瓶中，加水至刻度，摇匀，用大肚吸管吸取 5 ml 溶液于 250 ml 三角瓶中，加入约 40 ml 水，加几滴铬酸钾指示剂，用标准硝酸银溶液滴定至砖红色即为终点。

结果计算：

$$\text{氯化钠含量（NaCl\%）}=\frac{c\times V\times 0.058\,45}{m_0}\times 100\%$$

式中：氯化钠含量（NaCl%）——试样中氯化钠的百分含量；

c——硝酸银的摩尔质量浓度，mol/L；

V——滴定时消耗硝酸银溶液的体积，ml；

m_0——滴定分析用的试样重量，g。

10.6.4　不溶物杂质含量的检验

准确称取约 30 g 基准试样于 500 ml 烧杯中，加入约 300 ml 水搅拌溶解完全，用已称至恒重的 3 号玻璃砂芯漏斗过滤（或已恒重的定量滤纸也可），小心将全部不溶物移至漏斗内，然后置于 105～110 ℃的烘箱内烘干至恒重为止。

结果计算：

$$\text{不溶物杂质含量（\%）}=\frac{m}{m_0}\times 100\%$$

式中：m——不溶物杂质重量，g；

m_0——试样重量，g。

10.7　工业硫酸的检验（GB 534—89）

分子式：H_2SO_4

分子量：98

物化性质：纯品为无色、无臭、透明的油状液体。呈强酸性。市售的工业硫酸为无色至微黄色，甚至红棕色。98%硫酸相对密度为 1.84（20 ℃）；93%硫酸相对密度为 1.83%（20 ℃）。熔点 10.3 ℃。沸点 138 ℃。市售工业硫酸低于 5 ℃时结冰。另外，硫酸有很强的吸水能力，与水可以不同比例混合，并放出大量的热。为无机强酸。腐蚀性很强。化学性质很活泼，几乎能与所有金属及其氧化物、氢氧化物反应生成盐，还能和其他无机酸的盐类作用。在稀释硫酸时，只能将酸注入水中，切不可将水注入酸中，以防酸液表面局部过热而发生爆炸喷酸事故。浓度低于 76%的硫酸与金属反应会放出氢气。硫酸必须符合表 10-7 技术要求。

表 10-7　硫酸工业指标参数

指标名称	特种硫酸	指标		
		浓硫酸		
		优等品	一等品	合格品
硫酸（H_2SO_4）/%	≥92.5 或 98.0	≥92.5 或 98.0	≥92.5 或 98.0	
灰份/%	≤0.02	≤0.03	≤0.03	≤0.01
铁（Fe）/%	≤0.005	≤0.010	≤0.010	
砷（As）/%	$\leq 8\times10^{-4}$	≤0.000 1	≤0.005	
铅（Pb）/%	≤0.001	≤0.01		
汞（Hg）/%	≤0.000 5			
氮氧化物（以 N 计）/%	≤0.000 1			
二氧化硫（SO_2）/%	≤0.001			
氯（Cl）/%	≤0.001			
透明度/mm	≥160	≥50	≥50	
色度/ml	≤1.0	≤2.0	≤2.0	

10.7.1　硫酸含量的检验试剂

1. 0.1%酚酞溶液。
2. 0.1 mol/L 氢氧化钠（NaOH）溶液。

10.7.2　操作方法

用移液管吸取 5 ml 试样于称量瓶中，在分析天平上准确称取其试样的重量（准确至 0.000 1 g），将称好的试样小心转移至事先盛有 50 ml 水的 250 ml 容量瓶内，称量瓶用水洗至无酸性，洗水全部并入容量瓶内，最后加水至刻度，摇匀。吸取 5.00 ml 溶液于 250 ml 三角瓶中，加水至约 80 ml，加几滴酚酞指示剂，用标准氢氧化钠溶液滴定至微红色即为终点。

10.7.3　结果计算

$$\text{硫酸}（H_2SO_4\%）=\frac{c\times V\times 0.049}{m_0}\times 100\%$$

式中：H_2SO_4（%）——硫酸的百分含量；

c——氢氧化钠标准溶液的摩尔质量浓度，mol/L；

V——消耗氢氧化钠标准溶液的体积，ml；

m_0——滴定分析用的试样重量，g。

10.7.4　注意事项

浓硫酸极易吸水，因此在称量过程中必须将盖子盖好，否则将会使分析结果不准。

10.8　氢氧化钠的检验（GB/T 43481—2000）

分子式： NaOH，俗名叫烧碱。

分子量： 40.00

物化性质： 纯品为无色透明晶体。相对密度 2.13。熔点 318.4 ℃，沸点 1 390 ℃，市售烧碱有固态和液态两种：纯固体烧碱呈白色，有块状、片状、棒状，质脆；纯液体烧碱为无色透明液体。固体烧碱有很强的吸湿性。易溶于水，溶解时放热。水溶液呈碱性，有滑腻感；溶于乙醇和甘油；不溶于丙酮、乙醚。腐蚀性极强，对纤维、玻璃、陶瓷等有腐蚀作用。与金属铝和锌、非金属硅等反应放出氢气；与酸类起中和作用而生成盐和水。氢氧化钠需符合的指标参数如表 10-8 所示。

表 10-8　氢氧化钠工业指标参数

指标名称	指标					
	工业用固体氢氧化钠（包括片状）					
	水银法		苛化法		隔膜法	
	一级	二级	一级	二级	一级	二级
外观	白色、有光泽、允许微带颜色					
氢氧化钠（NaOH）/%	≥99.5	≥99.0	≥97.0	≥96.0	≥96.0	≥95.0
碳酸钠（Na_2CO_3）/%	≤0.45	≤0.90	≤1.7	≤2.5	≤1.4	≤1.8
氯化钠（NaCl）/%	≤0.08	≤0.15	≤1.2	≤1.4	≤2.8	≤3.3
三氧化二铁（Fe_2O_3）/%	≤0.004	≤0.005	≤0.01	≤0.02	≤0.01	≤0.02

10.8.1　检验方法原理

1. 氢氧化钠含量检验的方法原理

在试样溶液中先加入 $BaCl_2$ 溶液，将 Na_2CO_3 转化为 $BaCO_3$ 沉淀，然后以酚酞为指示剂，用标准 HCl 溶液滴定至红色消失，即为终点。

2. 碳酸钠含量检验的方法原理

试样以溴甲酚绿—甲基红混合指示剂为指示剂，用标准 HCl 溶液滴定终点，其 HCl 的消耗是 NaOH 和 Na_2CO_3 的总和，计算时减去 NaOH 含量，则可得 Na_2CO_3 含量。

10.8.2　检验试剂

1. 盐酸标准溶液 $c(HCl) = 1.000$ mol/L。

2. 100 g/L 氯化钡溶液：称取 100 g 氯化钡（$BaCl_2$），溶于 1 000 ml 水中，摇匀即可。使用前用酚酞为指示剂，用氢氧化钠标准溶液调至微红色。

3. 10 g/L 酚酞指示剂。

4. 溴甲酚绿—甲基红混合指示剂：将 3 份 0.1 g/L 溴甲酚绿的乙醇溶液和 1 份 0.2 g/L 甲基红的乙醇溶液混合，即成。

10.8.3 操作步骤

1. 试样溶液的制备：迅速从样品瓶中移取固体氢氧化钠（NaOH）（36±1）g 或液体氢氧化钠（NaOH）（50±1）g（精确至 0.01 g），于已知质量并清洁干燥的称量瓶中，称其重量。将已称取的样品置于已盛有约 300 ml 水的 1 000 ml 容量瓶中，冲洗称量瓶，将洗液加入容量瓶中，冷却至室温后，再稀释至刻度，摇匀。

2. 氢氧化钠含量的检验：量取 50 ml 试样溶液，注入 250 ml 具塞三角瓶中，加入 10 ml 氯化钡溶液，再加入 2～3 滴酚酞指示剂，在磁力搅拌器搅拌下，用盐酸标准溶液密闭滴定至微红色为终点，记录消耗盐酸体积为 V_1。

3. 氢氧化钠和碳酸钠含量的检验：量取 50 ml 试样溶液，注入 250 ml 具塞三角瓶中，加入 10 滴溴甲酚绿—甲基红混合指示剂，在磁力搅拌器搅拌下，用盐酸标准溶液密闭滴定至酒红色为终点，记录消耗盐酸体积为 V_2。

10.8.4 结果计算

$$\text{氢氧化钠（NaOH\%）} = \frac{c \times V \times 0.040}{m_0} \times 100\%$$

式中：氢氧化钠（NaOH%）——氢氧化钠的百分含量；

c——盐酸标准溶液的摩尔质量浓度，mol/L；

V_1——滴定消耗盐酸标准化溶液体积，ml；

m_0——滴定分析用的试样重量，g。

$$\text{碳酸钠（}Na_2CO_3\%\text{）} = \frac{c \times (V_2 - V_1) \times 0.053}{m_0} \times 100\%$$

式中：碳酸钠（Na_2CO_3%）——碳酸钠的百分含量；

V_2——滴定氢氧化钠和碳酸钠所消耗盐酸的总体积，ml。

其他符号意义同前。

10.9 铵油炸药分析

10.9.1 水分含量测定

1. 方法原理

根据炸药在同一有机溶剂体系中，水与有机相组分（油、甲苯）各为一相的特性，从而达到分离的目的。

2. 试剂

（1）甲苯或二甲苯。用前必须进行脱水处理：将甲苯或二甲苯放入 250 ml 分液漏斗中，加入过量的无水氯化钙，摇动 3～5 min，使其水分全部被无水氯化钙吸收，之后用滤纸进行过滤，备用。

（2）无水氯化钙（固体）。

（3）水分测定器。

（4）烘箱。

3. 操作方法

将已洗涤干净并烘干的水分测定器刻度量水管和 500 ml 圆底烧瓶安装好，迅速称取 50 g 试样置于圆底烧瓶中，加入 200～250 ml 已处理的甲苯，连接好仪器的各部件，开启冷水进水阀，然后将电炉打开，慢慢加热，当瓶中甲苯沸腾后，再继续蒸馏 15～20 min，当炸药中的水分被蒸发后，瓶内甲苯温度升高。直到刻度管中的水不再增加时，从冷凝管上加入少量甲苯冲洗附着在管壁上的细小水珠，继续蒸发 5 min，停止加热，取下刻度管，冷至室温，准确称取刻度管水分重量。

4. 结果计算

$$\text{炸药中水分含量（}We\%\text{）}=\frac{m}{m_0}\times 100\%$$

式中：m——刻度管内的水分重量，g；

m_0——称取的试样重量，g。

5. 注意事项

（1）当刻度管中的水相浑浊时，将刻度管放入沸水中数分钟，待水相清亮后，方可读取水的体积或称取刻度管内水的重量。

（2）当测量环境温度不是 40 ℃时，其读取水的体积必须乘以相应温度条件下水体积与质量的修正系数。

10.9.2　铵油炸药成分分析

1. 方法原理

根据物质溶解度的基本原理，选择适当的溶剂，将炸药中的柴油、木粉、硝酸铵按照一定的操作顺序一一分离测定。

2. 试剂

（1）甲苯或二甲苯。
（2）无水氯化钙（固体，粒状）。
（3）分析天平（感量为 0.000 1 g）。
（4）玻璃砂芯漏斗。

3. 操作方法

精确称取试样 5.0～10.0 g（准确至 0.000 1 g）置于事先已处理好的 3 号砂芯漏斗中，用热甲苯分次冲洗 7～8 次，将试样中的柴油冲洗干净为止。将漏斗置于 105 ℃的烘箱内，烘烤 1 h，取出于干燥器中冷却至室温，称其重量后，再烘烤半小时，称重，直至恒重，即为 W_1（已减去漏斗后的残渣净重）。接着将除去柴油以后的残渣用 70～80 ℃的热水冲洗 7～8 次，使硝酸铵全部溶解为止。再放入 105 ℃的烘箱中烘烤至恒重，称量得 W_2（已除去漏斗重）。

4. 结果计算

$$柴油含量\% = \frac{W_0 - W_1}{W_0} \times 100\%$$

$$硝酸铵含量\% = \frac{W_1 - W_2}{W_0} \times 100\%$$

$$木粉含量\% = \frac{W_2}{W_0} \times 100\%$$

式中：W_0 ——分析试样称取之重量，g；
W_1——除去柴油以后的试样重量，g；
W_2——除去柴油和硝酸铵以后的木粉重量，g。

5. 注意事项

计算时的试样重量应是已除去水分以后的实际干重。否则计算时应考虑水分含量。

第 11 章 产品分析（重铀酸盐）方法

重铀酸盐产品质量标准如表 11-1 所示。

表 11-1 重铀酸盐产品质量标准 单位：%

	U	SO_4^{2-}	PO_4^{3-}	SiO_2	Fe_2O_3	Al_2O_3	F^-	Cl^-	水分
一级	＞50.0	＜20.0	＜5.0	＜2.0	＜5.0	＜1.0	＜0.2	＜0.3	＜55.0
二级	＞50.0	＜20.0	＜5.0	＜2.0	＜5.0	＜1.0	＜0.5	＜0.3	＜60.0

11.1 水分含量的测定

11.1.1 设备与试剂

1. 电烘箱。
2. 搪瓷盘。
3. 天平（感量为±1 g）。
4. 0.3%的稀硫酸溶液。

11.1.2 操作步骤

从每桶产品中均匀地用专用取样探针按规定点取出 500～700 g 产品，放入已称量好的搪瓷盘中，称其重量后，均匀地铺平，放入电烘箱内，于 105～110 ℃的温度下烤至恒重为止。

11.1.3 结果计算

水分含量按下式计算

$$水分含量（\%）=\frac{m}{m_0}\times 100\,\%$$

式中：m——产品中的水分重量，g；

m_0——湿产品重量，g。

11.1.4 注意事项

1. 一般每批产品样品必须至少恒重 3 次，每次的称量误差不得超过 50 mg。
2. 烘箱内的温度应严格控制在 105～110 ℃之间，绝对不能超过 110 ℃，否则造成分析结果偏差大。

11.2 铀含量的测定（氯化亚锡—钒酸铵容量法）

11.2.1 方法原理

六价铀在酸性介质中，被亚锡还原成四价铀，四价铀在磷酸介质中与磷酸生成稳定的 $H_2[U(HPO_4)_3]$络合物，过量的亚锡及其他还原性物质，在 40%的磷酸酸度下，可用亚硝酸钠氧化（此时的四价铀并不被氧化），过量的亚硝酸钠用尿素消除，然后用二苯胺磺酸钠和苯基邻氨基苯甲酸作指示剂，用标准钒酸铵溶液滴定至微紫色为终点。

11.2.2 试剂

1. 标准钒酸铵溶液：（$T_{NH_4VO_3/U}=0.005$ g/ml），准确称取 GR 纯钒酸铵（NH_4VO_3）4.913 6 g 于 1 000 ml 烧杯中，加入热水 500 ml 使其全部溶解（若不溶可在电炉上加热至微沸），冷却后，缓慢地加入 250 ml 1:1 的 H_2SO_4 溶液，搅拌均匀，转入 1 000 ml 容量瓶中，冷却至室温后，加水稀释至刻度，即为 $T_{NH_4O_3/U}=0.005$ g/ml 的标准溶液（可以不必标定）。

2. 100 g/L $SnCl_2$ 溶液：称取 10 g 氯化亚锡（$SnCl_2$）于 250 ml 烧杯中，加入 10 ml 浓 HCl，置电炉上加热溶解至透明，然后加水稀释到 100 ml，转入棕色瓶中保存备用，一般情况下现配现用。

3. 200 g/L 亚硝酸钠溶液：称取 20 g 亚硝酸钠（$NaNO_2$）溶于 100 ml 水中摇匀即可。

4. 100 g/L 尿素溶液：称取 10 g 尿素溶于 100 ml 水中。

5. 磷酸(H_3PO_4)：AR, $d=1.70\rho=1.70$ g/ml。

6. 1:1 HCl 溶液。

7. 2 g/L 苯基邻氨基苯甲酸溶液：称取 0.2 g 苯基邻氨基苯甲酸和 0.2 g 无水碳酸钠，首先加少许水调成糊状，之后加水搅拌至全溶为止。

8. 5 g/L 二苯胺磺酸钠溶液：称取 0.5 g 二苯胺磺酸钠于小烧杯中，加入 $c\left(\frac{1}{2}H_2SO_4\right)=1$ mol/L 硫酸溶液 100 ml 进行溶解，摇匀。

11.2.3 操作步骤

准确称取已烘干并研磨好的产品样品 0.1 g（准确至 0.000 1 g），置于 250 ml 三角瓶中，加入 1:1 HCl 10 ml，置于电炉上加热溶解并蒸发至总体积约 5 ml 左右，取下，趁热加入 100 g/L 的 $SnCl_2$ 溶液 2.5 ml，加入浓磷酸 10 ml，再置电炉上加热煮沸 1～2 min。取下置于冷的流水中冷却至室温。冷却后加入 10 ml 水，此时保持溶液酸度为

40%（体积比），如果溶液发热再进行冷却，接着加入 1～2 ml 200 g/L$NaNO_2$溶液，充分摇动后，立即加入 10 ml 100 g/L 尿素溶液，摇动至溶液中大部分气泡消失，加入 10 ml 水［此时的酸度应为 20%～25%（体积比浓度）左右］，加入二苯胺磺酸钠和苯基邻氨基苯甲酸指示剂各 2 滴，用标准钒酸铵溶液滴定至溶液出现微紫红色，并在 30 s 内不褪即为终点。记下消耗钒酸铵溶液的体积。

11.2.4　结果计算

$$铀（U\%）==\frac{T\times V}{m_0}\times 100\%$$

式中：铀（U%）——产品中铀的百分含量；

T——钒酸铵溶液对铀的滴定度，g/ml；

V——滴定消耗钒酸铵溶液的体积，ml；

m_0——称取分析试样的重量，g。

11.2.5　注意事项

1. 二氯化锡还原六价铀时，只宜在浓而热的盐酸介质中进行，直接在磷酸介质中以二氯化锡还原六价铀是不完全的，一般只能达到 70%～80%。

2. 加入亚硝酸钠溶液氧化还原性物质时的磷酸酸度在 40%较为合适，滴定时的酸度为 20%～25%较为合适。亚硝酸钠氧化还原性物质时，其溶液的温度一定要冷却到 20 ℃以下，否则结果不稳定。

3. 试样加入磷酸后，需继续加热煮沸，但煮沸时间不能太长，一般以 2～3 min 为宜，而且温度也不宜太高，否则因磷酸脱水与铀生成焦磷酸盐沉淀，而使分析结果偏低。

11.3　铀的测定（硫酸亚铁还原—重铬酸钾氧化滴定法）

11.3.1　方法原理

在浓磷酸溶液中，用硫酸亚铁溶液将铀（Ⅵ）还原成铀（Ⅳ），加入氨基磺酸，以钼（Ⅵ）为催化剂用硝酸溶液氧化过剩的亚铁，加入硫酸钒酰溶液，然后以二苯胺磺酸钠作指示剂，用重铬酸钾标准溶液滴定铀（Ⅳ）。

11.3.2　试剂

1. 硝酸（HNO_3，d=1.42）。

2. 氢氟酸（HF，d=1.13）。

3. 磷酸（H_3PO_4，d=1.75）：使用前在 1 L 磷酸中加入 5 ml 0.2 mol/L 的重铬酸钾溶

液，氧化磷酸中可能存在的还原性物质。

4. 硫酸（H_2SO_4，d=1.84）。

5. 50%硫酸溶液（体积比浓度）。

6. 150 g/L 氨基磺酸溶液（NH_2SO_3H）：在室温下，将 75 g 氨基磺酸溶解于 500 ml 水中，所得溶液近于饱和，加热会促使氨基磺酸分解。

7. 280 g/L 硫酸亚铁溶液（$FeSO_4 \cdot 7H_2O$）

8. 氧化剂溶液：在 500 ml 水中溶解（4.0±0.1）g 钼酸铵，加入 500 ml 浓硝酸，搅拌混匀。该溶液制备超过 1 周后不能使用。

9. 1.25 g/L 硫酸钒酰溶液：称取（1.25±0.01）g 硫酸钒酰，溶于含有 25 ml 稀硫酸（50%体积比浓度）的 900 ml 水中，加水稀释至 1 L，并充分混匀。

10. 0.5%二苯胺磺酸钠溶液：称取（0.50±0.01）g 二苯胺磺酸钠和（0.20±0.01）g 无水碳酸钠。溶于 100 ml 水中，充分混匀。

11. 重铬酸钾标准溶液。

（1）配制方法：称取在 105～110 ℃下烘干 2 h 的重铬酸钾（GR）2.059 8 g，置于 250 ml 烧杯中，加入 50 ml 水，全部溶解后，转移至 1 L 的容量瓶中，用水稀释至刻度，充分混匀。此溶液每毫升相当于含有 0.005 mg 铀。

（2）标定：按样品分析方法，准确称取 6 份八氧化三铀标准物质（GBW 04205，使用前经 900 ℃灼烧 4～5 h）来标定重铬酸钾溶液，按下式算出重铬酸钾标准溶液对铀的滴定度：

$$\mathrm{T}_{\mathrm{K_2Cr_2O_7/U}}=\frac{m\times A}{V}$$

式中：T——重铬酸钾标准溶液对铀的滴定度，g/ml；

m——称取八氧化三铀的重量，g；

A——八氧化三铀标准物质中铀的含量，取值为 0.848；

V——滴定时消耗重铬酸钾标准溶液的体积，ml。

11.3.3 仪器与设备

1. 磁力加热搅拌器和塑料搅拌棒。

2. 玻璃称样勺：将长 150 mm、直径 4 mm 玻璃棒的一端在酒精喷灯上烧红、压成小勺状。

3. 秒表。

4. 25 ml 酸式滴定管。

5. 酒精温度计（0～100 ℃）。

6. 分析天平（感量 0.1 mg）。

11.3.4　分析方法

用减量法称取已制备好的试样 0.1～0.2 g（准确至 0.000 1 g）于 250 ml 烧杯中（用玻璃取样勺取出的试样连同勺一起放入烧杯中），加入少量水湿润试样，加入 0.5 ml 浓硝酸、40 ml 浓磷酸，盖上表面皿，将烧杯放在砂浴上加热煮沸 3 min 分解试样。取下稍冷，用移液管取 5 ml 水冲洗表面皿，再取 5 ml 浓硝酸洗涤烧杯内壁。加入 1 根搅拌棒，置于磁力搅拌器上，在不断搅拌下加入 4 ml 氨基酸溶液、5 ml 硫酸亚铁溶液，搅拌 1 min，再用移液管取 10 ml 水洗涤称样勺及烧杯内壁，取出已洗净的样勺。温度计扦入烧杯中，调节溶液温度在 35～40 ℃，在不断搅拌下沿杯壁加入 10 ml 钼酸铵氧化剂溶液。在加入氧化剂溶液时呈现暗褐色，此颜色的保留时间不应超过 40 s。从加入氧化剂时起，开始用秒表计时。搅拌 2.5 min，停止搅拌 30 s 后，立即加入 100 ml 硫酸钒酰溶液，开动搅拌器快速搅拌 1.5 min。此时溶液的温度应控制在 15～32 ℃。加入 3 滴二苯胺磺酸钠指示剂，用重铬酸钾标准溶液滴定溶液呈现紫红色，并在 30 s 内不褪色为止，记下消耗重铬酸钾标准溶液的体积。

11.3.5　分析结果计算

$$\text{计算公式：} U\% = \frac{T_{K_2Cr_2O_7/U} \times V \times 100}{m_0}\%$$

式中：U%——试样中铀的百分含量；

$T_{K_2Cr_2O_7/U}$——重铬酸钾标准溶液对铀的滴定度，g/ml；

V——滴定时消耗重铬酸钾标准溶液的体积，ml；

m_0——称取试样的重量，g。

11.3.6　分析注意事项

1. 称样前试样必须放在矮型磨口称样瓶中，其试样厚度约 0.5 cm，在 105～110 ℃烘干后，盖上盖子，放入干燥器中冷却至室温，方可立即称量。

2. 称样时必须戴上手套，从称样瓶中快速取出试样放入烧杯中，以防试样吸水受潮。

3. 加热煮沸 3 min，试样中的有机物可被硝酸氧化。对于难溶试样可补加 1 ml 浓氢氟酸，再加热至试样分解完全。

4. 加硫酸亚铁溶液时，要直接加到溶液中，不要溅在杯壁上。若溶液出现白色氨基磺酸沉淀，可加入 10 ml 水，并延长搅拌时间 2～3 min，使沉淀大部分溶解。

5. 加入硫酸钒酰后应搅拌 1.5 min 后再进行以下操作，否则含铀低的试样结果偏高。

6. 加入硫酸钒酰后 8 min 内完成滴定，超过时间则结果偏低。

7. 试剂的空白值一般为 0.02～0.04 ml 重铬酸钾标准溶液，超过此值，则硫酸钒酰溶液不能使用。

11.4 铁的测定（容量法）

11.4.1 方法原理

三价铁在一定的 pH 范围内（1～3），与 EDTA 形成稳定的络合物，在此条件下，碱土金属不与 EDTA 络合，虽然铝与 EDTA 络合，但铁、铝与 EDTA 的络合物不稳定常数相差很大（$K_{Fe}=10^{-25}$，$K_{Al}=10^{-16}$），铁的络合能力强，所以用 EDTA 滴定时，首先是铁被络合，然后再与铝络合，借助磺基水杨酸指示终点，以测定铁的含量。

11.4.2 试剂

1. 0.02 mol/L 的 EDTA 标准溶液：称取 7.445 2 g EDTA 试剂（GR），溶解在 1 000 ml 水中，摇匀。用标准铁溶液标定 EDTA 对铁的滴定度（标定方法见标准溶液配制）。
2. 冰醋酸（AR）。
3. 1%对硝基酚溶液：称取 1 g 对硝基酚溶解于 100 ml 水中，摇匀即可。
4. 1:1 HCl。
5. 1:1 氨水。
6. 30%（体积比浓度）双氧水（AR）。
7. 磺基水杨酸固体（AR）。

11.4.3 操作步骤

准确称取已加工好的产品样品 0.1 g 左右（准确至 0.000 1 g）于 250 ml 三角瓶中，加入 15 ml 1:1 的 HCl，2～3 ml 双氧水，置电热板上加热溶解，待全部溶解后，加入蒸馏水稀至 70～80 ml，然后加入 2 滴对硝基酚指示剂，用 1:1 氨水中和至出现黄色或浑浊，再用 1:1 HCl 调至黄色刚褪，接着加入 3 ml 冰醋酸，摇匀，加入约 0.2 g 的磺基水杨酸，此时溶液呈现紫红色，将溶液加热至 70 ℃左右，取下，用标准 EDTA 溶液滴定至紫红色消失，即为滴定终点。

11.4.4 结果计算

$$铁含量（Fe\%）=\frac{T_{EDTA/Fe}\times V}{m_0}\times 100\ \%$$

式中：铁含量（Fe%）——产品中铁的百分含量，%；

$T_{EDTA/Fe}$——EDTA 标准溶液对铁的滴定度，mg/ml；

V——滴定消耗 EDTA 的体积，ml；

m_0——称取试样重量，mg。

11.4.5　注意事项

1. 由于铁与 EDTA 络合物的生成速度比较慢，如果低于 30 ℃时更慢，所以滴定时应将溶液加热至 70～80 ℃，以加速铁与 EDTA 的络合反应。

2. pH=4 时将会使结果偏高，为了严格控制酸度，此法采用醋酸作为缓冲剂。

3. 铁含量高时，由于颜色较深，干扰终点观察，滴定时要特别小心，仔细观察。

4. 对于低含量铁的测定，此法比重铬酸钾法准确，但要求必须严格控制酸度（pH=1～3）。

11.5　二氧化硅的测定（硅钼蓝比色法）

11.5.1　方法原理

硅酸与钼酸铵作用生成硅钼蓝复离子，即为 $H_8[Si(Mo_2O_7)_6]$，然后，用硫酸亚铁铵还原，此杂多酸为硅钼蓝$[Mo_2O_5\text{-}Si\text{-}(Mo_2O_7)H_8]$，在一定浓度范围内符合比尔定律。

11.5.2　试剂

1. 氢氧化铵（重蒸馏），不含二氧化硅。

2. $\left(\frac{1}{2}H_2SO_4\right)=3$ mol/L 溶液：c 硫酸。

3. 50 g/L 钼酸铵溶液。

4. 草酸与硫酸混合溶液：首先分别配制 40 g/L 的草酸溶液和 $c\left(\frac{1}{2}H_2SO_4\right)=8$ mol/L 硫酸溶液，之后按 3:1 的比例混合即可。

5. 60 g/L 硫酸亚铁铵溶液。

6. 20 μg/ml 二氧化硅标准溶液。

11.5.3　操作方法

1. 绘制工作曲线

分别吸取 0.0、1.0、2.0、3.0、4.0、5.0 ml 的 20 μg/ml 二氧化硅溶液于 50 ml 容量瓶中，加水至 20 ml 左右，加入 1 滴对硝基酚指示剂，用重蒸馏氨水和 $c\left(\frac{1}{2}H_2SO_4\right)=0.75$ mol/L 硫酸溶液中和至黄色刚好消失，加入 2 ml $c\left(\frac{1}{2}H_2SO_4\right)=3$ mol/L 硫酸溶液和 5 ml 50 g/L 钼酸铵溶液，摇匀。放置 15～20 min，使其充分发色后，加入 10 ml 草硫混合酸，摇匀。立即加入 2.5 ml 硫酸亚铁铵溶液，摇匀。加水至刻度，放置 10 min 后，在波长为 560 nm，

用 1 cm 比色杯进行比色测定。根据测定结果绘制出工作曲线。

2. 样品分析

在用石英砂处理好的银坩埚（或镍坩埚）中，加入 4～5 粒（约 1 g）氢氧化钾（或氢氧化钠），于电炉上加热溶化，取下坩埚冷却，称取 0.2 g 样品于坩埚中，其上面再盖上 4～5 粒氢氧化钾，然后放入 550 ℃的马福炉中熔融 25 min，取出冷却，于 150 ml 塑料烧杯内以水浸出，用 1:1 的硫酸溶液洗坩埚 1 次，其洗水全部倒入同一烧杯中，然后用 1:1 硫酸中和至酸性再转入至 250 ml 容量瓶中，用水稀至刻度，摇匀。

吸取上述溶液 5～10 ml 于 50 ml 容量瓶中，加水到 20 ml 左右，加 1 滴对硝基酚，以氨水调至黄色出现，再用 0.75 mol/L 硫酸调至黄色消失，加入 2 ml $c\left(\frac{1}{2}H_2SO_4\right)=3$ mol/L 硫酸，5 ml 50 g/L 钼酸铵溶液，以下同工作曲线。

11.5.4 结果计算

$$\text{二氧化硅含量（}SiO_2\%\text{）}=\frac{m}{m_0}\times 100\%$$

式中：二氧化硅含量（$SiO_2\%$）——产品中二氧化硅的百分含量；

m——从工作曲线上查得的二氧化硅量，mg；

m_0——比色用的样品重量，mg。

11.5.5 注意事项

1. 碱熔试样温度不能太高，否则试样会因溅出损失。
2. 所用试剂不得含有二氧化硅。
3. 如试样中磷酸根含量高，加入草硫混合酸后，必须充分摇匀，使之消除其磷的影响。
4. 显色要充分，尤其是在气温低时，显色较慢，需注意掌握，否则结果不稳定。

11.6 硫酸根的分析

11.6.1 方法原理

在弱酸性介质中，Ba^{2+}离子与硫酸根作用生成硫酸钡混浊液。其浊度在一定范围内符合比尔定律。

11.6.2 试剂

1. 硫酸根标准溶液：称取一级已烘干的硫酸钾（K_2SO_4）0.907 6 g 于 250 ml 烧杯

中，用水溶解后，转移到 1 000 ml 容量瓶中，加水稀释至 1 000 ml。此溶液每毫升相当于含有 0.5 mg SO_4^{2-}。再用此溶液稀释 5 倍，即为每毫升相当于含有 100 μg SO_4^{2-}的使用溶液。

2. 氯化钠—盐酸（NaCl—HCl）混合液：称取二级氯化钠（NaCl）240 g 溶于 600 ml 水中，加入 2 ml 浓 HCl，加水稀释至 1 000 ml，摇匀。

3. 氯化钡（固体），其粒度要求为 40～60 目。

11.6.3　操作方法

1. 绘制工作曲线

分别吸取含硫酸根 0、50、100、200、300、400、600、800 μg 的硫酸根标准溶液于 50 ml 容量瓶中，加水至 30 ml 左右，加入 8 ml 氯化钠—盐酸混合溶液，摇匀，加入 0.2 g（40～60 目）固体氯化钡，加水至刻度，用力摇动，使固体氯化钡全部溶解，放置 3～5 min，在波长为 530 nm，用 3 cm 比色杯于分光光度计上测其消光值，根据所测数据绘制工作曲线。

2. 样品分析

称取 0.2～0.5 g 试样于 150 ml 烧杯中，加入 15 ml 浓盐酸，3 ml 双氧水，盖上表面皿，置电炉上加热溶解，之后，将其溶液定量地转移至 50 ml 容量瓶中，并用水稀释至刻度，摇匀，即为原始溶液。分取原始溶液 5 ml（或 10 ml）于 50 ml 容量瓶中，加水稀释至 20 ml 左右，再用 1:1 的氨水调至溶液刚有混浊出现，之后用 1:1HCl 调至溶液中沉淀消失，加 8 ml 氯化钠—盐酸混合溶液和 0.2 g 固体氯化钡，用力摇动，使其溶解后，加水稀释至刻度，以下操作同工作曲线。

11.6.4　结果计算

$$\text{硫酸根含量（}SO_4^{2-}\%\text{）} = \frac{m}{m_0} \times 100\%$$

式中：硫酸根含量（SO_4^{2-}%）——产品中硫酸根的百分含量；

m——从工作曲线上查得的硫酸根量，mg；

m_0——分析用的试样重量，mg。

11.6.5　注意事项

1. 氯化钡粒度必须均匀（40～60 目），加入量控制一定要准确，以 0.2 g 为准。

2. 在比浊前，必须摇动容量瓶使其均匀，否则会因生成的硫酸钡沉淀而引起较大的误差。

3. 在酸度调节时，加入氨水后，氢氧化铁沉淀产生，然后加入 1:1HCl 使沉淀消失，

此时可能出现 $Fe(OH)_3$ 胶体，必须加以破坏，不然引起结果偏高。

4. 原始溶液可留下测磷酸根用。

11.7 磷酸根的分析

11.7.1 方法原理

在酸性介质中，磷与钼生成磷钼杂多酸，用硫脲还原，便生成钼蓝，借此进行比色测定。

11.7.2 试剂

1. 2 mol/L 盐酸（HCl）溶液。

2. 50 g/L 钼酸铵溶液：称取 50 g 二级钼酸铵溶于适量水中，待全溶后，用滤纸过滤，于 1 000 ml 容量瓶中，并加水至刻度。

3. 磷标准溶液：准确称取一级磷酸氢二铵$[(NH_4)_2HPO_4]$0.694 8 g 放入 250 ml 烧杯中，加少量水溶解后，移入 1 000 ml 容量瓶中，稀释至刻度，摇匀。此溶液每毫升相当于含 PO_4^{3-} 0.5 mg，再用此溶液适当稀释成每毫升含有 PO_4^{3-} 25 μg 的使用液。

4. 90 g/L 的硫脲溶液：称取 90 g 硫脲$[(NH_2)_2CS]$于 1 000 ml 的烧杯中，加水溶解后，用滤纸过滤于 1 000 ml 容量瓶中，并加水至刻度，摇匀，放入暗处保存备用。

5. 1:1 氢氧化铵（NH_4OH）溶液（V/V）。

6. 10 g/L 对硝基酚溶液。

11.7.3 操作方法

1. 绘制工作曲线

分别吸取含磷酸根 0、25、50、75、100、125、150 μg 的磷酸根标准溶液放入 50 ml 容量瓶中，加入 20 ml 2 mol/L 盐酸，10 ml 90 g/L 的硫脲溶液，4 ml 50 g/L 钼酸铵溶液，最后用水稀释至刻度，摇匀，放置 30 min，使其充分显色，在波长为 530 nm，用 2 cm 比色杯，进行比色测定。根据测定结果绘制工作曲线。

2. 样品分析

吸取样液 5～10 ml（视磷含量而定）于 50 ml 容量瓶中，加入 1 滴对硝基酚溶液，用 1:1 的氢氧化铵和 1:1 盐酸调至黄色消失，以下操作同工作曲线。

11.7.4　结果计算

$$磷酸根（PO_4^{3-}\%）=\frac{m}{m_0}\times 100\%$$

式中：磷酸根（$PO_4^{3-}\%$）——产品中的磷酸根百分含量；

m——从工作曲线上查得的磷酸根，mg；

m_0——分析用产品重量，mg。

11.7.5　注意事项

显色时间要充分，根据室温条件的变化，冬季需 30 min，夏季需 15～20 min 方能显色完全，否则结果不稳定。

11.8　氯离子的分析

11.8.1　方法原理

基于产品中的氯离子能与 $AgNO_3$ 生成沉淀，过量的银离子以硫酸高铁铵作指示剂，在硝酸介质中以硫氰化钾滴定。

11.8.2　试剂

1. 0.1 mol/L 氯化钠（NaCl）标准溶液：准确称取在 105～110 ℃下烘干 2 h 的一级氯化钠（NaCl）5.845 0 g，放入 1 000 ml 容量瓶中，加水稀释至刻度。

2. 0.05 mol/L 硫氰化钾（KSCN）标准溶液：称取 5 g 二级硫氰化钾（KSCN）于 1 000 ml 容量瓶中，加水稀至刻度。准确吸取一定量的标准氯化钠溶液，放入 250 ml 三角瓶中，按分析步骤操作，以求出硝酸银对硫氰化钾溶液的滴定度（即硫氰化钾的准确摩尔质量浓度）。

3. 0.1 mol/L 硝酸银（$AgNO_3$）标准溶液：其标定见标准溶液配制。

11.8.3　操作方法

准确称取在 105～110 ℃的温度下烘干并研磨好的产品样品 0.2 g 于 250 ml 三角瓶中，加入 1:1 的硝酸，置电热板上加热溶解，加入无氯根的水稀释至 80～90 ml，准确加入标准的硝酸银溶液 5 ml（一般应适当过量），加入 1 ml 硫酸高铁铵溶液，之后用已标定好的硫氰化钾溶液滴定溶液呈砖红色为终点。

11.8.4 结果计算

$$氯离子含量（Cl\%）=\frac{(c_1V_1-c_2V_2)\times 0.035\,45}{m_0}\times 100\%$$

式中：氯离子含量（Cl%）——产品中的氯根百分含量；

c_1——$AgNO_3$ 的摩尔质量浓度，mol/L；

V_1——加入 $AgNO_3$ 的体积，ml；

c_2——KSCN 标准溶液的摩尔质量浓度，mol/L；

V_2——滴定时消耗 KSCN 标准溶液的体积，ml；

m_0——称取产品试样的重量，g。

11.8.5 注意事项

加入的硝酸银溶液必须要适当过量，不然会出现负值，造成样品报废。

11.9 氟离子的分析

11.9.1 方法原理

在一定条件下，测定一系列不同浓度溶液的电位，并绘制出 E-logc_F 校正曲线。然后根据试样在相同条件下的电位值在校正曲线上查其含量。

11.9.2 仪器与试剂

1. 氟化镧单晶电极。

2. 饱和甘汞电极。

3. PH—3 型酸度计。

4. 离子强度缓冲溶液：将 212.5 g 硝酸钠（$NaNO_3$），73.5 g 柠檬酸钠，74 g 氢氧化钠（NaOH）用水溶解，加入 120 ml 冰醋酸，用水稀释至近 1 000 ml，用冰醋酸和 NaOH 溶液在 pH 计上调节溶液 pH 为 5.5±0.1，最后用水稀释至 1 000 ml，备用。

5. 氟标准溶液：称取一级氟化钠（NaF）0.221 0 g 于 100 ml 烧杯中，加入适量水溶解后，转入 1 000 ml 容量瓶中，用水稀释至刻度，摇匀，倒入干燥洁净的塑料瓶中保存。此溶液每毫升含氟 100 μg，若再用水稀释 10 倍，即为每毫升为含氟 10 μg 的标准氟溶液。

6. 8%碳酸氢钠（$NaHCO_3$）溶液：称取 80 g 碳酸氢钠（$NaHCO_3$），溶于 1 000 ml 水中即可。

11.9.3　操作方法

1. 绘制工作曲线

分别吸取 1 000、100、10、5、2 μg 氟标准溶液于 5 个 50 ml 容量瓶中，加入 20 ml 离子缓冲溶液，用水稀释至刻度，摇匀，倒入 100 ml 烧杯中，加入 1 粒磁子，以饱和甘汞电极为参比电极，对氟电极测定电势值 E，将测得的电势 E 与氟含量 c，在半对数座标纸作 $E—c$ 曲线，或在普通座标纸上作 $E—\log c_F$ 曲线。

2. 样品分析

称取 0.1 g 试样于 250 ml 烧杯中，加入 8%$NaHCO_3$ 溶液 25 ml，加入过氧化氢 3 ml，加热溶解（若不溶，可再加 H_2O_2 至全溶），将溶液转入 50 ml 容量瓶中，加入 20 ml 离子缓冲溶液，用水稀释至刻度，以下操作同工作曲线。

11.9.4　结果计算

$$\text{氟离子（F\%）} = \frac{m}{m_0} \times 100\%$$

式中：氟离子（F%）——产品中的氟离子百分含量；

m——从工作曲线上查得的氟量，mg；

m_0——称取的试样重量，mg。

11.9.5　注意事项

1. 铝影响氟的测定，使结果偏低，所以，消除铝的干扰是本方法的关健，当铝量少于 10^{-3} mol 时，采用 CyDTA（1.2-环己二胺四乙酸）—硝酸钠—柠檬酸钠络合缓冲液有较好的掩蔽效果，据资料介绍，高铝高氟样品采用磺基水杨酸铵，掩蔽效果也很好，在 pH=9，测定下限能达到 5×10^{-5} mol 氟离子。也有用 CyDTA—柠檬酸钠—氯化钠作离子强度缓冲液，在 pH 为 6 时，掩蔽效果也很好。

2. 随温度变化，标准曲线有平移现象，做一批样品应同时做几个标准样品，用以校正标准曲线。

3. 每一次测定需平衡 10 min，无论工作曲线还是样品都要以低浓度至高浓度的顺序进行测定。

第三部分

环境监测方法

第 12 章　环境水质监测方法

12.1　水中铀的分析（乙醚萃取荧光比色法）

12.1.1　方法原理

在有硝酸盐盐析剂存在下，乙醚从溶液中将铀以硝酸铀酰的形式萃取，而与干扰元素分离，以氟化钠为助熔剂，在酒精喷灯上烧制成珠球，在荧光仪上进行比色测定。

12.1.2　试剂与仪器

1. 荧光灯或固体荧光仪。

2. 铂金丝，直径为 0.5 mm，截成长约 5 cm，一头做成直径为 5 mm 的环，另一头固定在玻璃棒上。

3. 酒精喷灯。

4. 不锈钢氟化钠压片器。

5. 60 ml 分液漏斗，梨形或球形。

6. 固体氟化钠（GR）。

7. 硝酸（AR），$d=1.42$。

8. 乙醚（AR）。

9. 30%（体积比浓度）双氧水（AR）。

10. 2 mol/L 硝酸溶液：将 125 ml 浓硝酸加水稀释至 1 000 ml 即可。

11. 盐析剂溶液：先用 2 mol/L 硝酸溶液分别配成饱和硝酸铝和硝酸铵溶液，然后将二者按 1:4 的体积比混合而成。

12. 铀标准溶液：准确称取 0.211 0 g 一级硝酸铀酰[$UO_2(NO_3)_2 \cdot 6H_2O$]于 50 ml 小烧杯中，加入 10 ml 2 mol/L 硝酸溶液溶解后，转入 100 ml 容量瓶中，用 1%（体积比浓度）硝酸溶液稀释至刻度，摇匀，即为 1 000 μg/ml 的标准原始铀溶液。然后用 1%（体积比浓度）硝酸溶液按稀释法可配制成 0.002～500 μg/ml 的一系列铀标准使用溶液。

13. 铀标准珠球的制备：用氟化钠压片器将氟化钠压制成约（95±5）mg 的小片，并置于预先处理干净的铂金丝环上，然后用 0.1 ml 的移液管分别准确地吸取铀标准系列溶液 0.1 ml 小心滴于氟化钠片上，用酒精喷灯小火烤干，然后在氧化焰上熔融至透明状，慢慢移出喷灯火焰，冷却，用清洁光滑的描图纸片将球包住轻轻剥落下来，依次置于黑色比色板上，放置在干燥器中备用。

12.1.3 操作方法

量取 20～200 ml 水样于烧杯中，加入几滴浓硝酸酸化，于中温电炉或电热板上蒸发至干，取下冷却，加 2 ml 双氧水，待剧烈反应停止后再蒸干，取下冷却，沿杯壁加入 5 ml 盐析剂，微热之，使残渣溶解完全。将烧杯中的溶液全部转入分液漏斗中，沿杯壁加入 8 ml 乙醚并立即转移至同一分液漏斗中，塞紧盖子，摇动 2～3 min（在此过程中注意放掉由于乙醚蒸发而产生的乙醚气体），静置。待两相分层后，将水相从分液漏斗下口放入原烧杯中，有机相从上口倒入预先已盛有 2 ml 水的 50 ml 三角瓶中，水相倒入原分液漏斗中，加入乙醚重复萃取一次，弃去水相，有机相合并至同一小三角瓶内。将小三角瓶置于水浴上，用蒸馏法回收乙醚，待把乙醚回收完全后，将三角瓶置砂浴上或低温电炉上蒸干到不冒棕色气体为止，取下冷却。向小三角瓶中加入 1～50 ml 1%（体积比浓度）的硝酸溶液（视样品中铀含量高低而定），微热之，使铀溶解完全。用 0.1 ml 吸管准确吸取 0.1 ml 样品溶液于铂金丝环上的氟化钠小片上，先在喷灯的小火焰上慢慢烤干，其后在氧化焰中熔融至透明状，慢慢移出喷灯火焰，使其冷却。在荧光灯下，将样品珠球与标准珠球比较，以确定样品铀含量。

12.1.4 结果计算

$$\text{水中铀含量（U，g/L）} = \frac{A \times 10^{-6} \times V_1}{V_2 \times V_S} \times 1\,200$$

式中：A——样品珠球的铀含量，μg；

V_1——加入 1%（体积比浓度）硝酸体积，ml；

V_2——吸取样液烧球之体积，ml；

V_S——取样体积，ml。

12.1.5 注意事项

1. 所用的玻璃器具必须用稀硝酸溶液洗涤和浸泡，以免造成不必要的偶然污染，使结果不可靠。

2. 样品蒸发前应加几滴硝酸酸化，蒸发过程中温度不宜过高，特别在近干时，以免因飞溅而损失。

3. 如水样含有机物多，必须在蒸干时用双氧水反复处理几次，尽可能地使样品残渣呈白色，否则会影响萃取效果。

4. 盐析剂的酸度应严格控制，酸度太高或太低都对萃取效率有影响。

5. 萃取分离时应避免将水相混入有机相，否则失去了萃取的意义。

6. 珠球的大小、烧球的温度都将直接影响结果的准确性，因此，氟化钠片的大小力求基本一致，烧球的温度及其他条件也应做到与标准珠球的条件一致。

7. 预先放入三角瓶内的蒸馏水及配制 1% 的硝酸溶液所用的蒸馏水最好用二次蒸馏水。

8. 乙醚是易燃有机试剂，回收乙醚时应在通风柜内进行，其回收装置如图 12-1 所示。首先将冷凝管进出管接好（进水口在冷凝管下方，出水口在冷凝管上方），使水充满，然后再开启电炉（不能直接在明火电炉上加热。而要在水浴中加热或者在电炉上放入石棉网，并控制较低的温度）。

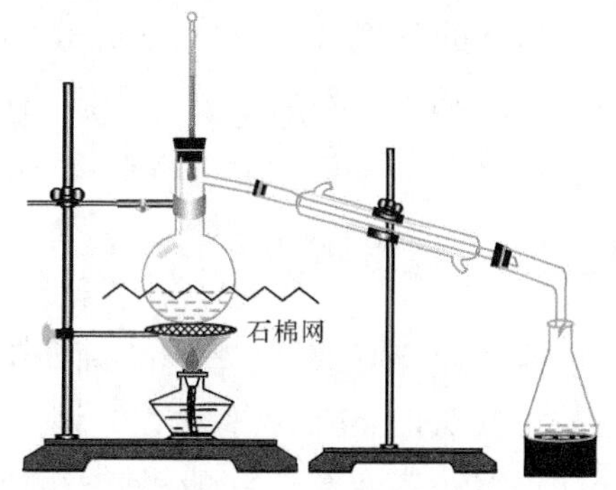

图 12-1　蒸馏装置

12.2　水中铀的分析（活性炭吸附荧光法）

12.2.1　方法原理

当溶液的 pH=5 时，以活性炭吸附铀，再用碳酸钠溶液将铀解吸出来，使铀与碳酸根形成可溶性的三碳酸铀酰铬合物转入溶液中，与干扰元素分离，而后借荧光比色测定铀的含量。

12.2.2　试剂与仪器

1. 电热恒温干燥箱。
2. 荧光灯或固体荧光仪。
3. 酒精喷灯。
4. 铂金丝。
5. 0.1 mol/L 盐酸溶液：量取 0.84 ml 浓盐酸加入 100 ml 水中，摇匀即成。
6. 10 g/L 碳酸钠溶液：称取 1 g 一级碳酸钠溶于 100 ml 二次蒸馏水中。
7. 35 g/L 氟化钠溶液：称取一级氟化钠 3.5 g 溶于 100 ml 二次蒸馏水中。
8. 1 g/L 甲基橙溶液：称取 0.1 g 甲基橙溶于 100 ml 水中。
9. 硼酸—硼酸钠缓冲溶液：将饱和二级硼酸溶液 40 ml 与饱和二级硼酸钠溶液 10 ml 混合而成。
10. 活性炭：将 20 g 活性炭浸泡在 200 ml 1%（体积比浓度）的盐酸溶液中，充分搅拌，静置过夜。倾去上清液，每次用 200 ml 蒸馏水以倾泻法洗涤 2～3 次，再在布氏漏斗中抽气洗涤至无氯离子为止，最后将活性炭在烘箱中以 70～80 ℃的温度下烘干备用。
11. 铀标准珠球的制备：取 10～30 ml 的瓷坩埚若干个，分别加入一定浓度的铀标准溶液，使其中含铀量分别为0.000、0.001、0.003、0.006、0.010、0.030、0.060、0.100、0.300、0.600、1.000、3.000、6.000、10.000、30.000、60.000 μg（根据需要可增加铀标准珠球的密度），再加入2.5 ml 10 g/L碳酸钠溶液及2.5 ml 35 g/L的氟化钠溶液，置于砂浴上蒸干，然后按分析手续制成珠球，并从铂金丝环上剥下，依次置于有小圆穴的比色板上，保存于干燥器中备用。

12.2.3 操作方法

取水样200 ml于250 ml烧杯中，加入1 g/L甲基橙指示剂2～3滴，用0.1 mol/L盐酸（或0.1 mol/L氢氧化铵）调至溶液由黄色转变为玫瑰红色，过量的酸再用硼酸—硼酸钠缓冲溶液调至由红色变成黄色（pH=5），加入活性炭0.2 g，充分搅拌之，放置15 min，过滤（放置过夜，可用倾泻法除去上清液），活性炭用煮沸过的pH=5的弱酸性水洗涤2～3次，并将活性炭全部转入滤纸上，弃去滤液。将滤纸连同活性炭一并放入瓷蒸发皿中，在105 ℃的烘箱内烘干，将滤纸上的活性炭扫入50 ml的小烧杯中，并准确加入5 ml 10 g/L的碳酸钠溶液，搅动，放置15 min，然后在原漏斗中用原滤纸过滤，滤液用20 ml坩埚承接。准确吸取2.5 ml滤液于蒸发皿中，准确加入35 g/L氟化钠溶液2.5 ml。放在砂浴上蒸发至干。蒸干的残渣用大头玻璃棒磨碎，滴加少许酒精调成小团，用铂金丝挑起在酒精喷灯上先小火烤干，然后在氧化焰中熔融至透明状，冷却，在荧光灯下与标准珠球比较荧光强度，得出结果。

12.2.4 结果计算

$$\text{铀（U，g/L）}=\frac{2A\times10^{-6}}{V_{\mathrm{s}}}\times1\,300$$

式中：A——样品珠球的铀含量，μg；

V_{S}——取样之体积，ml；

1 300——修正系数。

12.2.5 注意事项

1. 10 g/L的碳酸钠与35 g/L的氟化钠浓度要求准确，必须是一级试剂。
2. 比色时样品珠球和标准珠球的几何条件一致，否则会带来一定的误差。
3. 活性炭解吸法有两种：（1）干法解吸，将活性炭烘干扫入25 ml烧杯，加入5 ml 10 g/L的碳酸钠溶液解吸。（2）湿法解吸，将过滤洗涤好的活性炭折好放入25 ml烧杯中，用5 ml10 g/L的碳酸钠溶液解吸，或者将过滤洗涤好的活性炭直接滴加5 ml 10 g/L碳酸钠溶液解吸。干法解吸完全、稳定性好，但操作要小心，注意活性炭外撒及飞散，湿法解吸快速方便，但有偏低现象，同时稳定性差。
4. 水样太混浊时，应用滤纸过滤后再分析。

12.3　水中铀的分析（TBP—煤油萃取铀试剂—Ⅲ比色法）

12.3.1　方法原理

利用铀酰离子与硫氰酸根在硝酸介质中生成的络合物可被 TBP—煤油定量萃取，再用铀试剂—Ⅲ进行反萃取并显色，在分光光度计上测其消光值。

12.3.2　试剂与设备

1. 铀标准溶液：用 pH=2 的稀硝酸溶液，按稀释的方法配制成 10 μg 铀/ml 标准使用溶液 250 ml。

2. 20%（体积比浓度）TBP—煤油溶液：量取 20 ml TBP 与 80 ml 已纯化的煤油混合置于 500 ml 的分液漏斗中，加入 10%的碳酸钠溶液 25 ml，用力摇动 5 min，静置分层后放出水相，有机相用硝酸酸化水（pH=2～3）洗涤 3 次，前两次每次 40～50 ml，第三次必须用等体积的酸化水洗涤，并放置过夜后，再放出水相，有机相装入棕色瓶中备用。

3. 6 mol/L 硫氰酸铵溶液：称取 228 g 硫氰酸铵，用 pH=2 的酸化水溶解，并稀释至 500 ml。

4. 2 mol/L 酒石酸溶液：称取 150 g 酒石酸，用 pH=2 的酸化水溶解并稀释至 500 ml。

5. 75 g/L 乙二胺四乙二钠溶液：称取乙二胺四乙酸二钠（EDTA-2Na）7.5 g，加适量水，再加几滴 1:1 的氨水，使之溶解完全后，用水稀释至 100 ml。

6. 400 g/L 硝酸铵溶液：称取 40 g 硝酸铵用 pH=2 酸化水溶解，并稀释至 100 ml。

7. 0.02 g/L 铀试剂—Ⅲ溶液：称取 0.5 g 铀试剂—Ⅲ于小烧杯中，加入 pH=2 的酸化水溶解后，转入 500 ml 容量瓶中并稀释至刻度，此溶液浓度为 0.1%。取该溶液 10 ml 于 500 ml 容量瓶中，用 pH=2 的酸化水稀释至刻度，摇匀。此溶液为浓度 0.002%的铀试剂—Ⅲ使用溶液，贮于棕色瓶中备用。

8. 分光光度计：721 型或 7230 型。

12.3.3　操作方法

1. 绘制工作曲线

用 7 个分液漏斗，分别加入含铀 0、5、10、20、30、40、50 μg 的铀标准溶液，加入 pH=2 的酸化水至总体积为 50 ml，摇匀后加入 6 mol/L 硫氰酸铵溶液 0.5 ml，2 mol/L 酒石酸溶液 0.5 ml 和 75 g/L 的 EDTA-2Na 溶液 2 ml（每加一种试剂均须摇匀），放置 5 min，加入 10 ml TBP—煤油溶液，摇动萃取 3 min，静置分层 30 min，从漏斗下口将水相放出，有机相用 400 g/L 的硝酸铵溶液 5 ml 摇动洗涤 1.5 min，静置分层后，弃去水相，再重复洗涤1次，弃去水相。往有机相中准确加入10 ml的0.02 g/L铀试剂—Ⅲ溶液，摇动反萃取2 min，静置分层后，将水相放入1 cm比色杯内，在波长为665 nm的分光光度计上测其消光值，并绘制工作曲线，如图12-2所示。

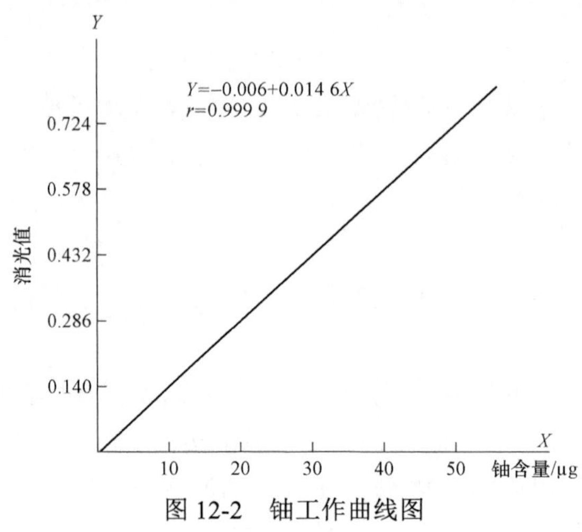

图12-2　铀工作曲线图

2. 样品分析

取50 ml水样于分液漏斗中，用1:1硝酸溶液或1:1的氨水，调至pH=2左右。以下操作同工作曲线。

12.3.4　结果计算

$$铀（U，g/L）=\frac{A\times10^{-6}\times V_1}{V_S\times V_2}\times1.2$$

式中：A——从工作曲线上查出的铀量，μg；

V_1——加入1%硝酸体积，ml；

V_2——吸取烧球用之体积，ml；

V_S——取样体积，L；

1.2——修正系数。

12.3.5　注意事项

1. 萃取介质的酸度必须控制在pH=2～3的范围，否则结果误差大。

2. 静置分层的水相和有机相都要透明清亮，不得出现浑浊，如有浑浊必须继续静置。反萃取铀试剂—Ⅲ溶液转移至比色杯前最好进行离心分离，这样可以保证结果的稳定性和准确性。

3. 含有机物多的样品，不能直接用TBP萃取。必须将水样蒸干，用硝酸和双氧水进行硝化处理处后才能进行下步分析。

4. TBP—煤油溶液可以回收反复使用，不得随意倒掉。回收方法为用 500 ml 大的分液漏斗，加入约 250 ml 20%（体积比浓度）TBP—煤油废液，再加入 100 g/L 碳酸钠溶液 30 ml，用力摇动 5～8 min，静置分层后，缓慢地放出水相。有机相用 pH=2 的硝酸酸化水 50 ml，摇动洗涤 3 min，静置分层，弃去水相，重复洗涤 3 次，第四次洗涤时，酸化水体积应不少于 150 ml。静置分层时间 1 h 以上，最好过夜。然后慢慢地放掉水相，有机相从上口倒入 TBP—煤油试剂瓶中，备用。

5. 对于铀含量低的水样，分析时可以加大取样量，反萃取剂可以改用 10 g/L 的优质纯碳酸钠，体积为 1～2 ml，取其中的 0.1 ml 在氟化钠片上烧成珠球，进行荧光比色法测定。

12.4　水中铀的快速分析（活性二氧化锰吸附法）

12.4.1　方法原理

在 pH＝8～9 的弱碱性介质中，用活性二氧化锰、氢氧化铁和氢氧化铝作为吸附共沉淀剂，用以浓集水中微量铀，然后将浓集的铀用碳酸钠在加热至 95 ℃条件下生成三碳酸铀酰络合物而解吸出来，使之与其他干扰元素分离，取其解吸液进行荧光分析。

12.4.2　试剂与仪器

1. 铝铁混合液：称取 10 g 三氯化铁（$FeCl_3$）和 2 g 硫酸铝钾[$KAl(SO_4)_2$]溶于 100 ml 蒸馏水中，加入数滴盐酸酸化，摇匀即可。

2. 活性二氧化锰：将粒度为 0.1 mm 的市售二氧化锰用 pH=2 的盐酸酸化水浸泡数小时或过夜，倾出清液，再用蒸馏水洗至中性，置于烘箱内烤干，研磨好装入瓶内备用。

3. 1:1 盐酸溶液：1 体积浓盐酸与 1 体积水混合而成。

4. 1 g/L 酚酞溶液：称取 0.1 g 酚酞溶于 100 ml 50%的乙醇中，加入二滴 1:1 氢氧化钠溶液。

5. 1:1 氨水溶液：1 体积浓氨水与 1 体积水混合即可。

6. 20 g/L 的碳酸钠溶液：称取 2 g 优级纯无水碳酸钠，溶于 100 ml 水，摇匀。

7. 铀标准珠球的制备：见乙醚萃取荧光法。

8. 铂金丝：直径为 0.5 mm 粗的铂金丝，剪成约 6 cm 长，一头固定在玻璃棒上，另一头围成直径为 4.5 mm 的小圆圈，洗净晾干备用。

9. 酒精喷灯。

10. 氟化钠压片器。

11. 荧光仪。

12.4.3 操作方法

准确量取一定体积（200～1 000 ml）的水样于烧杯中，用 1:1 的盐酸溶液调节溶液 pH=2（用广泛 pH 试纸检查），用力搅拌，加入 3～10 ml 铁铝混合溶液，和 3～6 滴 1 g/L 酚酞，继续搅拌，放置 10 min，加入 1:1 氨水调节溶液显红色，并过量数滴，使溶液 pH=8～9，立即加入 0.5～1.5 g 活性二氧化锰，用力搅拌 2～3 min，放置 20 min，小心倾出上清液，沉淀用快速定量滤纸过滤，原器皿用不含碳酸根的稀氨水洗涤，待滤液流尽后，将沉淀连同滤纸一起放入 50 ml 三角瓶中，加入 10～30 ml 20 g/L 的碳酸钠溶液（视铀含量高低而异），搅拌均匀，于电炉上加热近沸，立即取下过滤，吸取 0.1 ml 滤液，制备样品珠球，于荧光灯下与铀标准珠球进行比较，得出结果。

12.4.4 结果计算

$$\text{铀（U，g/L）}=\frac{A\times10^{-6}\times V_1}{V_2\times V_S}\times1\,200$$

式中：A——测得的样品珠球铀含量，μg；

V_1——加入碳酸钠溶液的体积，ml；

V_2——烧球时吸取碳酸钠溶液之体积，ml；

V_S——取样体积，ml；

1 200——修正系数。

12.4.5 注意事项

1. 水样的酸化处理主要是为了尽可能地促使样品中的碳酸根离子分解完全，另外也可避免玻璃容器对低浓度铀的吸附，因此在酸化处理过程中，一定要用鼓气泡搅拌均匀。

2. 当溶液用氨水调至 pH=8～9 时，严禁用鼓气泡搅拌，避免空气中的二氧化碳进入溶液，以免影响二氧化锰对铀的吸附效果。

3. 在解吸煮沸过程中，时间不能太长。防止因体积减少而带来的误差。

12.5 吸附尾液中铀的快速分析（点滴荧光法）

12.5.1 方法原理

用碳酸钠直接将水样中的铀和其他干扰元素分离，利用点滴法将铀溶液滴在氟化钠片上，于喷灯上烧制珠球，在荧光灯下与在同样条件下制作的铀标准珠球进行荧光比较，得出结果。

12.5.2　试剂与设备

1. 电动或手摇离心机（医用六孔）。

2. 10 ml 离心试管。

3. 100 g/L 碳酸钠溶液：称取 10 g 无水碳酸钠溶于 100 ml 水中。

4. 30%（体积比浓度）双氧水。

5. 铀标准珠球的制备：准确吸取原始铀标准溶液，按实际需要分别配制成以下系列的铀标准使用溶液，即在 100 ml 的容量瓶中，加双氧水 1～2 滴，加水 50 ml，用 100 g/L 的碳酸钠溶液稀释至刻度，摇匀，即为 0.03、0.05、0.07、0.10、0.30、0.50、1.00、1.50、2.00、2.50、3.00、4.00、5.00、6.50、7.50、9.00、10.00…… μg/ml 的铀标准使用液。用标准滴管滴 1 滴于事先准备的氟化钠小片上，在酒精喷灯上烧制成珠球，冷却后，将珠球取下，按顺序放置在黑色有机玻璃板上，于干燥器中保存备用。

12.5.3　操作方法

准确吸取 5 ml 试样于 10 ml 刻度离心试管中，加入 1～2 滴双氧水，用 100 g/L 碳酸钠溶液稀释到 10 ml 刻度处，搅拌均匀，将试管放入离心机的套管中，进行离心分离沉淀，将其铁、锰等干扰元素分离，用滴管吸取 1 滴溶液于氟化片上烧制成珠球，与标准珠球比较，得出结果。

12.5.4　结果计算

$$铀（U，mg/L）=\frac{A\times V_2}{V_S}$$

式中：A——相当标准珠球中的铀含量，mg/L；

V_2——样品稀释后的总体积，ml；

V_S——取样体积，ml。

12.5.5　注意事项

1. 样品的氟化钠重量必须与制备标准珠球时的氟化钠重量基本一致，其重量误差不能大于±10 mg。

2. 在操作滴管时，必须使滴管垂直滴下溶液，滴管尖端不能靠近氟化钠片。

3. 进入暗室比色时，必须停留 3～5 min 后，方可进行比色，以避免视力不适带来的误差。

12.6 水中低含量铀的分析（激光荧光法）

12.6.1 方法原理

在水样中直接加入荧光增强剂，使之与水样中的铀酰离子（UO_2^{2+}）生成一种简单的络合物，在激光辐射（波长 337 nm）激发下产生强烈荧光。其荧光强度与水样中的铀成正比，采用标准铀加入法，定量地测定水中铀含量。

12.6.2 试剂与设备

1. 荧光增强剂：J-22 抗干扰铀荧光剂或弗卢朗试剂。
2. 铀标准贮备液（1 mg 铀/ml，见本章方法一）。
3. 10 μg/ml 铀标准溶液：准确吸取 1.00 ml 铀标准贮备液，于 100 ml 容量瓶中，用 pH＝4～5 的硝酸酸化水稀释至刻度，摇匀。即为每毫升含铀 10 μg 铀标准溶液。
4. 1 μg/ml 铀标准溶液：准确吸取 1.00 ml 铀标准贮备液，于 1 000 ml 容量瓶中，用 pH＝4～5 的硝酸酸化水稀释至刻度，摇匀。即为每毫升含铀 1 μg 铀标准溶液。
5. 铀激光荧光仪（WYJ-Ⅱ型或 UA-Ⅲ型）。
6. 石英比色皿。
7. 微型注射器 0.1 ml 或 10 μL、50 μL。

12.6.3 操作方法

打开仪器电源开关，预热 5 min 后，打开激光器开关，旋转零点调节手柄，使表头指针指示零（0.00）。向干净的石英比色皿内加入 5 ml 水和 10 μL 的 1 ppm 铀标准溶液，用小玻璃棒轻轻搅匀，打开样腔小门，将比色皿放进样腔内，关闭小门，打开光电倍增管开关，如果指针不指示零，调节补偿旋钮，直至指针指示零。关闭光电倍增管开关，打开样腔小门，向比色皿内加入 0.5 ml 荧光增强剂，混匀后，关闭小门，打开光电倍增管开关，等待 10～20 s 后观察表头指示，同时旋转灵敏度旋钮，使指针稳定地指在（0.90±0.05）格位置，记录灵敏度旋钮上的刻度读数，并予以固定。之后关闭光电倍增管电源。在仪器灵敏度调节好以后，开始样品测量。准确吸取被测水样 5.00 ml 放入干净的石英比色皿内，壁外用擦镜纸擦干净，放进仪器的放样腔内，随手关闭小门，打开光电倍增管电源，调节补偿器旋钮，直至表头指针指示零。关闭光电倍增管电源，打开样腔小门，向比色皿内加入 0.5 ml 荧光增强剂，混匀。关闭样腔小门，打开光电管电源，待 10～20 s 后开始读数，并记录读数为 N_1。关闭光电管电源。打开样腔小门，取出比色皿，准确地吸取 10 μL 的 1 μg/ml 铀标准溶液加入比色皿内，搅匀，将比色皿放进样腔，关闭小门，重复测定，记录读数为 N_2。关闭光电管电源，打开样腔小门，取出比色皿，关掉仪器电源。

12.6.4 结果计算

$$水样中铀浓度（U，g/L）= \frac{N_1}{N_2 - N_1} \times \frac{V_1 \times 10^{-8}}{V_S} \times 1\,000$$

式中：N_1——样品测定时的读数；

N_2——样品加标准铀后的读数；

V_1——加入每毫升 1 μg 铀标准溶液之体积，μL；

V_S——测量水样体积，ml。

12.6.5 注意事项

1. 仪器使用前必须认真阅读仪器使用说明书。
2. 在打开仪器放样腔小门时，必须事先关闭光电管电源，否则容易损坏光电管。
3. 比色皿使用后应立即仔细清洗，切勿放置过久。
4. 当仪器记录满刻度时，说明样品含量高，这时可适当加水进行稀释处理，再进行测定。计算时将上述公式乘以稀释倍数即可。
5. 动植物样品按照固体荧光法处理好，制成溶液后，也可参照上述方法用激光荧光仪进行测定。

12.7 水中镭的分析（闪烁法）

12.7.1 方法原理

在 pH=2 的酸性介质中，以碳酸钙作载体，氢氧化铁作共沉淀剂，玻璃粉作凝聚剂，从水样的大体积中浓集镭，然后再以硫酸钡（镭）形式载带镭。用 α 探测仪测量其 α 放射性，计算得出水中镭的含量。

12.7.2 试剂与设备

1. 低本底 α 探测仪。
2. 电动离心机。
3. 恒温干燥箱。
4. 10 ml 离心试管。
5. 铺样装置（α 探测仪配备）。
6. 酸性混合液：称取 7.23 g 硝酸铁，加入少量水溶解，再加入 28 ml 饱和氯化钙溶液和 32 ml 浓盐酸，加水至 100 ml，摇匀即可。
7. 170 g/L 碳酸钠溶液：称取 17 g 二级无水碳酸钠溶于 100 ml 水中，摇匀即成。

8. $c\left(\frac{1}{2}Ba(NO_3)_2\right)=0.1$ mol/L 硝酸钡溶液：准确称取 13.060 0 g 二级硝酸钡于烧杯中，加入少量水后，加热使之溶解完全，转入 1 000 ml 容量瓶中，用水稀释至刻度。

9. 1 mol/L 柠檬酸溶液：称取 210.14 g 二级柠檬酸溶于 500 ml 水中，转入 1 000 ml 容量瓶中，加水至刻度。

10. 1:1 硫酸溶液：量取 100 ml 浓硫酸慢慢地倒入 100 ml 水中，边倒边搅拌（操作应在冷水浴中进行）。

11. 8 mol/L 硝酸溶液：将浓硝酸用水稀释 1 倍即可。

12. 玻璃粉：将玻璃丝先用剪刀剪成 0.5～1 cm 长，再放入研钵中加入少量水磨细，烘干备用。

13. 液体镭标准源。

12.7.3 操作方法

取 10 L 水样，加入 25 ml 酸性混合液和 0.5～1.0 g 玻璃粉，用鼓气泡打气搅拌均匀，并在不断打气搅拌的情况下慢慢加入 150 ml 170 g/L 的碳酸钠溶液，继续打气 2～3 min 后，静置 15 min。待沉淀下沉后，用倾泻法将上层清液倒出，将沉淀定量地转移至 250 ml 试剂瓶中（若在野外，下一步应带回实验室处理），并让其自然澄清后，尽可能地将上层清液吸干，但要特别小心千万不要吸掉沉淀物。加入 1:1 热的盐酸 20 ml 溶解沉淀，用快速定量滤纸过滤，并用 5%（体积比浓度）的稀盐酸洗涤原器皿和滤纸 5～6 次，其滤液用 250 ml 烧杯承接，使滤液保持在 200 ml 左右，加热至 80 ℃，加入 2 ml 柠檬酸和 0.1 mol/L 的硝酸钡溶液 2 ml，充分搅拌均匀，并在不断搅拌下慢慢加入 2 ml 1:1 硫酸溶液，放置 3 h 或过夜，用抽滤法抽出上层清液，沉淀转移至 10 ml 离心试管中，在离心机上离心分离，弃去上层清液，沉淀再用 8 mol/L 硝酸溶液洗涤 2 次，每次 8～10 ml，最后用热蒸馏水洗 2 次，清液均弃去。沉淀在铺样装置上进行抽滤铺样，制备好的样品置烘箱内于 105 ℃下烘烤 30 min，取出冷却，在低本底 α 探测仪上进行 α 放射性测量。

12.7.4 结果计算

$$\text{总镭（Ra）} = \frac{k\times(N-N_0)}{V_S\times\eta\times\rho\times\varepsilon\times\omega}$$

式中：总镭（Ra）——样品中的镭含量，Bq/L；

k——校正系数，Bq/（脉冲/分）；

N——样品加本底计数率，脉冲/分；

N_0——本底（试剂与仪器）计数率，脉冲/分；

V_S——取水样之体积，L；

ε——仪器的 4π 探测效率，%；

ρ——样品的自吸收系数，%；

η——化学回收率，%；

ω——立体角校正，%。

12.7.5　注意事项

1. 加入 170 g/L 碳酸钠后，必须用力打气几分钟，以促使碳酸氢根的分解逸出，消除其干扰，以便使碳酸盐沉淀完全。

2. 用盐酸溶解沉淀时，防止加酸过快反应激烈而损失。

3. 沉淀加酸溶解后，必须加热煮沸，趁热过滤，特别对于含有机质多的水样，尤为重要。

4. 制备好的测量样品，必须在 4 h 内测完，否则应考虑修正系数（对于高浓度样品尤为重要）。

5. 在本方法中硫酸钡的质量厚度为 5 mg/cm^2，在此质量厚度条件下，自吸收系数为 77%。

6. 在以硫酸钡（镭）形式沉淀镭时，应该先加钡盐，然后在不断搅拌下徐徐加入硫酸，否则会影响硫酸钡（镭）的沉淀效果。

7. 硫酸钡沉淀最好放置过夜。

12.8　水中低含量镭的分析（铅钡沉淀闪烁法）

12.8.1　方法原理

在弱碱性介质中，以硫酸铅和硫酸钡作混合载体，载带沉淀镭，然后用 EDTA 溶解沉淀，并以醋酸进行酸化，使镭、钡以硫酸钡沉淀形式析出，而铅仍以醋酸铅形式而留于溶液中，将沉淀铺样，用低本底 α 探测仪进行测量。

12.8.2　设备与试剂

1. 设备同前。

2. 浓氨水，二级。

3. $c\left[\frac{1}{2}Pb(NO_3)_2\right]=1mol/L$ 硝酸铅溶液：准确称取二级硝酸铅 165.615 g 溶于 1 000 ml 水中。

4. $c\left[\frac{1}{2}Ba(NO_3)_2\right]=0.1\ mol/L$ 硝酸钡溶液：准确称取二级硝酸钡 13.069 g，用适量水加热溶解，转移至 1 000 ml 容量瓶中，并用水稀释至刻度。

5. 饱和 EDTA 溶液。

6. 冰醋酸，二级。

7. 硝酸：比重 1.41，二级。

8. 1 mol/L 柠檬酸溶液：称取 210.14 g 柠檬酸溶于 1 000 ml 水中。

9. 1:1 硫酸溶液：1 份硫酸和 1 份水混合。

10. 其他试剂同方法 6。

12.8.3 操作步骤

量取 1～5 L 待测水样，在不断搅拌下，依次加入 1 mol/L 柠檬酸 5 ml，浓氨水 1 ml，1 mol/L 硝酸铅 2 ml，0.1 mol/L 硝酸钡 2 ml，置电炉上加热煮沸。然后在不断搅拌下徐徐加入 1:1 硫酸溶液 2 ml，继续煮沸 2～3 min，静放 1～2 h（或过夜），倾去上层清液。将沉淀转移至 10 ml 离心试管，加 5 ml 浓硝酸，离心分离，弃去清液。再用 5 ml 浓硝酸洗 1 次。往试管内加入饱和 EDTA 溶液 8 ml，浓氨水 0.5 ml，搅拌（或置水浴上），使沉淀完全溶解。加入 1 ml 冰醋酸，待沉淀生成后，离心分离。弃去清液，沉淀用蒸馏水洗一次，离心分离，在铺样器上进行铺样，用低本底 α 探测仪进行测量。

12.8.4 结果计算

$$总镭（Ra）=\frac{k\times(N-N_0)}{V_S\times\eta\times\rho\times\varepsilon\times\omega}$$

式中符号意义同测定方法 7。

12.8.5 注意事项

1. 分析水样必须预先进行过滤，或者是使用比较清洁的天然水，不然样品的自吸收系统将会改变，使结果不准。

2. 铅的分离必须完全。

3. 铅、钡硫酸盐共沉淀水中镭，浓集效果较好，但最后铅、钡分离时需特别小心仔细，否则镭的损失较大。该方法不适合浑浊水样中的总镭分析。

12.9 水中低含量镭的分析（射气法）

12.9.1 方法原理

在 pH=2 的酸性介质中，以碳酸钙作载体，氢氧化铁为共沉淀剂，从水样的大体积中浓集镭，盐酸溶解沉淀物，其溶液装入 100 ml 扩散器中，封闭由镭产生的氡，用氡钍测量仪或静电计进行测量，计算得出结果。

12.9.2 试剂与设备

1. 100 ml 扩散器。

2. FH-408 氡钍测量仪或 FD-105 型静电计。

3. 0.5 L 闪烁室或 1 L 的电离室。

4. 其他试剂同方法 6。

12.9.3　操作方法

视水样中镭含量高低取水样 10～20 L，加入适量酸性混合液及 0.5～1.0 g 玻璃粉，打气搅拌均匀，在不断打气搅拌下慢慢地加入相应的 170 g/L 碳酸钠溶液。取样体积与加酸性混合液及 17%的碳酸钠溶液的量如表 12-1 所示。

表 12-1　取样体积与加入酸性混合液和碳酸钠溶液体积

取样体积/L	酸性混合液/ml	170 g/L 碳酸钠溶液/ml
20	30～35	300
10	25	150
1	5	35

继续打气 1～2 min，静置 30 min，倾去上清液，沉淀用 1:1 盐酸溶解，并用快速滤纸过滤，原器皿及滤纸用 1%（体积比浓度）的热盐酸洗涤 5～6 次，总体积应保持在 30 ml 左右（大于 30 ml 应加热蒸发浓缩），放置冷却后，将溶液转入扩散器中，密封 5～15 d。将积累之氡全部转移至已抽成真空的电离室或闪烁室中，记下转移完毕的时间。3 h 后，用 FD-105 型静电计测量或用氡钍仪测量。

12.9.4　结果计算

$$镭（^{226}Ra）\ C=\frac{K\times(n-n_0)}{(1-e^{-\lambda t})\times V_S}$$

式中：C——样品中镭含量，Bq/L；

n——样品加本底计数，脉冲/分或格/分；

n_0——本底偏格，脉冲/分或格/分；

$1-e^{-\lambda t}$——氡的积累系数；

K——仪器的校正系数，贝克/（脉冲/分）或贝克/（格/分）；

V_S——取样体积，L。

12.9.5　注意事项

1. 氡转移至电离室的放气速度不能太快，应保持在 100～120 个气泡/分。

2. 装入扩散器的溶液必须无悬浮物，否则导致结果偏低。

3. 乳胶管对氡有一定的吸附作用，尤其对低浓度氡吸附效果更为明显。所以，扩散器的封闭最好用一端烧死的玻璃管，连接处用的乳胶管尽可能短些为好。

12.10 水中低含量镭的分析（硫酸钡作载体—射气法）

12.10.1 方法提要

在酸性溶液中，以钡盐作载体，使镭与硫酸钡一起共沉淀，然后将沉淀在 pH=12 时，于煮沸的情况下溶于 EDTA 溶液，溶液转移至扩散器中密封，再以射气法进行测量，计算得出结果。

12.10.2 仪器与试剂

1. 设备同水中镭的分析方法 8。
2. 1:1 盐酸，二级。
3. 浓盐酸，二级。
4. 50 g/L 氯化钡溶液：称取 5 g 二级氯化钡溶于 100 ml 水中。
5. 1:1 硫酸溶液：1 份硫酸和 1 份水混合。
6. 酒石酸钾钠，二级。
7. EDTA，二级。
8. 200 g/L 氢氧化钠溶液：称 20 g 二级氢氧化钠溶于 100 ml 水中。
9. 麝香草酚蓝溶液：将 100 mg 麝香草酚蓝与 4.3 ml 0.05 mol/L 的氢氧化钠溶液一起研匀，用水溶解并稀释至 100 ml。

12.10.3 操作方法

取 1～3 L 水样，加入 2 ml 浓盐酸，加热至沸，加入 50 g/L 氯化钡溶液 0.5 ml，在不断搅拌下徐徐加入 5 ml 1:1 硫酸溶液，保温 2 h（或放置过夜），待沉淀下沉后，倾去上层清液，沉淀用水洗涤几次，然后加 0.2 g 酒石酸钾钠，1 g EDTA，5 滴麝香草酚蓝溶液，用 200 g/L 氢氧化钠溶液中和至深蓝色，加热煮沸使沉淀完全溶解，冷却后，将溶液全部转移至扩散器中，排除氡气后，进行封闭，积累 7～15 d，将积累之氡转移至闪烁室或电离室中，3 h 后在氡钍仪或静电计上进行测量，计算得出结果：

$$镭（^{226}Ra）\ C=\frac{K\times(n-n_0)}{(1-e^{-\lambda t})\times V_S}$$

式中符号意义同 9.4 节中说明。

12.10.4 注意事项

沉淀必须溶解完全，因沉淀物质对氡有一定的吸附作用。

12.11　水中钍含量的分析（氢氧化物浓集，铀试剂—Ⅲ比色法）[①]

12.11.1　方法原理

在 pH=8 的弱碱性介质中，以氢氧化铁共沉淀钍，沉淀物用盐酸溶解，N235—二甲苯溶液萃取，铀试剂—Ⅲ反萃取并显色，于分光光度计上比色测定。

12.11.2　试剂与设备

1. 分光光度计：721 型或 7230 型。

2. 5 000 ml 烧杯若干个。

3. 7 mol/L 盐酸溶液：量取 580 ml 浓盐酸于 1 000 ml 容量瓶中，加蒸馏水稀释至 1 000 ml，加入 1 g 尿素。

4. 100 g/L 草酸溶液：称取 10 g 草酸，溶于 100 ml 蒸馏水中。

5. 2 mol/L 硝酸溶液：量取 125 ml 浓硝酸，加水至 1 000 ml。

6. 10% N235—二甲苯溶液：量取 N235 溶液 10 ml 加入 90 ml 二甲苯溶液，混匀，使用前用 2 mol/L 硝酸溶液平衡处理。

7. 4 mol/L 盐酸溶液：量取 330 ml 浓盐酸，加水稀释至 1 000 ml。

8. 0.05 g/L 铀试剂—Ⅲ溶液：准确称取 5 mg 铀试剂—Ⅲ，用 pH=2 的硝酸酸化水溶解并稀释至 100 ml。

9. 标准钍溶液：准确称取 2.397 0 g 的 GR 纯硝酸钍[$Th(NO_3)_4 \cdot 4H_2O$]于 100 ml 烧杯中，加入 10 ml 浓硝酸，置电炉上小心加热蒸至近干，冷却，加 7 mol/L 盐酸溶液 20 ml，搅拌溶解后，转移至 1 000 ml 容量瓶中，用盐酸酸化水稀释至刻度，摇匀即为 1 mg/ml 钍标准溶液，再用稀释法配制成 1 μg/ml 钍标准使用液。

10. 100 g/L 三氯化铁溶液：称取 10 g 三氯化铁加入 20 ml 浓盐酸，加水稀释至 100 ml，摇匀即可。

12.11.3　操作方法

量取 5 000 ml 水样于大烧杯中。加入 5 ml 10%的三氯化铁溶液，在不断搅拌下，慢慢滴入 1:1 的氨水至溶液 pH=8，并过量 2 滴。置电炉上加热煮沸 2～3 min，静置澄清，倾出上清液，沉淀在快速滤纸上过滤，用 1:1 的热盐酸在滤纸上缓慢地溶解沉淀，原器皿和滤纸用盐酸洗涤 5～6 次，滤液用 50 ml 小烧杯承接，将滤液置电炉上缓慢蒸干，加入 10 ml 硝酸铝和酒石酸混合盐析剂，微热之，将溶液转移至分液漏斗中，加入 10 ml N235—二甲苯溶液萃取 3 min，静置分层后，弃去水相，有机相用 2 mol/L 硝酸

① 李远功. 环境土壤样品中微量钍的测定［J］. 铀矿冶，2010，29（3）：164-166.

溶液 5 ml 摇动洗涤 2 min，分层后弃去水相，有机相加入 4 mol/L 盐酸溶液 8 ml，反萃取 3 min，分层后将水相放入 50 ml 小烧杯中，加入 1 ml 双氧水于电热板上低温蒸干，取下冷却后加入 4 ml 7 mol/L 盐酸，微热使残渣溶解后，小心转移到盛有少许抗坏血酸的 10 ml 容量瓶中，原烧杯用 7 mol/L 盐酸洗涤 2 次，每次 2 ml，洗涤液合并于同一容量瓶中，加入 1 ml100 g/L 的草酸溶液，摇匀后，再加入 0.5 ml 0.05 g/L 铀试剂—Ⅲ溶液，用 7 mol/L 盐酸稀释至刻度，摇匀，放置 10 min，于 665 nm 波长处，用 3 cm 比色杯，以试剂空白为参比，在分光光度计上测量消光值。

准确吸取 0、10、20、40、60、80 μg 钍标准溶液于 6 个已盛有 5 000 ml 蒸馏水的烧杯中，以下操作同分析方法，根据测定数据绘制工作曲线。低浓度钍工作曲线作图方法为分别吸取 0、1、3、6、9、12、15 μg 钍标准溶液于 7 个已盛有 5 000 ml 蒸馏水的烧杯中，以下操作同分析方法。根据测定数据绘制低浓度钍工作曲线如图 12-3 所示。

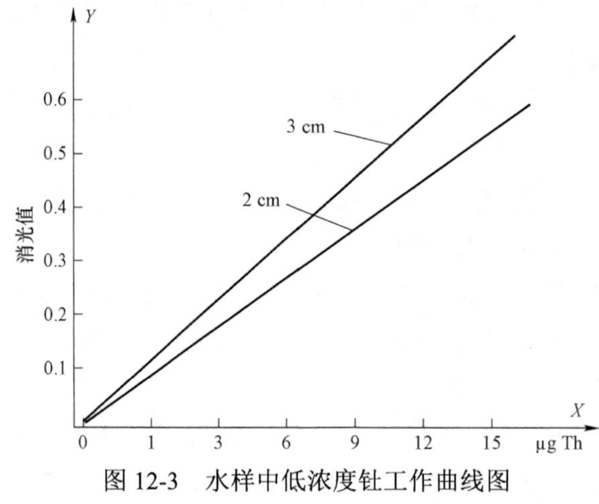

图 12-3　水样中低浓度钍工作曲线图

12.11.4　结果计算

$$钍（Th，g/L）=\frac{A\times10^{-6}}{V_S\times\eta}$$

式中：钍（Th，g/L）——样品中的钍含量，g/L；

A——从工作曲线上查得的钍量，μg；

V_S——取样体积，L；

η——化学回收率，%。

12.11.5　注意事项

1. 加热煮沸是为了促使氢氧化铁更好地凝聚，加速沉淀，但要特别注意，当溶液在冷却过程中，溶液上面会出现少量的氢氧化物，这时应用玻璃棒轻轻地搅动一下，使之沉下去。

2. 加入 2 mol/L 硝酸洗涤有机相，主要是为了分离铀的干扰。

3. 反萃取液中加入双氧水是为了破坏少量的有机物，蒸干时要注意防止溶液飞溅，必须低温加热。

12.12　水中钋-210（^{210}Po）的分析（铜片自镀法）①

12.12.1　方法原理

用氢氧化铁和碳酸钙作（^{210}Po）吸附共沉淀剂，将（^{210}Po）从水样中浓集，沉淀用盐酸溶解，三价铁用抗坏血酸掩蔽，在 0.5 mol/L 的盐酸介质中使（^{210}Po）自镀到铜片上，用 α 探测仪进行测量，计算得出结果。

12.12.2　试剂与设备

1. 酸性混合液：称 2.41 g 三氯化铁（$FeCl_3 \cdot 6H_2O$）和 5.54 g 无水氯化钙溶于少量水中，加入 32 ml 浓盐酸，加水至 100 ml，摇匀。

2. 100 g/L 碳酸钠溶液：称取 10 g 无水碳酸钠溶于 100 ml 水中即可。

3. 300 g/L 氢氧化钠溶液：称取 30 g 氢氧化钠溶于 100 ml 水中即可。

4. 固体抗坏血酸。

5. 固体柠檬酸。

6. 玻璃粉：将玻璃丝用剪刀剪碎，加入少许水于研钵中磨细，烘干备用。

7. 铜片：将厚 0.1 mm 的纯铜片用细砂纸打磨亮，在其一面涂上耐酸耐温清漆放置 3～5 d，待漆全干后，剪成直径为 15 mm 的小圆片。使用前用 0.5 mol/L 盐酸浸泡 1 h，用蒸馏水洗涤干净备用。

8. 水浴锅。

9. 低本底 α 探测仪。

10. 电动搅拌器。

11. ^{210}Po 标准源。

12.12.3　操作方法

采取 10 L 水样，加入 25 ml 酸性混合液和 0.5 g 玻璃粉，用鼓气泡打气搅拌均匀，在不断打气搅拌下徐徐加入 100 g/L 碳酸钠溶液 200 ml，继续打气搅拌 2～3 min，静置 30～45 min，待沉淀物沉淀完全后倾去上层清液，将沉淀定量地转移到 250 ml 烧杯（或 250 ml 三角瓶）中并继续让其沉清，倾去清液。沉淀用 1:1 的盐酸溶解，用快速定量滤纸过滤，用 5%（体积比浓度）的稀盐酸洗涤 3 次，蒸馏水洗 1 次，其滤液用 250 ml 三角瓶承接，总体积控制在 70 ml 左右，用 300 g/L 的氢氧化钠溶液调节至有沉淀生成时为止，再滴入 1:1 盐酸使沉淀刚溶解，加入 3 ml 浓盐酸，1 g 固体柠檬酸，并在不断

① 李远功. 长江水系 ^{210}Po 放射性水平［M］//李振平. 长江水系放射性水平调查及评价：1984. 北京：原子能出版社，1988：47-50.

搅拌下加入固体抗坏血酸，直到三价铁离子的黄色全部消失并过量少许。三角瓶置于温度为 90 ℃的水浴锅中，将干净并固定在电动搅拌器搅拌棒下端的小铜片完全浸没于三角瓶内待镀的溶液中，开启搅拌器，并调好搅拌速度，使转速保持在 250 r/min 左右，让其自镀，每隔 20 min 添加少量蒸馏水，使自镀溶液的体积保持在 70 ml 左右，自镀时间为 90 min，取下铜片用蒸馏水冲洗干净，放入 50 ℃的烘箱内烘干，取出冷却，用低本底 α 测量仪进行测量，计算得出结果。

12.12.4 结果计算

$$^{210}\mathrm{Po}=\frac{K\times(N-N_0)}{V_\mathrm{S}\times\varepsilon\times\eta}$$

式中：^{210}Po——水样中 ^{210}Po 含量，Bq/L；

K——校正系数，贝克/（脉冲/分）；

N——样品加本底计数率，脉冲/分；

N_0——试剂与仪器本底计数率，脉冲/分；

V_S——取样体积，L；

ε——仪器的 4π 探测效率，%；

η——化学回收率，%。

12.12.5 注意事项

1. 在中性介质中，玻璃对 ^{210}Po 的吸附可达到 20%，所以，在分析过程中玻璃器具必须用酸进行洗涤，方能使用。

2. 铜片打光后，应立即将其中的一面涂上清漆，待干后，应再涂 1 次，这样可以保证质量。另外，如果钋浓度高，也可以不涂清漆，不过需两面测量，计算结果时将两面计数相加即可。

3. 有条件的实验室，也可以用纯银片自镀，其分析效果更佳，但分析成本偏高。

12.13 水中总 α 分析（活性二氧化锰吸附法）①

12.13.1 方法原理

在 pH=8 的弱碱性溶液中，活性二氧化锰对水中天然主要放射性元素和其他核素都有极好的吸附能力，用氢氧化铁作共沉淀剂，明矾作凝聚剂，吸附共沉淀测定水中总 α。

12.13.2 试剂与设备

1. 低本底 α 探测仪。仪器本底≤0.1 脉冲/分。

① 李远功. 活性二氧化锰吸附法测定水中总 α [J]. 环保通讯，1982（1）：49-51.

2. 马福炉。

3. 1:1 氨水：1 份浓氨水与 1 份水混合。

4. 50 g/L 硝酸铁溶液：称取 5 g 硝酸铁溶于 100 ml 水中。

5. 100 g/L 明矾溶液：称取 10 g 明矾[$KAl(SO_4)_2$]溶于 100 ml 水中。

6. 1 g/L 甲酚红指示剂：称取 0.1 g 甲酚红溶于 100 ml 95%的乙醇中。

7. 活性二氧化锰：粉末状，粒度≤0.1 mm，本底α计数≤0.01 脉冲/分。使用前必须用 pH=1 的盐酸酸化水浸泡一昼夜，开始搅拌数分钟，之后静置澄清，倾去上清液，沉淀的锰粉过滤，并用 pH=2 的盐酸酸化水洗涤 5～7 次，最后置烘箱中烤干，研细装瓶备用。

12.13.3　操作方法

在野外取 10 L 水样，加入 50 g/L 的硝酸铁溶液 10 ml，搅匀，加入 1 滴管甲酚红指示剂，搅拌，逐滴加入 1:1 氨水，待溶液呈现紫红色（pH=8～9），加入已称好的 2 g 活性二氧化锰，用力搅拌 1 min，再加入 5 ml 100 g/L 的明矾溶液，搅拌均匀，静置 30 min。倾去上清液，沉淀倒入 500 ml 试剂瓶中，带回实验室，用快速滤纸过滤沉淀，原器具和沉淀用稀氨水洗涤 2～3 次，将沉淀连同滤纸放入已称好重量的瓷坩埚中，先在电炉上烤干，炭化，然后放入 500～600 ℃的高温炉中灰化半小时，取出稍冷，放入干燥器中冷至室温，在分析天平上称取沉淀物重量。沉淀物用大头玻璃棒磨细，搅匀，取适量磨细的沉淀在铺样盘上进行铺样，之后置于低本底α仪器上进行测量。

12.13.4　结果计算

$$\text{水中总}\alpha = \frac{K\times(N-N_0)\times M}{S\times K_a\times\varepsilon\times V_S\times\omega\times\delta}$$

式中：水中总α——水样中总α浓度，Bq/L。

K——校正系数，贝克/（脉冲/分）；

N——样品加本底计数率，脉冲/分；

N_0——本底计数率，脉冲/分；

M——残渣总重量，mg；

K_a——化学回收率，%；

S——铺样面积，cm^2；

ε——仪器的探测率，%；

ω——立体校正，%；

V_S——取样体积，L；

δ——样品的饱和厚度，mg/cm^2。

12.13.5　注意事项

1. pH 必须严格控制在 8～9 的范围，pH 太高，溶液易吸收空气中的二氧化碳，增加了碳酸根离子浓度，从而降低了活性二氧化锰的吸附效果。pH 太低，二氧化锰会有少量溶解，同样也会影响吸附效果。

2. 锰粉的投加量可根据实际情况适当增减，即高浓度水样可适当多加一些，反之则可少加一些。这样既能保证高浓度水中放射性元素吸附完全，又能使低浓度水样有足够的灵敏度。

3. 本方法的化学回收率为 97%。

12.14 水中总α分析（蒸干法）

12.14.1 方法原理

将水样酸化处理后，置电炉上蒸干，高温炉中灼烧，残渣磨细制样，用低本底α仪测量。

12.14.2 试剂与设备

1. 浓硝酸：d=1.42，AR 纯。
2. 烘箱。
3. 马福炉。
4. 低本底α测量仪。

12.14.3 操作方法

取 2～5 L 水样于烧杯中，加入 1～2 ml 浓硝酸酸化，置电炉上蒸发，在蒸发过程中每隔一定时间用稀硝酸沿杯壁淋洗一次，当溶液蒸至 20 ml 左右时（以不出现结晶为原则），将溶液转移至 50 ml 已称量过的瓷坩埚中，并用少量稀硝酸分数次洗涤烧杯，其洗液倒入同一坩埚中，然后将坩埚置于砂浴上或低温电炉上蒸发至干（也可用红外线灯烤干）。再放入 500～600 ℃的马福炉中灼烧半小时，取出稍冷，放入干燥器中冷至室温，于分析天平上称其重量，将残渣磨细后进行铺样，用低本底α仪进行测量。

12.14.4 结果计算

$$\text{水样中总}\alpha = \frac{K \times (N - N_0) \times M}{S \times K_a \times \varepsilon \times V_S \times \omega \times \delta}$$

式中：K_a——化学回收率，为 80%；

其他符号意义同方法 13。

12.14.5　注意事项

1. 若残渣很少时，可以加入少量的无水酒精研磨后，吸取一定的研磨溶液进行铺样，在红外线灯下烤干，再进行测量。

2. 蒸发溶液体积较少时，容易出现结晶，这时候转移溶液损失较大，所以，必须在未出现结晶时转移。

3. 残渣极易吸水潮解，必须放入干燥器中保存，并应尽快测量。

12.15　水中总α分析（活性炭吸附法）

12.15.1　方法原理

在 pH=5 的弱酸酸性介质中，用活性炭吸附，硫酸钡作载体测量水中总α。

12.15.2　试剂与设备

1. $c[Ba(NO_3)_2]$=0.2 mol/L 硝酸钡溶液：准确称取 26.138 g 硝酸钡于 1 000 ml 容量瓶中，加水至刻度，摇匀。

2. 1:1 硫酸溶液：1 份浓硫酸与 1 份水混合。

3. 1:4 盐酸溶液：1 份浓盐酸与 4 份水混合。

4. 1:4 氨水：1 份浓氨水与 4 份水混合。

5. 2 g/L 刚果红指示剂：称取 0.2 g 刚果红溶于 100 ml 热水中。

6. 低本底α测量仪。

12.15.3　操作方法

准确量取 1 000 ml 水样于烧杯中，加入 0.2 mol/L 硝酸钡溶液 1 ml，在不断搅拌下逐滴加入 1:1 硫酸溶液 2 ml，加入 2 滴刚果红指示剂，用 1:4 盐酸或 1:4 氨水溶液调节溶液呈紫红色（pH=5），加入已称好的 0.5 g 处理过的活性炭，充分搅拌 2～3 min，放置半小时后，过滤，用蒸馏水冲洗烧杯及滤纸 3～5 次，将沉淀连同滤纸放入已称好重量的瓷坩埚中，在电炉上炭化，然后放入马福炉中于 650 ℃灰化 1 h，取出冷却后，将残渣用玻璃棒研碎，全部放入样品盘上进行铺样测量。

12.15.4　结果计算

$$\text{水中总}\alpha\text{浓度}=\frac{K\times(N-N_0)\times M}{S\times H\times\varepsilon\times V_S\times\omega\times\eta}$$

式中：K——校正系数，贝克/（脉冲/分）；

N——样品加本底总计数率，脉冲/分；

N_0——本底计数率，脉冲/分；

η——化学回收率，%；

V_S——取样体积，L；

H——自吸收系数，%；

ε——仪器的 4 π探测效率，%；

S——铺样面积，cm^2；

ω——立体角校正，%。

12.15.5 注意事项

1. 本方法的最后灰分主要是硫酸钡，因此加入 0.2 mol/L 硝酸钡的量一定要准确，样品灰化时也要完全，不然会导致自吸收系数 H 的改变，影响结果的准确性。

2. 分析的水样必须是含悬浮极少的清洁水样，浑浊水样一般不宜采用此方法。

12.16 水中砷含量分析（Ag–DDC 比色法）

12.16.1 方法原理

在酸性溶液中，砷酸盐被氯化亚锡和锌粒还原生成的砷化氢与二乙基二硫代氨基甲酸银[$AgSCSN(C_2H_5)_2$]反应，游离出元素状银，此胶状银呈现红色，其颜色深浅与砷含量成正比，借此进行比色测定。

12.16.2 试剂与仪器

1. 250 ml 或 150 ml 砷化氢发生吸收装置。

2. 分光光度计：721 型或 7230 型。

3. 砷标准溶液：准确称取 0.132 0 g 三氧化二砷（As_2O_3）溶于 2 ml 40 g/L 的氢氧化钠溶液中，加入 5 ml 浓盐酸，转入 100 ml 容量瓶中，用水稀释至刻度，摇匀，此溶液为每毫升含有 1.00 mg 的 As，使用时将此溶液适当稀释。

4. 400 g/L 氯化亚锡溶液：称取 40 g 氯化亚锡（$SnCl_2 \cdot 2H_2O$），溶于 100 ml 浓盐酸中。

5. 二乙基二硫代甲酸银（Ag-DDC）—三乙醇胺—氯仿溶液：称取 1.25 g Ag-DDC 于烧杯中，加入三乙醇胺 9 ml 和 100 ml 氯仿，用玻璃棒研磨使 Ag-DDC 溶解，然后加氯仿至 500 ml，放置过夜，上清液倒入棕色瓶中，于冰箱中保存备用。

6. 用醋酸铅处理过的脱脂棉：称取 11.8 g 醋酸铅[$Pb(CH_2COO)_2 \cdot 2H_2O$]溶于 100 ml 水中，并加入 2 滴醋酸酸化。然后将脱脂棉浸于已配好的醋酸铅溶液中 1.5 h，取出脱脂棉让其自然晾干，备用。

7. 无锌砷粒。

8. 1:1 硫酸溶液。

12.16.3　操作方法

1. 绘制工作曲线

取 7 个砷发生瓶，依次加入 0、5、10、20、30、40、50 μg 砷标准溶液，加入 7 ml 1:1 硫酸，加水至 50 ml 左右，加入 150 g/L 的碘化钾溶液 3 ml，摇匀，放置 10 min，再加 3 ml 100 g/L 的氯化亚锡溶液，摇匀，加 4 g 无砷锌粒，立即与已加有 5 ml Ag-DDC 溶液的吸收管连接，反应 45～60 min，取下补加氯仿使吸收液总体积为 5 ml，在分光光度计上用 1 cm 比色杯，540 nm 波长处测其消光值（以氯仿为参比），绘制工作曲线，如图 12-4 所示。

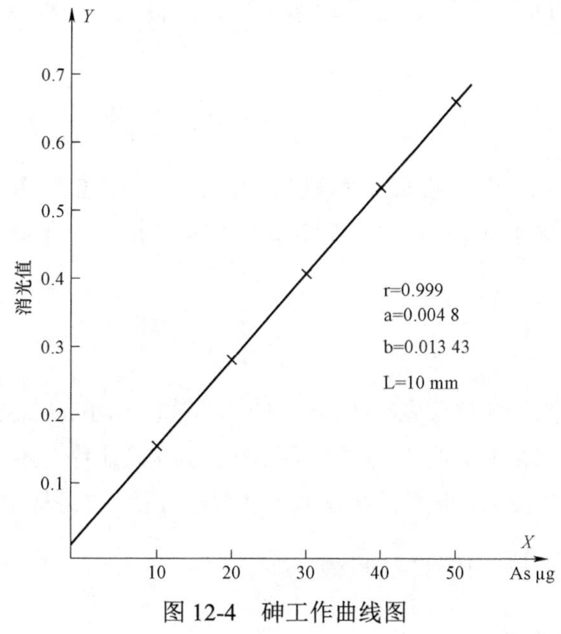

图 12-4　砷工作曲线图

2. 样品分析

取水样 50 ml 于砷发生瓶中，加入 7 ml 1:1 硫酸，加 150 g/L 的碘化钾溶液 3 ml（以下操作同工作曲线）。

12.16.4　结果计算

$$砷（mg/L）=\frac{m}{V_S}$$

式中：m——从工作曲线上查得的砷量，μg；

V_S——取样体积，ml。

12.16.5 注意事项

1. 锑因同样可生成 SbH_3 气体而对本方法有严重干扰，氯化亚锡可将 As^{5+}还原为 As^{3+}并能抑制 SbH_3 气体的放出，实验证明 3 ml 400 g/L 氯化亚锡可抑制 100 μg 锑的干扰，如果锑含量高，可适当增加氯化亚锡的用量。

2. 反应前的硫酸酸度为 1～1.5 mol/L，当样品的酸度过高或过低时，要考虑适当改变硫酸的加入量。

3. 导气管要保持清洁干燥，并注意清除导气管尖端的污垢，不要影响气体的吹出。

4. 未反应完的锌粒用 1:1 盐酸洗涤后，还可继续使用。

5. 全部操作最好在通风良好的地方或通风柜内进行。

12.17 水中铬的分析（二苯碳酰二肼比色法）

12.17.1 方法原理

在酸性介质中用高锰酸钾将三价铬氧化为六价铬，过量的高锰酸钾用亚硝酸钠还原，过量的亚酸钠用尿素破坏。六价铬与二苯碳酰二肼生成紫红色的铬合物，借此进行比色测定。

12.17.2 试剂与设备

1. 铬标准溶液：准确称取预先在 105～110 ℃下烘干 1 h 的 0.353 6 g 重铬酸钾（AG）于 100 ml 烧杯中，用水溶解，将溶液转移至 500 ml 容量瓶中，用水稀释至刻度，摇匀，此溶液每毫升含铬 0.25 mg，再用稀释法配制所需要使用的铬标准溶液。

2. $c\left[\frac{1}{2}H_2SO_4\right]=2.5$ mol/L 硫酸溶液。

3. 50 g/L 高锰酸钾溶液。

4. 200 g/L 尿素溶液。

5. 10 g/L 亚硝酸溶液。

6. 1:1 磷酸溶液。

7. 5 g/L 二苯碳酰二肼—丙酮溶液：称取 0.5 g 二苯碳酰二肼溶于 100 ml 丙酮中，于冰箱或阴暗处保存。

12.17.3 操作方法

1. 绘制工作曲线

准确吸取 0、1、2、3、4、5 μg 铬标准溶液于 25 ml 容量瓶中，加水至 10 ml，依次加入 1 ml 2.5 mol/L 硫酸，1 ml 5 g/L 二苯碳酰二肼—丙酮溶液，用水稀释至刻度，摇匀，放置 15 min，在分光光度计上，用 3 cm 比色杯在 540 nm 波长处测定消光值（以试剂作参比），并绘制工作曲线，如图 12-5 所示。

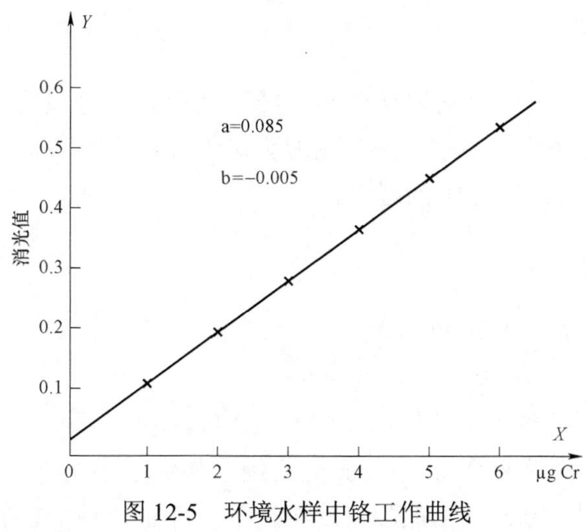

图 12-5 环境水样中铬工作曲线

2. 样品分析

取 1～10 ml 水样于 25 ml 容量瓶中（不足 10 ml 则加水至 10 ml），依次加入 1 ml 2.5 mol/L 硫酸，2 滴 50 g/L 的高锰酸钾溶液，在沸水中加热 5～10 min，取下冷至 30 ℃，加 2 ml 200 g/L 尿素，滴加亚硝酸钠溶液至高锰酸钾紫色消失，加 2 ml 1:1 磷酸，加 1 ml 5 g/L 二苯碳酰二肼—丙酮溶液，以下操作同工作曲线。

12.17.4 结果计算

$$铬（mg/L）=\frac{m}{V_S}$$

式中：m——从工作曲线上查得的铬量，μg；

V_S——取样体积，ml。

12.17.5 注意事项

1. 二苯碳酰二肼也可以用无水乙醇配制，不过每 100 ml 乙醇溶液要加入 4 g 苯二甲酸酐，此溶液盛在棕色瓶中，放在暗处，可保存 1 个月。

2. 洗涤玻璃器皿时不能用重铬酸钾—硫酸溶液，以免带入铬。

3. 如果样品含锰高，在加热时，会有棕红色二氧化锰沉淀，这时适当增加亚硝酸钠用量，将锰还原成二价锰，并放置几分钟后，再加二苯碳酰二肼—丙酮溶液显色。

12.18 水中镉的分析（离子交换—双硫腙萃取比色法）

12.18.1 方法原理

在稀盐酸溶液中，镉以氯化镉络阴离子的形式存在，可被强碱型阴离子交换树脂吸附，用稀硝酸溶液解吸，在柠檬酸存在的强碱性介质中与双硫腙生成红色络合物，能被四氯化碳萃取，借此进行比色测定。

12.18.2 试剂与设备

1. 分光光度计：721 型或 7230 型。

2. 离子交换柱，柱高 160 mm，内径 6 mm。

3. 201×7 强碱型阴离子交换树脂，50～120 目。

4. 镉标准溶液：准确称取 0.100 0 g 光谱纯金属镉于小烧杯中，用 10 ml 1:3 的硝酸溶解，蒸至近干，加 10 ml 1:1 盐酸蒸发至近干，再加 5 ml 1:1 盐酸蒸至 2～3 ml，冷却后转移到 500 ml 容量瓶中，用水稀释至刻度，摇匀，此溶液每毫升含有 200 μg 镉，取上述溶液 5 ml 于 1 000 ml 容量瓶中，加 2 ml 1:1 盐酸，用水稀释至刻度，摇匀，即为 1 μg/ml 镉标准溶液。

5. 0.03 g/L 双硫腙—四氯化碳溶液：称取 0.015 g 提纯的双硫腙于小烧杯中，加入少量四氯化碳调成糊状后，再用四氯化碳稀释至 500 ml，摇匀，贮于棕色瓶中，置于冰箱内保存备用。

6. 0.1 mol/L，0.5 mol/L，5 mol/L 盐酸溶液。

7. 400 g/L 氢氧化钠溶液：称取 40 g 氢氧化钠溶于 100 ml 水中，贮于塑料瓶中。

8. 200 g/L 柠檬酸钠溶液：称取 20 g 柠檬酸钠溶于 100 ml 水中。

12.18.3 操作方法

1. 绘制工作曲线

吸取 0、0.25、0.5、1.0、2.0、3.0 μg 镉标准溶液依次加入 6 个小烧杯中，各加入 5 mol/L 盐酸 1 ml，用水稀释至 10 ml 左右，摇匀，将溶液分别转入已用 30 ml 0.5 mol/L 盐酸转好型的离子交换柱中，以 1.5 ml/min 的流速进行交换，用 15 ml 0.5 mol/L 盐酸分数次淋洗交换柱后，用 20 ml 0.5 mol/L 硝酸以 15 ml/min 流速解析镉于 60 ml 分液漏斗中，在分液漏斗中依次加入 5 ml 200 g/L 柠檬酸钠，6 ml 400 g/L 的氢氧化钠，摇匀。加 8 ml 0.03 g/L 双硫腙—四氯化碳溶液，摇动萃取 2 min，静置分层，用滤纸擦干漏斗颈上的小水珠后，将有机相放入 2 cm 比色杯中，在波长为 510 nm 处，以试剂空白作参比测定消光值，并绘制工作曲线，如图 12-6 所示。

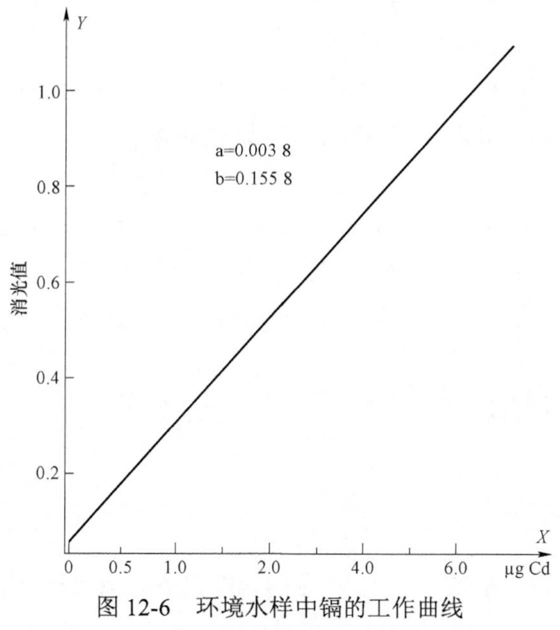

图 12-6　环境水样中镉的工作曲线

2. 样品分析

取 25 ml 水样于小烧杯中，用浓盐酸配制成 0.5 mol/L 盐酸体系，摇匀，以下操作同工作曲线。

12.18.4　结果计算

$$镉（mg/L）=\frac{m}{V_S}$$

式中：m——从工作曲线上查得的镉量，μg；

V_S——取样体积，ml。

12.18.5　注意事项

1. 树脂的处理与转型：取 50～120 目的 201×7 强碱型阴离子交换树脂于烧杯中，用水浸泡 24 h 左右，先用 1 mol/L 氢氧化钠浸泡 24 h，用水洗至中性，再用 1 mol/L 盐酸浸泡 2～3 h，洗至中性，将处理好的树脂装入离子交换柱中，树脂层高度为 80 mm，用水反复淋洗，最后用 20 ml 0.5 mol/L 盐酸转至氯型即可使用。

2. 双硫腙的提纯：称取 1 g 二级双硫腙试剂溶于 100 ml 氯仿中，转移至 500 ml 分液漏斗中，加入 10 ml 30 g/L 抗坏血酸，50 ml 10%（体积比浓度）纯化氨水，摇动 2 min，静置分层后，收集水相，再往有机相中加入 10 ml 30 g/L 抗坏血酸和 50 ml 10%（体积比浓度）纯化氨水，萃取 2 min，静置分层后，收集水相，如此反复操作 6～7 次，直至水相变成粉红色。将收集的水相（含双硫腙）用 6 mol/L 盐酸中和至紫黑色的沉淀不再析出为止。沉淀用抽滤的方法过滤，去离子水洗至中性，在真空干燥器中干燥，所得产品为提纯的双硫腙，贮于棕色瓶中备用。

3. 样品中含有 2 μg 的银、汞，对测定有干扰，应在硝酸解吸镉后用碱调节溶液 pH=1.5 左右，用 10 ml 0.03 g/L 双硫腙—四氯化碳溶液将银、汞先萃取分离后，再按方法正常操作。

4. 氨水纯化：量取 200 ml 浓氨水于烧杯中，另外量取 200 ml 去离子水（或二次蒸馏水）于另一个烧杯中，两个烧杯均放入同一干燥器中，一星期后两烧杯中的氨浓度均达到平衡，盛有离子水的烧杯即为已纯化好的 1:1 的氨水。

12.19 水中铅的分析（铜试剂比色法）

12.19.1 方法原理

在碱性介质中，以柠檬酸铵—焦磷酸钠为掩蔽剂，用四氯化碳萃取铅与二乙基二硫代氨基甲酸钠（铜试剂）生成的化合物，用 1.2 mol/L 盐酸反萃取返回到水相中，用 1:1 氨水调节 pH=9.3，在混合盐析剂存在下，再以氯仿萃取{2-［(5-溴-2-吡啶）偶氮］-5-二乙氨基苯酚}，与正乙酸铅生成橙红色三元络合物，借此进行比色测定。

12.19.2 试剂与设备

1. 分光光度计 721 型或 7230 型。

2. 酸度计。

3. 振荡器。

4. 铅标准溶液：准确称取硝酸铅[$Pb(NO_3)_2$]（GR）0.160 0 g 溶于 100 ml 5%（体积比浓度）硝酸溶液中，转移到 1 000 ml 容量瓶中，用水稀释至刻度，该溶液铅的浓度为 100 μg/ml，再用此溶液稀释到所需要的浓度。

5. 0.15 g/L 2-［(5-溴-2-吡啶）偶氮］-5-二乙氨基苯酚氯仿溶液：称取 2-［(5-溴-2-吡啶)偶氮]-5-二乙氨基苯酚试剂 150 mg 溶于 100 ml 氯仿中，再用氯仿稀释至 1 000 ml。

6. 25%（体积比浓度）正乙酸钠溶液：量取 25 ml 正乙酸，用浓的氢氧化钠溶液中和到 pH=8（酚酞作指示剂)，用水稀释至 80～90 ml，在酸度计上用稀氢氧化钠和稀盐酸调至 pH=9.0，用水稀释至 100 ml。

7. 混合掩蔽剂：称取 10 g 亚铁氰化钾、20 g 碘化钾、5 g 硫氰化钾、1 g 氟化钠、20 g 硫脲和 20 g 磺基水杨酸（已用氢氧化钠调至碱性）溶于 250 ml 水中，在酸度计上用 1:1 氨水和 1:2 的盐酸调至 pH=10。

8. 20 g/L 二乙基硫代氨基甲酸钠溶液：称取 2 g 二乙基二硫代氨基甲酸钠，溶于 100 ml 水中，过滤后备用。

9. 80 g/L 焦磷酸钠溶液：称取 8 g 焦磷酸钠溶于 100 ml 水中。

10. 250 g/L 柠檬酸铵溶液：称取 25 g 柠檬酸铵溶于 100 ml 水中，用浓氨水中和到 pH=8，在酸度计上用 1:1 氨水和 1:2 盐酸调节 pH=9.5。

11. 氯化铵和氢氧化铵缓冲溶液：1 mol/L 氯化铵溶液和等体积的 8 mol/L 氢氧化铵溶液混合，在酸度计上用氢氧化铵溶液调节 pH=9.3。

12. 10 g/L 酚酞溶液：称取 1 g 酚酞溶解在 40 ml 乙醇中，待溶解后，加水至 100 ml。

13. 四氯化碳。

12.19.3　操作方法

1. 绘制工作曲线

于 6 个 60 ml 的分液漏斗中，各加入 5 ml 水，依次加入含 0、2、4、6、8、10 μg 铅的铅标准溶液，之后各加入 10 ml 250 g/L 柠檬酸铵溶液，10 ml 80 g/L 焦磷酸钠溶液，2 ml 20 g/L 二乙基二硫代氨基甲酸钠溶液（每加一种试剂都要摇动），加 10 ml 四氯化碳摇动 3 min，分层后将有机相转移到另一分液漏斗中，用 15 ml1.2 mol/L 盐酸反萃取 3 min，分层后弃去大部分有机相，然后滴加 1 滴酚酞和 1 滴 1:1 氨水，用力摇动几下，这样上层水相中的少量有机相就会全部进入下层有机相，进而弃去全部有机相。然后向水相中加 2 滴酚酞，用 1:1 氨水调节溶液至刚出现粉红色，再过量 2 滴，此时溶液 pH=9.3，加入 2 ml 氯化铵—氢氧化铵缓冲溶液，加 1.5 ml 25%（体积比浓度）正乙酸钠溶液，5 ml 混合掩蔽剂（每加一种试剂都要摇动均匀），放置 1 min，加 5 ml 0.15 g/L 2-［(5-溴-2-吡啶）偶氮］-5-二乙氨基苯酚氯仿溶液，摇动萃取 3 min，分层后，将有机相在分光光度计上，用 1 cm 比色杯，于波长为 570 nm 处，以试剂空白作参比测定消光值，并绘制工作曲线。

2. 样品分析

取 5 ml 水样于 60 ml 分液漏斗中，调节 pH=7，加入 10 ml 250 g/L 柠檬酸铵溶液，10 ml 80 g/L 焦磷酸钠溶液，以下操作同工作曲线。

12.19.4　结果计算

$$铅（mg/L）=\frac{m}{V_S}$$

式中：m——从工作曲线上查得的铅量，μg；

V_S——取样体积，ml。

12.19.5　注意事项

1. 柠檬酸铵萃取分离铅时，在转移有机相到另一分液漏斗时，勿使水相滑入，否则柠檬酸铵会使结果偏低。

2. 操作要在 15 ℃以上的室温条件下进行，否则三元络合物不稳定，比色时发生浑浊，结果不准。

3. 锰含量高的样品，在萃取分离时有机相会出现粉红色，证明锰被萃取到有机相中，这样干扰了铅的测定，可适当增加焦磷酸钠的用量，消除干扰。

12.20 水中汞的分析（冷原子吸收法）

12.20.1 方法原理

在硫酸—硝酸介质和加热条件下，用高锰酸钾和过硫酸钾将试样硝解，用盐酸羟胺将过剩的氧化剂还原，再用氯化亚锡将二价汞还原成金属汞，在室温条件下通入空气或氮气流，将金属汞汽化载入冷原子吸收测汞仪。汞原子蒸汽对波长 253.7 nm 的紫外光具有选择性吸收作用，吸收值与汞蒸气浓度成正比。

12.20.2 试剂与设备

1. 硫酸：d=1.84，优级纯。

2. 硝酸：d=1.42，优级纯。

3. 盐酸：d=1.19，优级纯。

4. 50 g/L 高锰酸钾溶液：将 50 g 高锰酸钾用水溶解并稀释至 1 000 ml。

5. 50 g/L 过硫酸钾溶液：称取 5 g 过硫酸钾用水溶解并稀释至 100 ml，使用时当天配制。

6. 200 g/L 盐酸羟胺溶液：称取 20 g 盐酸羟胺用水溶解并稀释至 100 ml。

7. 200 g/L 氯化亚锡溶液：称取 20 g 氯化亚锡，放入盛有 20 ml 浓盐酸的 250 ml 烧杯中，微热，全部溶解后，取下冷却，用水稀释至 100 ml，加数粒锡，密塞保存。

8. 汞标准固定液：将 0.5 g 重铬酸钾溶于 950 ml 水，再加入 50 ml 浓硝酸。

9. 汞标准贮备液：称取在硅胶干燥器中放置过夜的 0.135 4 g 氯化汞，用固定液溶解后，转移至 1 000 ml 容量瓶中，再用固定液稀释至刻度，摇匀，此溶液每毫升含 100 μg 汞。取贮备液 10 ml 于 100 ml 容量瓶中，用固定液稀释至刻度，即为每毫升 10 μg 汞中间液。再取中间液 10 ml 于 1 000 ml 容量瓶中，用固定液稀释至刻度，即为每毫升 0.1 μg 汞标准使用液。

10. 稀释液：称取 0.2 g 重铬酸钾溶于 900 ml 水中，加入 23 ml 浓盐酸，用水稀释至 1 000 ml。

11. 活性碳：称取 1 份重量碘、1 份重量碘化钾和 20 份重量水，在烧杯中配成溶液，加入约 10 份重量的柱状活性碳，用力搅拌至溶液脱色后，在 G_1 砂芯漏斗上滤出活性碳，于 100 ℃左右的烘箱内烘烤 1～2 h。

12. 洗液：将 10 g 重铬酸钾溶于 9 L 水中，再加入 1 L 浓硝酸。

13. 测汞仪，配制台式自动平衡记录仪。

14. 汞还原器：容积为 50、100、250、500 ml 具有磨口，带莲蓬形多孔吹气头的翻泡瓶。

15. U 型管：$\phi=15$ mm，内填变色硅胶 60～80 mm。

16. 吸收塔：250 ml 玻璃干燥塔，内填经碘化处理的柱状活性碳。

12.20.3 操作方法

1. 样品分析

取 100 ml 水样于 500 ml 锥形瓶中，加入 3 ml 浓硫酸，1:1 硝酸 3 ml，40 g/L 的高锰酸钾溶液 5 ml（如不能在 15 min 内维持紫红色，应补加适量高锰酸钾，但总量不得超过 30 ml），40 g/L 的过硫酸钾 4 ml，插入小漏斗，置于沸水浴中使样液在近沸状态下保持 1 h，取下冷却。临近测定时，边摇边加 200 g/L 盐酸羟胺溶液直至刚好使过剩高锰酸钾褪色及二氧化锰全部溶解为止，转入 100 ml 容量瓶。按仪器说明书连接好仪器，取出汞还原器吹气头，吸取 10 ml 试样或空白溶液注入汞还原器中，加入 200 g/L 氯化亚锡溶液 1 ml，迅速插入吹气头，将三通阀旋至进样端，使载气通入还原器中，记下表头最高读数或记录纸上的峰高，待指针重新回零后，将三通阀旋回校零端，取出吹气头，弃去废液，用水洗还原器 3 次，再用稀释液洗 1 次，然后进行另一试样的测定。

2. 绘制工作曲线

取 8 个 100 ml 容量瓶，准确吸取每毫升含汞 0.10 μg 的汞标准使用溶液 0、0.50、1.00、1.50、2.00、2.50、3.00 和 4.00 ml 注入 100 ml 容量瓶中，每个容量瓶中加入适当固定液补足至 4.00 ml，加稀释液至标线，摇匀。以下按样品分析进行操作。以测量读数（或记录的峰高）为纵坐标，以相应的汞标准浓度（μg）为横坐标，绘制出工作曲线。

12.20.4 结果计算

$$汞（Hg，mg/L）=\frac{m\times V_1}{V_S\times V_2}\times 1\,000$$

式中：m——从工作曲线查得的汞量，mg；

V_1——试样制备时的定容体积，ml；

V_2——测定时取出定容试样体积，ml；

V_S——取样体积，ml。

12.20.5 注意事项

1. 当气温低于 10 ℃时，应适当提高室内温度来提高汞的汽化效率。

2. 还原器的大小应根据试样体积选定，以气相与液相体积比 2:1～3:1 为最佳。

3. 加入氯化亚锡溶液后，先在关闭气路的条件下充分摇动 30～60 s，待完全达到气液平衡后，才能将汞蒸气抽入吸收池。

4. 载气流速太大使进入吸收池的汞蒸气浓度降低，流速太小又会使汽化速度减慢，选用 0.8～1.2 L/min 较好。

12.21 水中镍的分析（丁二酮肟光度法）

12.21.1 方法原理

在氨性溶液中，有氧化剂碘存在时，镍与丁二酮肟作用，形成组成比为 1:4 的酒红色可溶性络合物，络合物在 530 nm 波长下进行测量。

12.21.2 试剂与仪器

1. 硝酸。

2. 镍标准贮备溶液：称取 99.9%或光谱纯金属镍 0.100 0 g，加入 10 ml 1:1 硝酸溶液，加热蒸发至近干，加入 1%（体积比浓度）硝酸溶解并定容至 1 000 ml，此溶液每毫升含 100 μg 镍。

3. 镍标准使用液：取贮备液 10 ml 置于 100 ml 容量瓶中，加 1:1 硝酸 2 ml，加水定容，此溶液每毫升含 10 μg 镍。

4. 500 g/L 柠檬酸铵溶液。

5. 0.05 mol/L 碘溶液：称取 12.7 g 碘，加到含有 25 g 碘化钾的适量水中，用水稀释至 1 000 ml。

6. 50 g/L 乙二胺四乙酸二钠溶液。

7. 5 g/L 丁二酮肟溶液：称取 0.5 g 丁二酮肟溶解于 50 ml 氨水中，用水稀释至 100 ml。

12.21.3 操作方法

1. 绘制工作曲线

于 6 个具塞比色管中，分别加入镍标准使用溶液 0、10、20、30、40、50 ml，加入 500 g/L 柠檬酸铵溶液 2.0 ml，0.05 mol/L 碘溶液 1.0 ml，加水至 20 ml，摇匀，加 5 g/L 丁二酮肟溶液 2.0 ml，加 50 g/L 乙二胺四乙酸二钠溶液 2.0 ml，加水至刻度，摇匀，放置 5 min，用 10 mm 比色杯于 530 nm 波长处，以水为参比，测量消光值，并绘制工作曲线。

2. 样品分析

吸取 10 ml 水样于 25 ml 具塞比色管中，用氢氧化钠溶液调至中性，以下按工作曲线方法操作。

12.21.4　结果计算

$$镍（mg/L）=\frac{m}{V_S}$$

式中：m——从工作曲线上查得的镍量，μg；

V_S——取样体积，ml。

12.21.5　注意事项

1. 在显色操作中，加入氧化剂碘溶液后应加水至 20 ml 并摇匀，否则加入氨性丁二酮肟后，不能正常显色。

2. 乙二胺四乙酸二钠溶液掩蔽剂应在加入显色剂后再加入，否则 EDTA 先掩蔽镍，而使镍不能显色。

3. 在低于 20 ℃室温下显色时，络合物吸光度至少在 1 h 内不变，温度高时络合物欠稳定，在此情况下操作应在较短时间内完成，并应在相同条件下测定工作曲线，做到样品分析与工作曲线条件一致。

12.22　镉、铜、铅、锌的测定（原子吸收分光光度法）

12.22.1　方法原理

将样品或硝化处理好的试样直接吸入火焰，火焰中形成的原子蒸气对光源发出的特征电磁辐射产生吸收。将测得的样品吸光度和标准溶液的吸光度进行比较，确定样品中被测元素的含量。

12.22.2　试剂与仪器

1. 硝酸（优级）。
2. 高氯酸（优级）。
3. 去离子水。
4. 燃料：乙炔纯度不低于 99.9%。
5. 氧化剂：空气，由空气压缩机供给，并经过必要的过滤和净化。
6. 金属标准贮备溶液：准确称取光谱纯金属 0.500 0 g，用适量 1:1 硝酸溶解，必要时加热至溶解完全，用水稀释至 500 ml。此溶液每毫升含 1.00 mg 金属。

7. 混合标准溶液：用 0.2%（体积比浓度）硝酸稀释金属贮备液配制而成，使配成的混合溶液每毫升含镉、铜、铅和锌分别为 10.0 μg、50.0 μg、100.0 μg、10.0 μg。

12.22.3 操作方法

1. 绘制工作曲线

吸取混合标准溶液 0、0.5 ml、1.0 ml、3.0 ml、5.0 ml、10.0 ml 于 6 个 100 ml 容量瓶中，用 0.2%（体积比浓度）硝酸稀释定容。此混合溶液各金属的浓度见表 12-2。

表 12-2 标准系列的配制和浓度

标准液体积/ml	0	0.50	1.00	3.00	5.00	10.00
镉/（mg/L）	0	0.05	0.10	0.30	0.50	1.00
铜/（mg/L）	0	0.25	0.50	1.50	2.50	5.00
铅/（mg/L）	0	0.50	1.00	3.00	5.00	10.00
锌/（mg/L）	0	0.05	0.05	0.10	0.50	1.00

注：定容体积为 100 ml。

仪器按表 12-3 中所列参数选定分析线和调节火焰，用 0.2%（体积比浓度）硝酸调零，吸入空白样和标准系列溶液，测量其吸光度，用经空白校正的各标准金属的吸光度对相对应用于各金属的浓度作图，绘制工作曲线。

表 12-3 分析线波长和火焰类型

元素	分析线波长/nm	火焰类型
镉	228.8	乙炔—空气，氧化型
铜	324.7	乙炔—空气，氧化型
铅	283.3	乙炔—空气，氧化型
锌	213.8	乙炔—空气，氧化型

2. 样品分析

按照作工作曲线时选定的仪器参数，吸入空白样和试样，测量其吸光度，扣除空白样吸光度后，从校正曲线上查出试样中的金属量，也可从仪器上直接读出金属量。

12.22.4 结果计算

$$\text{被测金属镉（或铜、铅、锌）（mg/L）} = \frac{m}{V_S}$$

式中：m——从标准曲线查得的金属量，μg；

V_S——分析用的水样，ml。

12.22.5　注意事项

1. 水样的硝化处理要仔细，残渣溶解要完全，否则影响分析结果的准确度。

2. 各金属对仪器的要求参数不一定与表中数据完全相同，在操作仪器时必须仔细调节，如灯电流、光谱通带、火焰高度、乙炔流量、空气流量及灵敏波长等。

3. 样品分析前，需要检验是否存在基体干扰或背景吸收，如果存在基体干扰，则用标准加入法测定，如果存在背景吸收，可用自动背景校正装置进行校正。

12.23　水中锰的分析（甲醛肟比色法）

12.23.1　方法原理

在 pH＝9～10 的碱性溶液中 Mn^{2+} 被溶解氧氧化为 Mn^{4+}，与甲醛肟生成棕色络合物，借此进行比色测定。

12.23.2　试剂与设备

1. 100 g/L 氢氧化钠溶液。

2. 1 mol/L 乙二胺四乙酸二钠（EDTA-2Na）溶液：称取 37.2 g 二水合乙二胺四乙酸二钠置于烧杯中，加入 100 g/L 氢氧化钠溶液 50 ml，边加边搅，至完全溶解，用水稀释至 100 ml，贮于乙烯瓶中。

3. 甲醛肟溶液：称取 10 g 盐酸羟胺溶解在约 50 ml 水中，加入 35%（体积比浓度）的甲醛溶液（ρ=1.08 g/ml）5 ml，用水稀释至 100 ml，将此溶液贮于冰箱中，贮存期至少为 1 个月。

4. 4.7 mol/L 氨溶液：取 70 ml 氨水（ρ=0.91 g/ml）用水稀释至 200 ml。

5. 6 mol/L 盐酸羟胺溶液：称取 41.7 g 盐酸羟胺溶于水中并稀释至 100 ml。

6. 氨—盐酸羟胺混合溶液：将 4.7 mol/L 氨溶液与 6 mol/L 盐酸羟胺溶液等体积混合。

7. 过硫酸钾。

8. 0.4%（体积比浓度）硝酸溶液。

9. 锰标准溶液：称取 0.170 2 g 一级硫酸锰（$MnSO_4 \cdot 2H_2O$）溶于水中，加入 5 ml 硫酸，转移至 500 ml 容量瓶中，用水稀释至刻度。此溶液每毫升含锰 100 μg。再用稀释法配制每毫升含锰 10 μg 的使用标准溶液。

10. 分光光度计：721 型或 7230 型。

12.23.3 操作方法

1. 绘制工作曲线

于 7 个 50 ml 容量瓶中，分别加入 0、0.20 ml、0.50 ml、1.00 ml、2.00 ml、3.00 ml、4.00 ml 锰标准溶液，用水稀释至 40 ml，加入 1 mol/L EDTA-2Na 溶液 0.5 ml，甲醛肟溶液 0.5 ml，100 g/L 的氢氧化钠溶液 1.8 ml，摇匀，放置 5～10 min，加氨—盐酸羟胺混合溶液 3 ml，加水至刻度，摇匀，放置 20 min。用 30 mm 比色杯于 450 nm 波长处，以水作参比，测量吸光度，同时做空白校正。以锰含量为横坐标，相应的吸光度为纵坐标绘制工作曲线。

2. 样品分析

量取经酸化至 pH=I 的清洁水样 25 ml 于 100 ml 烧杯中，用 100 g/L 氢氧钠溶液在 pH 计上调节水样 pH 为 7 左右，然后转移至 50 ml 容量瓶中，用水稀释至 40 ml，以下操作同工作曲线。

12.23.4 结果计算

$$锰（Mn，mg/L）=\frac{m}{V_S}$$

式中：m——从工作曲线上查得的锰量，μg；

V_S——分析取样体积，ml。

12.23.5 注意事项

1. 使用的所有玻璃器皿均需用 1:10 的盐酸浸泡，再用水冲洗干净。
2. 显色完成后，摇动时产生大量气泡，要慢慢将容量瓶盖子打开防止溶液溅出。

12.24 化学耗氧量的测定（高锰酸钾指数法）

12.24.1 方法原理

水样加入硫酸使呈酸性后，加入一定的高锰酸钾溶液，并在沸水浴中反应一定的时间，剩余的高锰酸钾用草酸钠溶液还原并过量，再用高锰酸钾溶液回滴过量的草酸钠，通过计算得出水样中的化学耗氧量。

12.24.2 试剂与设备

1. $c\left(\frac{1}{5}KMnO_4\right)$=0.1 mol/L 高锰酸钾溶液：称取 3.2 g 高锰酸钾溶于 1.2 L 水中，加热煮沸，使体积减少到 1 L，放置过夜，用 G-3 玻璃砂芯漏斗过滤后，贮于棕色瓶中保存。

2. $c\left(\frac{1}{5}KMnO_4\right)=0.01$ mol/L 高锰酸钾溶液：吸取 100 ml 上述高锰酸钾溶液用水稀释至 1 000 ml，贮于棕色瓶中。

3. 1:3 硫酸溶液。

4. $c\left(\frac{1}{2}Na_2C_2O_4\right)=0.1$ mol/L 草酸钠标准溶液：称取 0.670 5 g 在 105～110 ℃烘干 1 h 并冷却的草酸钠溶于水中，转入 1 000 ml 容量瓶中，并稀释至刻度。吸取 0.1 mol/L 草酸钠溶液 10 ml 于 100 ml 容量瓶中，用水稀释至刻度。即为 $c\left(\frac{1}{2}Na_2C_2O_4\right)=0.01$ mol/L 草酸钠标准使用溶液。

5. 沸水浴装置。

12.24.3　操作方法

取 100 ml 水样于 250 ml 锥形瓶中，加入 1:3 硫酸 5 ml，混匀，加入 0.01 mol/L 高锰酸钾溶液 10.00 ml，摇匀，放入沸水浴中加热 30 min。取下趁热加入 10.00 ml 0.01 mol/L 草酸钠标准溶液，摇匀，立即用 0.01 mol/L 高锰酸钾溶液滴定至显微红色，记录高锰酸钾溶液消耗体积。

高锰酸钾溶液浓度的标定：将上述已滴定完毕的溶液加热至 70 ℃，准确加入 10.00 ml 0.01 mol/L 草酸钠标准溶液，再用 0.01 mol/L 高锰酸钾溶液滴定至显微红色，记录高锰酸钾溶液消耗量，按下式计算高锰酸钾溶液校正系数：$K=10.00/V$。V 为消耗高锰酸钾溶液体积（ml）。

12.24.4　结果计算

$$\text{高锰酸盐指数（COD，mg/L）}=\frac{[(10+V_1)\cdot K-10]\times c\times 8\times 1\,000}{V_S}$$

式中：V_1——滴定水样时，高锰酸钾水溶液的消耗量，ml；

V_S——取样本积，ml；

K——校正系数；

c——高锰酸钾溶液摩尔质量浓度，mol/L；

8——氧$\left(\frac{1}{2}O\right)$摩尔质量，g。

12.24.5　注意事项

1. 在水浴中加热完毕后，溶液仍应保持淡红色，如变浅或全部褪去，说明高锰酸钾的用量不够，此时，应将水样稀释后再取样分析。

2. 在酸性条件下，草酸钠和高锰酸钾的反应温度应保持在 60～80 ℃，所以滴定操作必须趁热进行，若溶液温度过低，需适当加热。

12.25 水中氯化物的分析（硝酸银滴定法）

12.25.1 方法原理

在中性或弱碱性溶液中，以铬酸钾为指示剂，用硝酸银滴定氯化物时，由于氯化银的溶解度小于铬酸银的溶解度，氯离子被完全沉淀后，铬酸根才以铬酸银的形式沉淀出来，产生砖红色，即为滴定氯离子的终点。

12.25.2 试剂与设备

1. 0.1410 mol/L 氯化钠标准溶液：取一级基准氯化钠置于瓷坩埚内，在 500～600 ℃温度下灼烧 40～50 min，冷却后准确称取 8.240 0 g 溶于蒸馏水中，置于 1 000 ml 容量瓶中，用水稀释至标线.。吸取 10.0 ml 于 100 ml 容量瓶中，加水至标线，摇匀。此溶液每毫升含 0.50 mg 氯化物（Cl^-）。

2. 0.014 1 mol/L 硝酸银标准溶液：称取 2.395 0 g 硝酸银于 1 000 ml 容量瓶中，加水溶解并稀释至标线，摇匀。贮存于棕色瓶中，用氯化钠标准溶液进行标定，标定方法如下：

吸取 25.00 ml 氯化钠标准溶液于 250 ml 锥形瓶中，加水 25 ml。在另一锥形瓶中，吸取 50 ml 水作为空白。在上述两瓶中各加入 1 ml 铬酸钾指示剂，在不断搅动下用硝酸银标准溶液滴定至砖红色沉淀刚刚出现即为终点。记下消耗硝酸银标准溶液体积 V，则硝酸银的摩尔质量浓度按下式计算：

$$\text{硝酸银摩尔浓度（}AgNO_3\text{，mol/L）} = \frac{25.00 \times 0.0141}{V}$$

3. 50 g/L 铬酸钾指示溶液：称取 5 g 铬酸钾溶于少量水中，滴加上述硝酸银溶液至有红色沉淀生成，摇匀。静置 12 h，然后过滤并用水稀释至 100 ml。

4. 5 g/L 酚酞指示剂：称取 0.5 g 酚酞溶于 50 ml 50%乙醇中，溶解后加水 50 ml，摇匀，再滴加 0.01 mol/L 氢氧化钠溶液至溶液呈微红色。

5. 硫酸溶液：$c\left(\frac{1}{2}H_2SO_4\right)=0.05$ mol/L。

6. 2 g/L 氢氧化钠溶液：称取 0.2 g 氢氧化钠，溶于水中并稀释至 100 ml。

7. 95%（体积比浓度）乙醇。

8. 30%（体积比浓度）双氧水。

12.25.3　操作方法

取 50 ml 水样于 250 ml 锥形瓶中，加几滴酚酞指示剂，用 0.05 mol/L 硫酸溶液或 2 g/L 的氢氧化钠溶液调节溶液 pH=8 左右，加入 1 ml 铬酸钾指示剂，用硝酸银标准沉液滴定至砖红色沉淀刚刚出现即为终点。同时作空白滴定。

12.25.4　结果计算

$$氯化物（Cl^-，mg/L）= \frac{(V_2 - V_1)\times c\times 35.45\times 1\,000}{V_S}$$

式中：V_1——空白试样消耗硝酸银标准溶液的体积，ml；

V_2——样品溶液消耗硝酸银标准溶液的体积，ml；

c——硝酸银标准溶液的摩尔浓度，mol/L；

V_S——分析水样体积，ml。

12.25.5　注意事项

1. 滴定的最佳 pH 为 8 左右，因为在酸性溶液中铬酸根生成重铬酸根而浓度大大降低，影响 $AgCrO_4$ 沉淀的生成；而在碱性溶液进行，Ag^+会形成 Ag_2O 沉淀。

2. 滴定快到终点时，应加快摇动，直到生成的砖红色沉淀不消失为止。

3. 如果水样中含有硫化物、亚硫酸盐或硫代硫酸盐，则加氢氧化钠溶液调节至中性或弱碱性，加入 1 ml 30%的双氧水，摇匀。1 min 后，加热至 70～80 ℃，以除去过量的双氧水。

12.26　水中硫化物的测定（碘量法）

12.26.1　方法原理

硫化物在酸性条件下，与过量的碘作用，剩余的碘用硫代硫酸钠滴定，由硫代硫酸钠所消耗的量，间接求出硫化物的含量。

12.26.2　试剂与设备

1. 250 ml 碘量瓶。

2. 慢速定量滤纸。

3. 25 ml 或 50 ml 棕色滴定管。

4. $c[Zn(AC)_2]=1$ mol/L 醋酸锌溶液：称取 220 g 醋酸锌[$Zn(CH_3COO)_2\cdot H_2O$]溶于水中，并用水稀释至标线，摇匀。

5. 10 g/L 淀粉指示液。

6. 1:5 硫酸溶液。

7. $c(Na_2S_2O_3 \cdot 5H_2O)=0.05$ mol/L 硫代硫酸钠标准溶液：称取 12.4 g 硫代硫酸钠（$Na_2S_2O_3 \cdot 5H_2O$），溶于水中，稀释至 1 000 ml，加入无水碳酸钠 0.2 g，保存于棕色瓶中。

标定：向 250 ml 的碘量瓶内，加入 1 g 碘化钾及 50 ml 水，加入重铬酸钾标准溶液$\left[c\left(\frac{1}{6}K_2Cr_2O_7\right)=0.05\ \text{mol/L}\right]$15 ml，加入 1:5 硫酸 5 ml，盖紧塞子混匀。置暗处放置 5 min，用待标定的硫代硫酸钠标准溶液滴定至溶液呈淡黄色时，加入 1 ml 淀粉指示液，继续滴定至蓝色刚好消失，记录标准溶液用量（同时做空白滴定）。硫代硫酸钠标准溶液浓度按下式计算：

$$c(Na_2S_2O_3)=\frac{15.00}{(V_1-V_2)}\times 0.05$$

式中：V_1——滴定重铬酸钾标准溶液消耗硫代硫酸钠标准溶液体积，ml；

V_2——滴定空白溶液消耗硫代硫酸钠标准溶液体积，ml；

0.05——重铬酸钾标准溶液的摩尔质量浓度，mol/L。

12.26.3 操作方法

采取 1 L 水样，加入$\left[\frac{1}{2}Zn(AC)_2\right]$为 2 mol/L 的醋酸锌溶液 2 ml 和适量的氢氧化钠溶液，使溶液呈碱性并生成硫化锌沉淀。沉淀用慢速定量滤纸过滤。将硫化锌沉淀物连同滤纸放入 250 ml 碘量瓶中，用玻璃棒搅碎，加入 50 ml 水和 10.00 ml 碘化钾标准溶液，5 ml1:5 的硫酸溶液，塞紧盖子，混匀。在暗处放置 5 min，用硫代硫酸钠标准溶液滴定至常用液呈淡黄色时，加入 1 ml 淀粉指示液，继续滴定至蓝色刚好消失，记录用量。同时做空白滴定。

12.26.4 结果计算

$$\text{水样中硫化物（}S^{2-}\text{，mg/L）}=\frac{(V_0-V_1)\times c\times 16.03\times 1\,000}{V_S}$$

式中：V_0——空白试样硫代硫酸钠标准溶液用量，ml；

V_1——样品溶液硫代硫酸钠标准溶液用量，ml；

c——硫代硫酸钠标准溶液浓度，mol/L；

V_S——取样体积，ml；

16.03——硫离子$\left(\frac{1}{2}S^{2-}\right)$摩尔质量，g/mol。

12.26.5　注意事项

1. 当加入碘液和硫酸后，溶液若为无色，说明硫化物含量高，应补加适量碘标准溶液，使呈淡棕黄色为止。空白试样也应加入相同量的碘标准液。

2. 如果水样存在悬浮物或浑浊度高、色度深时，可向现场采集固定后的水样加入一定量的磷酸，使水样中的硫化物转变为硫化氢气体，利用载气将硫化氢吹出，用 2% 氢氧化钠溶液吸收，再行测定。

第 13 章　环境土壤与动植物监测方法

13.1　土壤中铀的分析（乙醚萃取荧光比色法）

13.1.1　方法原理

样品经硝酸和双氧水加热分解，在硝酸盐盐析剂条件下，铀酰离子与乙醚形成复盐而被乙醚萃取，于氟化钠片上用酒精喷灯烧制珠球，进行荧光比色。

13.1.2　试剂与设备

同水样中铀的分析方法。

13.1.3　操作方法

称取 0.2～0.5 g 加工好的土壤样品于 50 ml 小烧杯中，滴加几滴水湿润，加入 10 ml 浓硝酸，盖上表面皿，于砂浴上蒸干，取下稍冷，加入 5 ml 双氧水，待剧烈反应后，再于砂浴上蒸干，取下稍冷，最后加入 15 ml 浓硝酸，于砂浴上保温（微沸）1 h 左右，待溶液只剩 2～3 ml，加入 10～15 ml 热水，并将表面皿冲洗干净。用定性快速滤纸过滤，烧杯及滤纸用 1%（体积比浓度）热硝酸洗涤 6～8 次，弃去滤渣，滤液用 150 ml 烧杯承接，同时加入数滴双氧水，于砂浴上蒸干，取下冷却后，沿烧杯壁淋入 5 ml 盐析剂，微热使残渣溶解，转入 60 ml 分液漏斗中，加入 8 ml 乙醚，萃取 2 min，静置分层后，从下口放出水相，有机相从上口倒入 50 ml 三角瓶中，再将水相倒回原漏斗，重复萃取 1 次，弃去水相，有机相倒入同一小三角瓶中，将小三角瓶置于砂浴上或沸水浴中，用冷凝法回收乙醚后，将小三角瓶在低温电炉上蒸干至冒棕色气体为止，取下冷却，加入 2 ml 1%（体积比浓度）硝酸溶液（高浓度可以适当多加 1%硝酸），微热，吸取 0.1 ml 溶液小心滴于氟化钠片上，在酒精喷灯上烤干并于氧化焰上熔融至透明状，冷却，将样品珠球和标准珠球在荧光灯下进行比色测定。

13.1.4　结果计算

$$铀（U，g/kg）=\frac{A\times10^{-3}\times V_1}{m_0\times V_2\times\eta}$$

式中：$A\times10^{-3}$——样品珠球的铀含量，g；

V_1——加入 1%（体积比浓度）硝酸溶液之体积，ml；

V_2——吸取烧球溶液之体积，ml；

η——化学回收率，%；

m_0——分析试样重量，g。

13.1.5　注意事项

1. 含有机物多的土壤样品，必须事先于 500～600 ℃的马福炉内灰化 20～30 min。也可以用高氯酸与浓硫酸加热湿法硝化处理。

2. 若遇到有机相分层不好的样品，先放掉部分水相，然后将有机相用力摇动，再静置分层，将剩余的水相放出即可。

3. 加盐析剂溶解残渣前，最好加双氧水反复处理 1～2 次，将硝酸根赶尽，不然会在烧球时产生飞溅和使珠球发黄，影响测定结果。

13.2　土壤中铀的分析（碳酸钠浸取—荧光比色法）

13.2.1　方法原理

用碳酸钠溶液直接浸取土壤中的铀，使铀以三碳酸铀酰[$UO_2(CO_3)_3^{4-}$]形式进入溶液，而杂质元素留于残渣中，浸取溶液与氟化钠溶液混合，蒸干，烧球比色。

13.2.2　试剂与设备

1. 400 g/L 碳酸钠溶液。
2. 35 g/L 氟化钠溶液。
3. 荧光仪。

13.2.3　操作方法

称取已灰化处理的土壤样品 0.2～0.5 g 于 50 ml 小烧杯中，准确加入 10 ml 100 g/L 的碳酸钠溶液，摇匀。置砂浴上蒸干，取下冷却后，准确加入 10 ml 热水，用玻璃棒搅拌，使残渣全部溶解。将溶液用小漏斗过滤于 25 ml 瓷坩埚中，弃去残渣。用吸管吸取 1 ml 溶液于 25 ml 瓷蒸发皿中，加入 35 g/L 氟化钠溶液 2 ml，摇匀，加热蒸干，残渣用玻璃棒磨碎，加几滴无水酒精调成糊状，用铂金丝环挑起在喷灯上烧成珠球，在荧光灯下与铀标准珠球进行比较测定。

13.2.4　结果计算

$$铀（U，g/kg）= \frac{A\times 10^{-2}}{m_0}$$

式中：$A \times 10^{-2}$——样品珠球的铀量，g；

m_0——比色时所用（即为称样重量的十分之一）样品重量，g。

13.2.5 注意事项

1. 本方法适用于河流、池塘、水库底质和沉积类土壤中铀的分析，由花岗岩发育而成的紫色土壤需预先进行硝化处理。

2. 样品预先在 500～600 ℃温度下灼烧 30 min，对浸出十分有利，而且干扰因素也少，化学回收率高。

13.3 土壤中的铀分析（TBP—煤油萃取，铀试剂—Ⅲ反萃取比色法）

13.3.1 方法原理

样品经硝酸和双氧水加热处理，在 EDTA-2Na 和酒石酸的掩蔽下，调节 pH=2，铀酰离子与硫氰酸根离子形成络合物，该络合物能被 TBP—煤油定量萃取，用铀试剂—Ⅲ反萃取并显色，用分光光度计法测定其吸光度。

13.3.2 试剂与设备

1. 分光光度计，721 型或 7230 型。
2. 马福炉。
3. 其他试剂与设备同水中铀分析。

13.3.3 操作方法

1. 绘制工作曲线

见水中铀的分析方法。

2. 样品分析

称出已加工好的土壤样品 0.2～0.5 g 于 50 ml 烧杯中，加少许水湿润，加入 15 ml 浓硝酸，盖上表面皿，置电炉上微沸蒸干，取下冷却，加 3 ml 双氧水，继续蒸干，再加双氧水重复 1 次。取下冷却，加入 pH=2 的硝酸酸化水约 25 ml，置电炉上微热，使残渣溶解完全，将溶液转入 60 ml 分液漏斗中，原烧杯用 pH=2 的酸化水洗涤 2 次，每次 3 ml，洗液合并于同一分液漏斗中，加入 6 mol/L 硫氰酸铵溶液 0.5 ml，摇匀，加入 2 mol/L 酒石酸溶液 0.5 ml，75 g/L 的 EDTA-2Na 溶液 3 ml，摇匀，用 1:1 氨水调节溶液 pH=2（用精密 pH 试纸测定），加入 10 mlTBP—煤油萃取 3 min，静置分层 30 min，弃去水相，有机相用 400 g/L 的硝酸铵溶液 5 ml 摇动洗涤 1 min，静置分层后，放出水相，再重复洗涤 1 次。准确加入 10 ml0.02 g/L 铀试剂—Ⅲ溶液，摇动反萃取 2 min，静置分层，将水相放入 10 mm 比色杯中，在 665 nm 波长下测其吸光度。

13.3.4　结果计算

$$铀（U，g/kg）=\frac{A\times10^{-3}}{m_0\times\eta}$$

式中：A——从工作曲线上查得铀量，μg；

m_0——称取样品重量，g；

η——化学回收率，%。

13.3.5　注意事项

1. 土壤必须硝化完全，不然有机相与水相的分层不好，使结果偏低。
2. 加入 TBP—煤油萃取前，溶液的 pH 务必调节到 2～3，否则将有铁等干扰杂质元素也被萃取，影响分析结果的准确性。
3. 如果样品中铀含量低，可以吸取反萃取液烧球，进行荧光比色测定。
4. 方法的回收率为 90%。

13.4　土壤中微量铀的测定（活性炭吸附—荧光法）

13.4.1　方法原理

土壤经 500～600 ℃温度下灼烧后，用浓盐酸和双氧水加热浸出，再加入碳酸钠分离铀，调节 pH=5，用活性炭吸附浓集铀，碳酸铵解吸铀，最后用荧光测定铀含量。

13.4.2　试剂与设备

1. 浓盐酸。
2. 1:1 盐酸。
3. 0.1 mol/L 盐酸。
4. 1 g/L 甲基橙溶液。
5. 1:1 氨水。
6. 100 g/L 碳酸钠溶液：称取 10 g 无水碳酸钠用蒸馏水溶解并稀释至 100 ml。
7. 35 g/L 氟化钠溶液：称取 3.5 g 一级氟化钠用蒸馏水溶解并稀释至 100 ml。
8. 10 g/L 碳酸钠溶液：称取 1 g 无水碳酸钠用蒸馏水溶解并稀释至 100 ml。
9. 100 g/L 碳酸铵溶液：称取 10 g 碳酸铵用蒸馏水溶解并稀释至 100 ml。
10. 氟化钠（GR）。
11. 硼酸—硼酸钠缓冲溶液：先分别将硼酸和硼酸钠配制成饱和溶液，然后等体积混合，摇匀即成。

12. 活性碳。

13. 1%（体积比浓度）硝酸溶液。

14. 荧光仪或荧光灯。

13.4.3 操作方法

准确称取 0.5～1 g 土壤样品于瓷坩埚中，于 500～600 ℃温度下灰化 30 min。冷却后加入 2 ml 双氧水，待反应完后，加入 10 ml 浓盐酸在水浴上加热，蒸至近干，趁热加入 20 ml 100 g/L 碳酸钠溶液至微沸，用快速滤纸过滤，用 10 g/L 碳酸钠溶液洗涤器皿和滤纸 7～8 次，保持滤液总体积 150 ml 左右，弃去滤渣。在滤液中加入 2 滴 1 g/L 甲基橙，搅拌并滴加 1:1 盐酸至呈红色，过量 2 滴，煮沸赶尽二氧化碳，冷却后补加 2 滴甲基橙，用 1:1 氨水调至微黄色，再用 0.1 mol/L 盐酸调至微红色，滴加硼酸—硼酸钠缓冲溶液调至橙黄色并过量 2 滴，此时 pH=5。在强烈搅拌下，加入 0.2 g 活性碳，继续搅拌 5 min，澄清后用快速滤纸过滤，用煮沸过 pH=5 的水洗 6～7 次，并将活性碳全部转入滤纸上。将滤纸折好放入 25 ml 小烧杯中，准确加入 10 g/L 碳酸钠溶液 10 ml，稍加热解析 20 min，并不断搅拌。准确吸取 2.5 ml 解吸液于瓷蒸发皿中，再加入 35 g/L 氟化钠溶液 2.5 ml，砂浴上蒸干，磨细，加数滴无水酒精，调成小团，用铂金丝环挑起于酒精喷灯下烧成珠球，在荧光下进行比色。

13.4.4 结果计算

$$\text{铀（U，g/kg）}=\frac{A\times10^{-3}\times4\times1.3}{m_0}$$

式中：A——样品珠球的铀含量，g；

m_0——称取分析样品重量，g。

4×1.3——换算系数。

13.4.5 注意事项

1. 加入 100 g/L 碳酸钠溶液时，开始应慢慢加入，防止因反应激烈而造成损失。

2. 如果在烧球时出现不易熔化的块状物或珠球带有杂色时，可在加入活性炭前向样品溶液中加入 0.1 g EDTA-2Na 盐，消除其干扰。

3. 活性碳洗涤水必须是煮沸过不含二氧化碳的二次热蒸馏水。

13.5 动植物样品中微量铀的分析（乙醚萃取荧光比色法）

13.5.1 方法原理

样品经过干燥、炭化、灰化，加硝酸和双氧水加热处理，在硝酸盐盐析剂作用条件下，用乙醚萃取铀，烧球，在荧光仪或荧光灯下进行比色测定。

13.5.2　试剂与设备

同水中铀分析。

13.5.3　操作方法

称取一定重量的鲜样于搪瓷盘中，首先让其自然风干或太阳晒干，也可在 105 ℃烘箱内烘干（动物肉类只能在 70 ℃左右的温度烤干），待样品干后，转移至瓷蒸发皿中，于电炉上炭化至不冒烟为止，再将样品放入马福炉内，开启电源，使炉内温度在 400～600 ℃温度下灰化至灰分呈白色为止。取出稍冷，再放入干燥器中冷至室温，在分析天平上称取其灰分重量，并按下式计算出该样品的灰化系数。

$$灰化系数（f）=\frac{m}{m_0}\times 100\%$$

式中：m——样品灰分总重量，g；

m_0——样品干（鲜）重量，g。

准确称取 0.2～1.0 g 灰分于 150 ml 烧杯中，加几滴水湿润，以下操作按土壤样品的分析方法进行。

13.5.4　结果计算

$$铀（U，g/kg）=\frac{f\times A\times 10^{-3}\times V_1}{m_0\times V_2\times \eta}$$

式中：f——样品的灰化系数，%；

$A\times 10^{-3}$——样品珠球的铀含量，g；

V_1——加入 1%硝酸溶液体积，ml；

V_2——吸取烧球溶液体积，ml；

η——化学回收率，%；

m——称取样品灰重，g。

有时称取一定重量的样品（干样或新鲜的湿样）经过处理灰化后，将其所得灰分全部用于分析。操作方法同前，其计算公式如下：

$$铀（U，g/kg）=\frac{A\times 10^{-3}\times V_1}{G\times V_2\times \eta}$$

式中：G——称取样品干重或新鲜样品湿重，g。

其他符号意义同前。

13.5.5　注意事项

1. 样品在烘烤时，温度要适宜，避免样品腐烂变质，肉类样品一般烘烤温度在 70 ℃

左右，温度高有可能产生飞溅现象而损失。

2. 炭化样品时温度不宜太高，因温度高会使样品着明火而损失。另外，南瓜、冬瓜和茄子等类样品在炭化时有膨化现象，即少量的样品能发起很多，所以这类样品灰化时必须用大一些的器皿，且样品称量不能太多，否则会造成样品损失而报废。

3. 样品在高温炉中灰化，温度不能上升太快，应先在 200～300 ℃的温度下灼烧 30～60 min，然后再升至 400～600 ℃继续灰化至白色。

4. 某些难灰化的样品，如大米、面粉、高梁、荞麦、土豆和红薯等淀粉含量高的样品，一般灰化时间比较长，为了缩短灰化时间，可酌情加少量浓硝酸和双氧水反复处理几次，再进行灰化，这样可以起到事半功倍的效果。

5. 灰化不完全的样品不能用高氯酸处理，因这样处理过的样品残渣加盐析剂时难溶解，影响萃取效果。

6. 动植物经灰化以后的灰样也可以参照土壤样品中的 TBP—煤油萃取方法进行分析。

13.6 尿中铀的测定（乙醚萃取—荧光比色法）

13.6.1 方法原理

样品经硝化处理，在盐析剂存在的条件下，使铀成为铀酰离子而被乙醚萃取，以氟化钠为助熔剂，在酒精喷灯上烧成珠球，用荧光仪进行荧光强度的测定。

13.6.2 试剂与设备

1. 浓硝酸。
2. 30%（体积比浓度）双氧水。
3. 硝酸铝盐析剂：用 2 mol/L 硝酸溶液将硝酸铝配制成饱和溶液即可。
4. 其他见水中铀的分析方法。

13.6.3 操作方法

收集个人 24 h 内的全部尿样，或采集早晨第一次尿样，摇动后分取 100 ml 尿样于 250 ml 三角瓶中，加入 10 ml 浓硝酸，于电炉上加热蒸至近干，取下稍冷，加入 5 ml 双氧水，待剧烈反应过后，置电炉上继续蒸干，取下稍冷，再加入 5 ml 浓硝酸，蒸干，如此浓硝酸、双氧水反复处理，直至残渣变成白色为止，冷却后，加入 10 ml 盐析剂，放置过夜让残渣自然全部溶解，以下操作同水中铀的荧光分析方法。

13.6.4 结果计算

$$\text{尿中铀（U，g/L）}=\frac{A\times10^{-3}\times V_1}{V_2\times V\times\eta}$$

式中：$A\times10^{-3}$——样品珠球之铀含量，g；

V_1——加入 1%硝酸体积，ml；

V_2——吸取烧球溶液体积，ml；

V——分析尿样体积，ml；

η——化学回收率，%。

13.6.5　注意事项

1. 收集尿样的瓶子清洗干净后，在接尿样前必须事先加入 3～5 ml 浓硝酸，防止尿样产生沉淀，因为沉淀物对铀有强烈的吸附作用。

2. 样品蒸发近干时，温度不宜过高，残渣也不能蒸得太干，否则容易引起三角瓶炸裂而将样品报废。

3. 烧球时若发生飞溅现象或者珠球发绿，说明萃取分离不完全，应重新取样分析。

13.7　尿中铀的快速测定（活性炭吸附荧光比色法）

13.7.1　方法原理

尿样经硝酸和双氧水湿法灰化后，在 pH=4 时，用铀试剂—Ⅲ显色络合铀，加入 0.2 g 活性炭进行吸附，碳酸钠解吸，用解吸液烧球，荧光比色测定铀含量。

13.7.2　试剂与设备

1. 浓硝酸。

2. 30%（体积比浓度）双氧水。

3. 10 g/L 甲基橙指示剂溶液。

4. 固体氟化钠（GR）。

5. 2 g/L 碳酸钠溶液：称取 0.2 g 无水碳酸钠（GR）溶于 100 ml 二次蒸馏水中。

6. 5 g/L 铀试剂—Ⅲ溶液：称取 9.5 g 氯乙酸溶于 200 ml 水中，即成 0.5 mol/L 的氯乙酸溶液，称取 0.5 g 铀试剂—Ⅲ用 0.5 mol/L 氯乙酸溶液溶解，再用氯乙酸稀释至 100 ml，即为 0.5%的铀试剂—Ⅲ溶液。

13.7.3　操作方法

准确量取 100 ml 尿样于 250 ml 三角瓶中，加入 2 ml 浓硝酸和 5 ml 双氧水，置电炉上加热煮沸。取下冷却后，加入几滴甲基橙指示剂，用氨水调至 pH=4 时，加入 3～5 ml 铀试剂—Ⅲ溶液，搅拌均匀，再加入已称好的 0.2 g 活性炭，充分搅拌 1 min，用 G3 砂芯漏斗抽气过滤，用 pH=4 的蒸馏水冲洗原器皿 3～4 次，使活性炭全部转移至漏斗中，待抽滤干后，先用 4 ml 2 g/L 碳酸钠浸泡 15 min，然后进行干过滤，再用 6 ml 2 g/L 的碳酸钠溶液分 3 次洗涤，其洗液在同一漏斗中过滤。吸取 0.2 ml 滤液滴于氟化钠片上，在酒精喷灯上烧成珠球，冷却后，在荧光仪或荧光灯下与标准铀珠球进行荧光强度测定。

13.7.4 结果计算

$$\text{尿中铀含量（U，g/L）}=\frac{A\times10^{-3}\times V_1}{V_S\times V_2\times\eta}$$

式中：$A\times10^{-3}$——样品珠球铀含量，g；

V_1——加入 0.2%碳酸钠溶液体积，ml；

V_S——分析尿样之体积，ml；

V_2——吸取 0.2%碳酸钠解吸液体积，ml；

η——化学回收率，%。

13.7.5 注意事项

1. 湿法灰化主要是为了消除样品中的色素（因活性炭对色素吸附能力很强），灰化好的样品溶液颜色应是无色透明。

2. 加入 2 g/L 碳酸钠解吸液体积应该准确。

13.8 土壤中镭的分析（酸法溶样—闪烁法或射气法）

13.8.1 方法原理

土壤样品中的镭用盐酸提取，使其转入溶液，此含镭溶液可直接用镭的射气法测量。也可以将此含镭溶液以硫酸钡（镭）的形式沉淀镭，测其α放射性，并计算出镭含量。

13.8.2 试剂与设备

1. 设备同水中闪烁法与射气法镭的测定。

2. 盐酸：d=1.19，AR。

3. 硝酸钡$c\left[\frac{1}{2}Ba(NO_3)_2\right]$=0.1 mol/L 溶液：准确称取 AR 纯硝酸钡 13.069 g，用适量水加热溶解，转移至 1 000 ml 容量瓶中，并用水稀释至刻度。

4. 1 mol/L 柠檬酸溶液：称取 210.14 g 柠檬酸溶于 1 000 ml 水中，摇匀。

5. 浓硝酸：d=1.41，AR。

6. 冰醋酸。

7. 饱和 EDTA-2Na 溶液。

8. 1:1 硫酸溶液：1 份浓硫酸与 1 份水混合，即先量取 400 ml 水于 1 000 ml 烧杯中，并置于冷水浴中，然后将 400 ml 浓硫酸边加边搅慢慢加入水中，冷却后装入试剂瓶中，备用。

13.8.3 操作方法

准确称取 1 g 已加工好的土壤样品于 50 ml 小烧杯中，加几滴水湿润，加入 30 ml 1:1 盐酸溶液，盖上表面皿，置电热板上或砂浴上加热蒸发干，接着再加入 20 ml1:1 盐酸，继续蒸发至近干，最后再加入 30 ml1:1 盐酸，蒸至 10 ml 左右取下，用热水冲稀至 20 ml，并将表面皿及杯壁冲洗干净，趁热用快速滤纸过滤，烧杯及残渣用 1%（体积比浓度）的热稀盐酸洗涤 7～8 次，将滤液蒸至 20 ml 左右，冷却后转移至 100 ml 扩散器中，立即封密，以下按水中镭的射气法测定方法进行。若要按闪烁法做，其滤液总体积保持在 200 ml 左右（大于 200 ml，则需加热浓缩，小于 200 ml 加水稀释），以下按水中镭的闪烁法操作进行。

13.8.4 结果计算

射气法计算公式：（静电计测量）

$$\text{土壤中镭（}^{226}\text{Ra，Bq/kg）} = \frac{K\times(N-N_0)}{m_0\times(1-e^{-\lambda t})}\times 10^3$$

式中：N——样品加本底格数，格/分；

N_0——本底格数，格/分；

K——仪器校正系数，贝克/（格/分）；

m_0——取样重量，g；

$1-e^{-\lambda t}$——氡积累系数。

闪烁射气法计算公式：（氡钍仪测量）

$$\text{土壤中镭（}^{226}\text{Ra，Bq/kg）} = \frac{K\times(N-N_0)}{m_0\times(1-e^{-\lambda t})}\times 10^3$$

式中：N——样品加本底计数率，脉冲/分；

N_0——本底计数率，脉冲/分；

$1-e^{-\lambda t}$——氡积累系数；

m_0——取样重量，g；

K——仪器校正系数，贝克/（脉冲/分）。

闪烁法计算公式：（α 探测仪测量）

$$\text{土壤中镭（总 Ra，Bq/kg）} = \frac{(N-N_0)\times 10^3}{m_0\times\varepsilon\times\rho\times\eta\times\omega}\times K$$

式中：K——校正系数，贝克/（脉冲/分）；

N——样品加本底计数率，脉冲/分；

N_0——本底计数率，脉冲/分；

m_0——取样重量，g；

η——化学回收率，%；

ε——仪器的 4π 探测效率，%；

ω——立体角校正，%；

ρ——自吸收系数，%。

13.8.5 注意事项

1. 酸法溶解不适用于含硫或硫酸盐较多的样品分析（如重晶石），这类样品必须用碱熔法分析。

2. 与碱法相比，酸法操作简单、快速，结果稳定性好，适用于日常的环境监测。但酸法对个别难溶解的紫色土壤样品分析结果偏低 3.7%左右，如果用高氯酸处理一下，同样可以保证分析结果的准确性。

3. 自吸收系数（ρ），是在加入 $c\left[\frac{1}{2}Ba(NO_3)_2\right]=0.1$ mol/L 的硝酸钡溶液 2 ml 的条件下为 77%，若改变加入量，这个值也随之改变。

4. 射气法和闪烁射气法，特别是闪烁法，都要求其滤液不含有沉淀物杂质，否则对测定结果均有影响，对于低含量样品尤为明显。

13.9 土壤中镭的分析（碱法熔样—闪烁射气法）

13.9.1 方法原理

样品经碳酸钠—氯化钡在 600 ℃的温度下熔融，用水提出溶解时，镭即以碳酸钡（镭）的形式沉淀，然后用盐酸溶解，于扩散器中封闭，用仪器测量。

13.9.2 试剂与设备

1. 100 ml 扩散器。
2. 50 ml 铁或镍坩埚。
3. 马福炉。
4. 闪烁电离室。
5. 定标器。
6. 无水碳酸钠。
7. 固体氯化钡。
8. 盐酸（d=1.19）。

13.9.3 操作方法

准确称取 0.5～1.0 g 已加工好的土壤样品于 50 ml 铁坩埚中，加入相当于土壤样品 3～4 倍的无水碳酸钠和 0.1 g 氯化钡，用玻璃棒仔细搅拌均匀，用小牛角匙压平，再在上面复盖 1 层无水碳酸钠，置于冷的马福炉内，开启电源，使温度慢慢上升，先在 200～300 ℃温度下熔 15 min，再升高温度至 600 ℃熔融 30 min，取出稍冷。将坩埚放入预先盛有 50～60 ml 热水的 250 ml 烧杯中，此时反应激烈，应盖上表面皿，并用少量热水洗净表面皿及坩埚，过滤，将沉淀全部转移至漏斗中，用热水洗涤烧杯及滤纸数次，弃去滤液。向沉淀逐滴加入 1:1 盐酸，使滤纸上的沉淀溶解，并用 1%（体积比浓度）热盐酸洗涤 5～6 次，总体积应在 30 ml 左右，将滤液转移至 100 ml 扩散器中，封闭，记下时间，数天后用静电计或氡钍仪器进行闪烁测量。

13.9.4　结果计算

$$\text{土壤中镭（Ra，Bq/kg）} = \frac{K \times (N - N_0)}{m_0 \times (1 - e^{-\lambda t})} \times 10^3$$

式中各符号意义同前

13.9.5　注意事项

碱法熔解土壤样品比较彻底，结果稳定性好。对于硫酸根含量高的样品，由于生成难溶的硫酸钡（镭）沉淀，造成样品中镭的损失，使结果偏低。

13.10　动植物样品中镭的分析（闪烁射气法）

13.10.1　方法原理

将动植物样品按照前面的处理方法进行处理，称取适量的灰分，用盐酸加热分解，使镭转变为溶液，再用闪烁射气法进行测量。

13.10.2　试剂与设备

同土壤样品中镭的分析。

13.10.3　操作方法

称取动植物样品的灰分 0.1～0.5 g 于 50 ml 小烧杯中，然后用 1:1 盐酸按土壤中酸溶法将镭转入溶液，封闭于扩散器中，用闪烁射气法进行测量。

13.10.4　结果计算

$$\text{动、植物镭（Ra，Bq/kg）} = \frac{f \times K \times (N - N_0)}{m_0 \times (1 - e^{-\lambda t})} \times 10^3$$

式中符号意义同土壤中镭的闪烁射气法测量计算公式。

13.10.5 注意事项

1. 动植物样品灰分中一般钙含量较高，不适合做闪烁法测量。

2. 镭是亲骨元素，因此，一般情况下，在处理动物样品时，主要是测动物的骨骼中镭含量。

13.11 土壤中总α放射性的测定

13.11.1 操作方法

将采集的土壤样品置于日光下风干，或放入105 ℃烘箱内烘干，去掉其中的杂草，树根等杂质，并用对角法缩分至100 g左右，用磨粉机加工成负200目测试样品，装入样品袋，存放于干燥器中备用。取出一定加工好的样品于样品盘中，轻轻压实铺平，用低本底α探测仪进行测量。

13.11.2 结果计算

$$\text{土壤中总}\alpha\text{放射性（总}\alpha\text{、Bq/kg）}=\frac{K\times(N-N_0)\times10^6}{\varepsilon_\alpha\times\delta\times S}$$

式中：K——校正式系数，贝克/（脉冲/分）；

N——样品加本底计数率，脉冲/分；

N_0——本底计数率，脉冲/分；

ε_α——仪器的4π探测效率，%；

δ——样品的饱和厚度，mg/cm^2；

S——铺样面积，cm^2。

13.11.3 注意事项

1. 测总α的土壤样品不能进行高温灼烧，因为灼烧过的样品测定结果偏低。

2. 样品的饱和厚度由于各地土壤中的化学成份不同，所以样品的饱和厚度必须根据当地的实际测量结果而确定，一般为4.0～4.5 mg/cm^2。

13.12 动植物样品中总α放射性的测定

13.12.1 操作方法

将采集的动植物样品按前面铀分析时的操作方法进行处理，分门别类进行干燥、炭化、灰化和研磨等步骤，取其灰分进行铺样，用低本底α仪测量。

13.12.2　结果计算

$$\text{动物或植物中总}\alpha\text{放射性（Bq/kg）}=\frac{f\times(N-N_0)\times10^6}{\varepsilon_\alpha\times\delta\times S}\times K$$

式中：f——样品的灰化系数，%。

其他符号意义同前。

13.12.3　注意事项

1. 动植物样品灰分极易吸水，因此，样品灰分一定要保持干燥，吸水后的潮湿样品测量结果偏低。

2. 动植物样品总α含量极低，要求仪器本底的总α含量也要更低，同时测量时间一般不能少于 5～7 h。这样才能满足测定结果的准确性。

3. 不同总α样品饱和厚度实际测量结果（供参考）如表 13-1 所示。

表 13-1　不同总α样品饱和厚度实际测量结果　　单位：mg/cm²

样品种类	坑口水	河水	井水	猪肉	面粉	土壤	鸡蛋	二氧化锰	白菜	硫酸钡*
饱和厚度	5.5	4.5	4.7	5.0	4.0	4.3	2.5	4.8	4.0	9.1

注：*硫酸钡的饱和厚度为理论计算值。

$R_{空气}=0.32\sqrt{E^3}\text{cm}$，式中：$E$——α粒子能量值，MeV。如果知道了α粒子在空气中的射程，那么它在任何物质中的射程可用 Bragg—keimem 实验式求出，准确度在±10%以内。

$$R=0.32\times R_{空气}\sqrt{A}$$

式中：R——α粒子在物质中的射程，mg/cm²

$R_{空气}$——同一能量的α粒子在空气中的射程，cm；

A——物质的平均质量数由下式求出；

$\sqrt{A}=\sum_i^n P_i\times\sqrt{A_i}$式中$P_i$——物质中原子质量为$i$之原子质量分数。

13.13　土壤样品中 ^{40}K 的测定（重量法）

13.13.1　方法原理

根据天然元素钾与 ^{40}K 的比例是衡定的这一原理，土壤经碳酸钙和氯化铵混合熔剂于 700 ℃温度下熔融，热水提取，使土壤中的钾全部转移到溶液中，然后在稀硝酸介质中，以钴亚硝酸钠沉淀钾，离心分离、烤干、称重，得到钾的重量。然后计算其中 ^{40}K 的含量。

13.13.2 试剂与设备

1. 烘箱。
2. 电动离心机。
3. 2 mol/L 硝酸溶液：量取浓硝酸 12.5 ml 稀释至 100 ml。
4. 0.01 mol/L 硝酸洗涤液：取 0.6 ml 浓硝酸溶于 1 000 ml 水中。
5. 冰醋酸。
6. 固体氯化铵。
7. 固体碳酸钙。
8. 钴亚硝酸钠溶液：称取 23 g 亚硝酸钠溶于 10 ml 水中，加入 6 mol/L 醋酸溶液 16.5 ml 及 3 g 硝酸钴，用水稀释至 100 ml，静置澄清过夜，将上层清液倾入棕色磨口瓶中。此溶液可保存 2～3 周，过期应重新配制。

13.13.3 操作方法

称取 1.0 g 土壤样品于已铺有少量碳酸钙的银坩埚（或铁、镍坩埚）中，加入 2 g 氯化铵和相当于土壤样品 6 倍的碳酸钙，仔细搅拌均匀并压平，其上面再盖一薄层碳酸钙，置于马福炉中，于 700 ℃的温度下熔融 1 h，取出冷至 70 ℃，加入约 20 ml 热水，并置电炉上微热之，用大头玻璃棒将块磨碎，趁热过滤上层清液，残渣及坩埚用沸水洗涤 3～4 次，每次约 4～5 ml，残渣弃去，滤液用 100 ml 烧杯承接，滤液总体积保持在 20 ml 左右（若大于 20 ml，则需蒸发浓缩）。待冷至室温后，加入 2 mol/L 硝酸溶液 1 ml，搅拌，接着慢慢加入 10 ml 钴亚硝酸钠溶液，搅匀，沉淀静置 2 h 以上，倾去上层清液，沉淀转移至 10 ml 已烘干称至恒重的离心试管中，在电动离心机上进行离心分离，并用 0.01 mol/L 硝酸溶液洗涤沉淀 2 次，最后将沉淀连同试管放在 105 ℃的烘箱内烘烤 2 h，取出置于干燥器中冷却至室温，称量至恒重。

13.13.4 结果计算

$$\text{土壤中}\ {}^{40}\text{K（Bq/kg）} = \frac{5.3627 \times m}{m_0} \times 1.00 \times 10^3$$

式中：m——钴亚硝酸钠钾$\{K_2Na[C_o(NO_2)_6]\}$重量，g；

m_0——分析样品重量，g；

5.362 7——换算系数，Bq/gK。

13.13.5 注意事项

1. 样品在熔解时不能用瓷质坩埚，最好用银坩埚。
2. 加入钴亚硝酸钠$\{Na_3[C_o(NO_2)_6]\}$试剂前溶液必须冷却至室温。
3. 沉淀钾时，条件应保持一致，否则因条件的改变，钴亚硝酸钠钾的分子式组成将有所不同，从而影响结果的准确性。

13.14　植物中 ^{40}K 的测定（重量法）

13.14.1　方法原理

植物样品中 ^{40}K 含量一般都比较高，特别是豆类植物含量最高。测量方法原理是用热水提取植物经处理后的灰分中的钾，加入钴亚硝酸钠与钾生成钴亚硝酸钠钾沉淀，用计重法求得钾量后，再计算出 ^{40}K 的含量。

13.14.2　试剂与设备

1. 马福炉。
2. 醋酸。
3. 其他同土壤中 ^{40}K 分析。

13.14.3　操作方法

称取一定重量（按前述方法已灰化好）的植物灰分于 50 ml 小烧杯中，加入 20 ml 热水，并置于电炉上煮沸 3～5 min，滴入数滴浓醋酸，趁热过滤，残渣和原器皿用沸水洗 5～7 次，每次约 3～4 ml，然后将滤液置电炉上加热浓缩至 20 ml 左右，冷至室温，慢慢加入 10 ml 钴亚硝酸钠溶液，搅拌均匀，静置老化。以下按土壤样品中 ^{40}K 的分析方法进行操作。

13.14.4　结果计算

$$\text{植物样品中 }^{40}\text{K 含量（Bq/kg）} = \frac{5.362\,7\times m}{m_0}\times 1.00\times 10^3$$

式中 m_0 为称取样品的重量（g），是已将灰分换算成植物样品的鲜（干）重。其他符号意义同土壤样品中 ^{40}K 的测定。

13.14.5　注意事项

1. 豆类样品一般称取干重样品 5～10 g（若是灰分只称取 0.1 g）分其他样品均可大于此量，但不宜过多。

2. 植物经灰化后的灰样经水浸取，稍冷后便凝固成胶体，影响过滤，加入数滴浓醋酸即可克服。

3. 最后洗涤液是否洗涤干净，可用钴亚硝酸钠试剂进行检验。取滴下的洗液数滴于表面皿上，滴入钴亚硝酸钠试剂，如有黄色沉淀，说明钾还未洗涤干净，必须继续洗涤，直至呈负反应为止。

4. 动物样品中 ^{40}K 分析同植物样分析。

13.15 土壤中微量钍的分析（碱熔比色法）

13.15.1 方法原理

土壤经过氧化钠熔融，在 2 mol/L 硝酸介质中，以硝酸铝作盐析剂，在酒石酸存在下，用甲基磷酸二甲庚酯（简称 P350）萃取钍，与干扰元素分离。再用醋酸钠反萃取，在 4 mol/L 盐酸溶液中以铀试剂—Ⅲ显色，进行分光光度法测定。

13.15.2 试剂与设备

1. 过氧化钠固体（AR）。
2. 无水碳酸钠固体（AR）。
3. 碳酸钠与氢氧化钠混合溶液：称取 1 g 氢氧化钠与 5 g 无水碳酸钠溶解于水中，并稀释至 100 ml。
4. 硝酸铝—酒石酸混合溶液：称取 40 g 硝酸铝（AR）与 2 g 酒石酸（AR），溶解在 1.5 mol/L 硝酸溶液中，并稀释至 100 ml。
5. 20%P350—200 号煤油：将 P350（AR）和煤油按体积比 1:4 混合均匀。
6. 4%醋酸钠（AR）溶液。
7. 浓盐酸（AR）。
8. 1 g/L 铀试剂—Ⅲ溶液。
9. 标准钍溶液：参见水样中微量钍的光度法测定。
10. 分光光度计：721 型或 7230 型。

13.15.3 操作方法

1. 绘制工作曲线

分别吸取钍标准溶液 0、1.0 μg、3.0 μg、5.0 μg、7.0 μg、9.0 μg、12.0 μg 于 50 ml 烧杯中，在电炉上蒸发至近干，加入 10 ml 40 g/L 醋酸钠溶液，5 ml 浓盐酸，0.5 ml 1 g/L 铀试剂—Ⅲ溶液，摇匀，转移至 25 ml 容量瓶中，再加入 3 ml 浓盐酸，加水稀释至刻度，摇匀，测量其消光值，绘制钍的工作曲线。

2. 样品分析

称取 0.5～1.0 g 土壤于刚玉坩埚中，加入 4 g 过氧化钠与土壤混合均匀，在表面上再复盖 1 层。将坩埚放入 600 ℃马福炉中，熔融 10 min，使成半熔状。取出坩埚，稍冷后置于 250 ml 烧杯中。往烧杯中倒入 80 ml 热蒸馏水，立即盖上表面皿。待反应停止后，用水洗涤表面皿和坩埚（如坩埚仍有残留物，可用少量的 6 mol/L 硝酸洗涤）。

将烧杯置电炉上加热至近沸，取下后用中速滤纸过滤，用碳酸钠和氢氧化钠混合洗液洗涤烧杯和沉淀物 3～5 次，再用蒸馏水洗 2 次。沉淀物用硝酸铝—酒石酸混合液溶解至 60 ml 分液漏斗中，并用混合液洗涤直到滤纸无色为止，其滤液总体积约 20 ml，若大于 20 ml 时应加热蒸发浓缩至 20 ml，加入 P350—200 号煤油 10 ml，摇动 1 min，分层后弃去水相。往有机相中加入 10 ml 40 g/L 醋酸钠溶液进行反萃取，摇动 1 min，分层后，将反萃取液放入 25 ml 容量瓶中，加入 8 ml 浓盐酸，少量抗坏血酸，加入 0.5 ml 1 g/L 铀试剂—Ⅲ溶液，用 40 g/L 的醋酸钠溶液稀释至刻度，摇匀，在分光光度计上，用 1 cm 比色杯，选用 665 nm 波长，测其消光值，从工作曲线上查得钍量。

13.15.4　结果计算

$$土壤中钍含量（Th，g/kg）=\frac{m}{m_0}\times 10^{-3}$$

式中：m——从工作曲线上查得的钍量，μg；

m_0——分析土壤样品重量，g。

13.15.5　注意事项

1. 样品熔融时，温度不宜过高，时间不宜过长，否则坩埚受到腐蚀且易损坏，造成样品不准或报废。

2. 1 mg 铀、1 mg 钛和 0.1 mg 锆不干扰钍的测定。

3. 用过的 P350—200 号煤油，用等体积 50 g/L 热碳酸钠溶液洗涤到碳酸钠溶液无色，再用水洗 1 次，最后用 1 mol/L 硝酸洗涤 1 次，可继续使用。

13.16　土壤中微量钍的分析（酸溶比色法）

13.16.1　方法原理

试样经盐酸和硝酸分解，在硝酸铝和酒石酸存在下，用 N235 的二甲苯溶液进行萃取，4 mol/L 盐酸溶液反萃取，铀试剂—Ⅲ显色，分光光度计测定。

13.16.2　试剂与设备

1. 浓盐酸：d=1.19，AR。

2. 浓硝酸：d=1.41，AR。

3. 高氯酸：d=1.71，AR。

4. 4 mol/L 与 7 mol/L 盐酸溶液：7 mol/L 盐酸溶液中应加入 1 g 尿素。

5. 10%（体积比浓度）N235—二甲苯溶液：量取 N235 10 ml 与 90 ml 二甲苯混合，摇匀，使用前用 2 mol/L 硝酸平衡处理。

6. 硝酸铝—酒石酸混合盐析剂溶液：称取 70 g 硝酸铝和 2 g 酒石酸溶解在适量 2 mol/L 硝酸溶液中，待全部溶解后，用 2 mol/L 硝酸稀释至 100 ml。摇匀。

7. 钍标准溶液（见水中钍的分析方法）。

8. 50 ml 刚玉坩埚。

9. 60 ml 分液漏斗。

10. 分光光度计：721 型或 7230 型。

13.16.3 操作方法

1. 样品分析

准确称取已加工好的土壤样品 0.1～0.3 g 于 50 ml 烧杯中，加入 10 ml 盐酸于电炉上蒸至近干，稍冷后加入 10 ml 浓硝酸继续蒸干，冷却后沿杯壁加入 3 ml 硝酸铝—酒石酸混合盐析剂，微热片刻使残渣全部溶解，趁热过滤于分液漏斗中，原烧杯用热的盐析剂洗涤 4～5 次，每次 2 ml，洗液合并于同一分液漏斗中。加入 10 ml 10%（体积比浓度）N235—二甲苯溶液，萃取 3 min，静置分层后弃去水相，有机相用 5 ml 2 mol/L 硝酸洗涤，摇动 2 min，分层后弃去水相，加入 8 ml 4 mol/L 盐酸溶液反萃取 2 min，分层后将水相转移至小烧杯内，加 1 ml 双氧水于低温电炉上蒸干，再加入 1 ml 高氯酸继续蒸干，取下冷却后，加入 4 ml 7 mol/L 盐酸稍加热使残渣溶解，溶液转移至盛有少许抗坏血酸的 10 ml 容量瓶中，原烧杯用 7 mol/L 盐酸洗涤 2 次，每次 2 ml，洗涤液合并于同一容量瓶中，加入 1 ml 100 g/L 草酸溶液，摇匀，加入 0.5 ml 0.5 g/L 铀试剂—Ⅲ溶液，用 7 mol/L 盐酸稀释至刻度，摇匀，放置 10 min，在分光光度计上于 665 nm 波长处，用 3 cm 比色杯，以试剂空白作参比测量其消光值。

2. 绘制工作曲线

准确吸取 0.0、1.0 μg、2.0 μg、4.0 μg、6.0 μg、8.0 μg 钍标准溶液分别加入 6 个 50 ml 烧杯中，置电炉上低温蒸至近干，取下稍冷，加入 3 ml 硝酸铝—酒石酸混合盐析剂，并微热使之溶解，趁热过滤于分液漏斗中，原器皿和滤纸用盐析剂洗涤 2 次，洗液合并于同一分液漏斗，加入 10 ml 10%（体积比浓度）N235—二甲苯溶液，以下操作同样品分析。

13.16.4 结果计算

$$土壤中钍（Th，g/kg）=\frac{m\times 10^{-3}}{m_0\times \eta}$$

式中：m——从工作曲线上查得的钍量，μg；

m_0——分析样品重量，g；

η——化学回收率，%。

13.16.5　注意事项

1. 有机质多的土壤样品，最好事先于 500 ℃温度下灰化半小时，冷却后再用酸溶解较好。

2. 加 N235—二甲苯溶液萃取与反萃取的分离效果好。为简化手续，反萃取液也可直接放入 10 ml 容量瓶中进行比色。

3. 由石英砂岩发育而成的紫色土壤，在用盐酸—硝酸处理后，加 1 ml 浓硫酸和 0.5 ml 高氯酸加热蒸至冒白烟，其回收率仍然可以达到 95%。

4. 酸法溶解也可用于动植物灰分样品中钍含量的分析。

13.17　土壤中 ^{210}Po 分析

13.17.1　方法原理

样品经盐酸加热分解，使 ^{210}Po 转入溶液，用抗坏血酸掩蔽三价铁，于 0.5 mol/L 盐酸介质中，将 ^{210}Po 自镀于铜片上，用α探测仪进行测量，计算得出结果。

13.17.2　试剂与设备

1. 浓硝酸：d=1.42。

2. 高氯酸。

3. 0.5 mol/L 盐酸溶液：准确量取 41.67 ml 浓盐酸于 1 000 ml 容量瓶中，加蒸馏水稀释至刻度，摇匀即可。

4. 30%（体积比浓度）双氧水。

5. 20 g/L 柠檬酸盐酸混合溶液：称取 2 g 柠檬酸于 100 ml 0.5 mol/L 盐酸中，摇匀即可。

6. 抗坏血酸。

7. 250 ml 三角烧杯或 250 ml 锥形瓶。

8. 电热板或砂浴。

9. 水浴锅 0～100 ℃。

10. 电动搅拌器。

11. 铜片（厚 0.1 mm，ϕ=10 mm 圆片）：自镀前将铜片用热蒸馏水或无水酒精冲洗数次，晾干备用。

12. 低本底α探测仪。

13.17.3　操作方法

准确称取已加工好的土壤样品 0.5～1.0 g 于 50 ml 小烧杯中，加几滴水湿润，再加入 1:1 盐酸 20 ml，搅匀，置于电热板上蒸发至近干，再补加 1:1 盐酸 15 ml，继续蒸发至近干，取下冷却，加入 0.5 mol/L 盐酸 30 ml 稍加热溶解，趁热过滤于 250 ml 锥形瓶中，残渣和原器皿用 0.5 mol/L 盐酸洗涤 3 次，滤液总体积保持在 70 ml 左右，加入 1.4 g 柠檬酸和一定量的抗坏血酸，置于温度为 90～95 ℃水浴锅中，将事先准备好的铜片固定在搅拌棒的下端，并使铜片完全浸没于自镀溶液中，开启搅拌器，保持转速在 250 r/min，自镀 80～90 min，取下铜片，用蒸馏水冲洗干净，放入 50 ℃烘箱内烤干，冷却后用低本底α仪进行测量其α放射性。

13.17.4 结果计算

$$土壤中\ {}^{210}Po\ (Bq/kg) = \frac{(N - N_0)\times 10^3}{m_0 \times \rho \times \varepsilon_\alpha} \times k$$

式中：k——校正系数，贝克/（脉冲/分）；

N——样品加本底计数率，脉冲/分；

N_0——本底计数率，脉冲/分；

ρ——化学回收率，%；

ε_α——仪器的 4π探测效率，%；

m_0——分析土壤样品重量，g。

13.17.5 注意事项

1. 含有机物多的土壤样品，必须先在 300 ℃温度下灰化半小时，或者先用双氧水和硝酸（或高氯酸）进行湿法灰化处理。凡湿法处理之样品，必须将双氧水、硝酸根、氯酸根全部除尽，否则在自镀过程中铜片会被腐蚀而将样品报废。

2. ^{210}Po 因较易被升华，所以一般情况下不能用高温灰化，避免钋的损失。

13.18 植物中的 ^{210}Po 分析

13.18.1 方法原理

同前。

13.18.2 试剂与设备

同土壤中钋的分析。

13.18.3 操作方法

称取 5 g 已经风干或烘干的植物样品于 250 ml 三角瓶中，加入 30 ml 浓硝酸，置于低温电炉上或砂浴上蒸发近干，再加 15～20 ml 浓硝酸蒸干，稍冷，加入 1 ml 30%

（体积比浓度）双氧水蒸干，冷至室温后，再加入 5 ml 72%（体积比浓度）高氯酸蒸干，残渣呈灰色即可，取下冷却，加入 0.5 mol/L 盐酸和 20 g/L 柠檬酸混合液 70 ml，加入适量抗坏血酸，稍加热溶解，置于 90 ℃的水浴锅中，用铜片自镀，以下操作同土壤中钋的分析。

13.18.4　结果计算

$$\text{植物样品中}\ ^{210}\text{Po（Bq/kg）} = \frac{(N-N_0)\times 10^3}{m_0\times\rho\times\varepsilon_\alpha}\times k$$

式中符号意义同土壤中钋分析。

13.18.5　注意事项

1. 当样品残渣有大量黑色颗粒物时，不能加高氯酸，不然会因激烈氧化而引起爆炸。

2. 植物残渣较多，最好过滤，少量残渣不影响铜片自镀。

3. 样品经酸化处理，余酸尽可能驱赶完全（当样品蒸干后，加入少量水溶解，用 pH 试纸测量，使 pH≤2，否则需用碱调），方可加入盐酸—柠檬酸混合溶液。

4. 抗坏血酸的量必须加够，并稍过量。

5. 本方法原则上也适合动物样品中钋的分析，一般应都是干样，湿样在硝化处理时容易发生飞溅而将样品报废。

13.19　头发中 ^{210}Po 分析

13.19.1　方法原理

同前。

13.19.2　试剂与设备

同前。

13.19.3　操作方法

将取来的头发样先用少量洗涤剂轻轻地擦洗，再用自来水充分洗净洗涤剂，最后用蒸馏水冲洗 1 次，晾干，称取 3～5 g 头发样品于 250 ml 的锥形瓶中，加入 30～35 ml 浓硝酸，在电热板上缓慢地蒸发至干，稍冷，加入 10 ml 30%双氧水蒸至近干，稍冷，再加入 5 ml 30%的双氧水蒸至近干，冷却，继续加入 2 ml 72%高氯酸蒸至近干，冷却后，加入 70 ml 0.5 mol/L 盐酸—2%柠檬酸混合溶液，加入少量抗坏血酸，以下操作同土壤样品中钋的分析方法。

13.19.4 结果计算

$$头发中\ ^{210}Po（Bq/kg）=\frac{(N-N_0)\times 10^3}{m_0\times\rho\times\varepsilon_\alpha}\times k$$

式中符号意义同前（也可以用 Bq/g 表示，将式中分子项的 10^3 去掉就行了）。

13.19.5 注意事项

1. 用洗涤剂洗过的头发，必须将洗涤剂用自来水冲洗干净，不然在以后的硝化处理过程中增加许多麻烦，而且样品硝化不好，影响结果的准确性。

2. 头发开始硝化时，温度不能太高，否则因反应激烈使样品溢出瓶外而报废。

13.20 尿中 ^{210}Po 分析

13.20.1 方法原理

同前。

13.20.2 试剂与设备

同前。

13.20.3 操作方法

将收集 24 h 的全部尿样加入浓硝酸酸化至 pH≤2，摇匀，使尿样全部变清后，方可量取 100 ml 尿样于 250 ml 锥形瓶中，加入 15 ml 浓硝酸，于电炉上加热蒸发近干，取下稍冷，加入 5 ml 30%双氧水，待激烈反应停止后，置于电炉上蒸发至干，再加入 5 ml 浓硝酸，蒸干，再加入双氧水，蒸干，这样用硝酸和双氧水反复处理，直至残渣变成白色为止。加入 70 ml 0.5 mol/L 盐酸和 20 g/L 柠檬酸混合溶液，加热使残渣溶解，加入少量抗坏血酸，以下操作按土壤样品中 ^{210}Po 分析方法进行。

13.20.4 结果计算

$$尿中\ ^{210}Po（Bq/L）=\frac{(N-N_0)\times 10^3}{V\times\rho\times\varepsilon_\alpha}\times k$$

式中：V——分析取样体积，ml；式中其他符号意义同前。

13.20.5 注意事项

1. 分析前必须将 24 h 的尿样进行酸化处理，否则尿中沉淀物能将大部分钋吸附，使分析结果严重偏低。

2. 样品不能在高温电炉上蒸发。

13.21　植物中钾的分析（重量法）

13.21.1　方法原理

利用亚硝酸钴钠银沉淀钾，称其重量，经换算求得植物中钾的含量。

13.21.2　试剂与设备

1. 亚硝酸钴钠银沉淀剂：称取 12 g 硝酸钴[$Co(NO_3)_2 \cdot 6H_2O$]，6 g 硝酸银，倒入 300 ml 锥形烧瓶中，用 60 ml 水溶解后，加入 60 g 亚硝酸钠，用力摇动，再加入 50 ml 水摇动至亚硝酸钠全部溶解。吸取 25 ml 28%（体积比浓度）硝酸溶液滴入烧瓶，并不时摇动 2～3 h，过滤至 200 ml 量筒内，稀释至 195 ml，贮于棕色瓶中备用。

2. 0.05 mol/L 硝酸溶液：量取浓硝酸 1 ml 用水稀释至 320 ml，摇匀。

3. 28%（体积比浓度）硝酸溶液：量取浓硝酸 280 ml，加水稀释至 1 000 ml，摇匀。

4. 10 g/L 硝酸银溶液：称取 1 g 硝酸银，溶于 100 ml 水中。

5. 100 g/L 铬酸钾溶液：称取 10 g 铬酸钾，溶于 100 ml 水中。

6. 5%（体积比浓度）醋酸酸化水溶液：量取 5 ml 冰醋酸，用水稀释至 100 ml，摇匀。

7. 无水酒精及乙醚。

8. G5 号砂芯漏斗，真空泵，抽滤瓶及一般化学器皿。

13.21.3　操作方法

称取植物灰样 1 g 于 100 ml 烧杯中，加入 0.05 mol/L 硝酸 20 ml，在水浴上蒸至 5 ml 左右，再加入 0.05 mol/L 硝酸 20 ml，蒸至 5 ml。冷却后加 10 ml 水，搅拌，过滤，滤液收集于 100 ml 容量瓶中，用水洗涤烧杯、滤纸和残渣，并稀释至 100 ml，取滤液 25 ml，加入 1 滴 100 g/L 铬酸钾溶液，摇匀，滴加 10 g/L 硝酸银溶液至刚呈现橙红色为止，记录硝酸银溶液用量 V ml，另取 50 ml 滤液，加入 $2V$ ml 10 g/L 硝酸银溶液，沉淀后过滤，滤液收集于 100 ml 容量瓶中，用水洗涤器皿、滤纸、沉淀，并稀释至 100 ml，取此滤液 50 ml，加入 0.05 mol/L 硝酸数滴酸化，在剧烈搅拌下加入 5 ml 亚硝酸钴钠银沉淀剂，搅拌 15 min，静置 2 h，用已恒重的砂芯漏斗抽滤，用醋酸酸化水洗涤沉淀至滤液无色为止，再用 5 ml 无水酒精和 3 ml 乙醚洗涤漏斗，沉淀放入烘箱内，于 105 ℃烘 10 min，冷却后称重，直至恒重。

13.21.4 结果计算

$$植物灰中钾（K）=\frac{4\times\delta}{m_0}$$

式中：δ——沉淀重量与经验系数的乘积，g，如表 13-2 所示；

m_0——灰份重量，g。

表 13-2 沉淀重量与经验系数δ表

沉淀重量/g	系数δ/g	沉淀重量/g	系数δ/g
0.280 0～0.332 5	0.119 6	0.087 5～0.130 0	0.114 5
0.227 0～0.280 0	0.118 1	0.066 0～0.087 5	0.113 8
0.172 5～0.227 0	0.116 7	0.044 6～0.066 0	0.112 8
0.130 0～0.172 5	0.115 5	0.022 0～0.044 6	0.112 4

13.21.5 注意事项

1. 植物中钾的含量约 0.07%～22.5%，^{40}K 的丰度约为 0.011 9%，因此，对植物做天然本底调查时，必须除去 ^{40}K 所产生的β放射性才能看出植物被污染的情况。

2. 称取灰分重量应控制在其沉淀重量可在上述表中能查到相应系数的范围，一般在 0.5～1.0 g。

3. 烘干及恒重时应严格控制温度和时间。

4. 钾中放射性含量计算：

$$1\ g\ 钾含\ ^{40}K（居里/克钾）=\frac{1\times0.693\times6.023\,4\times10^{23}\times1.19\times10^{-4}}{40\times1.31\times10^{9}\times365\times24\times3\,600\times3.7\times10^{10}}$$

$=8.12\times10^{-10}$ 居里/克钾（或是在上式的分母中去掉 3.7×10^{10}，即为 30.06 贝克/克钾）

式中：0.693 是 ln2 的近似值；

$6.023\,4\times10^{23}$ 阿伏加德罗常数；

40 是 ^{40}K 的原子量；

1.31×10^{9} 为 ^{40}K 的半衰期（年）。

$365\times24\times3\,600$ 为一年换算成秒数。

3.7×10^{10} 为换算为居里的常数。

13.22 植物中钾的分析（比浊法）

13.22.1 方法原理

植物样品先进行干燥、炭化和灰化等处理后，用 6 mol/L 盐酸浸出钾，再加四苯硼钠浑浊。在分光光度计上 520 nm 波长处，用 10 mm 比色杯测定消光值。

13.22.2 试剂与设备

1. 0.2 mol/L 磷酸氢二钠溶液：称取 7.16 g（$Na_2HPO_4 \cdot 12H_2O$）用蒸馏水溶解并稀释至 100 ml，摇匀。

2. 0.1 mol/L 枸橼酸溶液：称取枸橼酸 2.1 g 用蒸馏水溶解并稀释至 100 ml，摇匀。取磷酸氢二钠溶液 19.45 ml 与枸橼酸溶液 0.55 ml 混溶即得所需缓冲溶液。

3. 10 g/L 四苯硼钠溶液：称取四苯硼钠 1 g 溶于 20 ml 缓冲液中，加蒸馏水稀释至 100 ml，保存于冰箱内备用。

4. 钾标准溶液：准确称取经 120～130 ℃烘干的一级硫酸钠（Na_2SO_4）0.446 0 g，置于 100 ml 容量瓶内，用蒸馏水溶解并稀释至刻度，摇匀备用，取此溶液 1 ml 放入 100 ml 容量瓶中，用蒸馏水稀释至刻度，即得 1 ml 溶液含 0.02 mg K^+的钾标准溶液。

5. 6 mol/L 盐酸溶液：即 1 份浓盐酸与 1 份水混合。

6. 分光光度计。

13.22.3 操作方法

称取植物灰样 20～30 mg，用 6 mol/L 盐酸 1～2 ml 溶解，倾入 50 ml 容量瓶中，用蒸馏水稀释至刻度。吸取样品溶液和钾标准溶液各 1 ml 分别放入 2 支离心试管内，各加入 10 g/L 四苯硼钠溶液 3～4 ml，摇匀，静置 10 min，在分光光度计 520 nm 波长上，用 1 cm 比色杯，以试剂空白为参比，测其消光值，以标准比较法求得钾的含量。

13.22.4 结果计算

$$\text{植物灰中钾（K）} = \frac{50 \times 2 \times 10^{-5} \times \Delta E_1}{m_0 \times \Delta E_0}$$

式中：m_0——称取植物灰份重量，g；

ΔE_1——样品消光值；

ΔE_0——标准溶液消光值；

50——从 50 ml 容量瓶中取出 1 ml 测定；

2×10^{-5}——将 0.02 mg 换算成 2 g 的换算系数。

13.22.5 注意事项

1. 四苯硼钠的纯度对测定结果有影响，一般不采用标准曲线法，而是以标准比较法测钾，即使是标准比较法，所用四苯硼钠也应取自同一瓶。

2. 本法对 pH 要求不是很严，一般控制在 pH=7 左右就行

3. 用盐酸溶解灰样时如发现有难溶物质，需过滤，并用蒸馏水洗涤过滤设备，洗涤液亦滤入原来的滤液中，一同并入容量瓶内，保证钾不受损失。

13.23 土壤中砷的分析（Ag-DDC 吸收比色法）

13.23.1 方法原理

同水中砷的分析。

13.23.2 试剂与设备

1. 浓硝酸。
2. 1%（体积比浓度）硫酸。
3. 其他同水中砷的分析方法。

13.23.3 操作方法

1. 样品分析

称取已处理好的土壤样品 0.5 g 于 50 ml 小烧杯中，加入数滴水湿润，加入 15 ml 浓硝酸，加热溶解数分钟后再加入 7 ml 1:1 硫酸，加热蒸发至冒出大量三氧化硫白烟，近干冷却后加入 20 ml 水，加热使可溶性盐溶解，用慢速定量滤纸过滤于 100 ml 容量瓶中，用 1%硫酸洗涤残渣 5～6 次，每次 5～8 ml，然后用水稀释至刻度，摇匀，吸取 20 ml 滤液于砷发生器中，加入 7 ml 1:1 硫酸用水稀释至 50 ml，加入 3 ml 150 g/L 碘化钾溶液，摇匀，放置 10 min。加入 3 ml 150 g/L 氯化亚锡，摇匀，加水至总体积 60 ml 左右，放置 15 min，加 4 g 无锌砷粒，迅速与事先准备好的 Ag-DDC 吸收管连接，让其吸收 50～60 min。取下，在分光光度计上，用 1 cm 比色杯，在 510 nm 波长处测量吸收液的消光值。

2. 绘制工作曲线

同水中砷的工作曲线绘制方法。

13.23.4 结果计算

$$土壤中砷（As，mg/kg）= \frac{m \times V}{m_0 \times V_1}$$

式中：m——从工作曲线上查得的砷量，μg；

V——定容后滤液总体积，ml；

V_1——分析用吸取滤液体积，ml；

m_0——称取试样重量，g。

13.23.5　注意事项

1. 若醋酸铅棉花太干，吸收前可加数滴醋酸湿润，这样对净化过滤效果好。

2. 样品在湿法处理过程中，最后残渣若有黑色颗粒物，应补加硝酸继续加热分解直至残渣变白。

3. 在吸收过程中吸收液会减少，测量前应用氯仿补足 5 ml 后，方可进行测量。

13.24　土壤中铬的分析

13.24.1　方法原理

同水中铬的测定。

13.24.2　试剂与设备

1. 罗式混合物：2 份无水碳酸钠和 1 份氧化镁混合，搅拌均匀即可。

2. 5 g/L 对硝基酚的乙醇溶液。

3. 硫酸溶液：$c\left(\frac{1}{2}H_2SO_4\right)=2\ mol/L$。

4. 其他均同水中铬的分析。

13.24.3　操作方法

1. 样品分析

称取试样 0.5 g 于瓷坩埚中，加入 2.7 g 罗式混合物，用玻璃棒小心充分混合均匀，然后再在上面撒一层 0.3 g 罗式混合物，将坩埚加盖放入马福炉中，使其温度逐渐上升至 850～900 ℃并保持 1 h，冷却后，首先用玻璃棒将坩埚中的熔融物轻轻拨离，倒入 150 ml 烧杯中，其次用热水将坩埚洗至无熔融物为止，置电炉上加热，使熔融物全部溶解。将溶解好的液体过滤于 100 ml 容量瓶中，并用热水洗涤沉淀物 3 次，最后稀释至刻度。取定容后的滤液 1～15 ml 于 25 ml 容量瓶中，加水至溶液体积 10～15 ml 左右，滴加 1 滴对硝基酚，用 $c\left(\frac{1}{2}H_2SO_4\right)=2\ mol/L$ 的硫酸溶液中和至无色，依次加入 1 ml $c\left(\frac{1}{2}H_2SO_4\right)=5\ mol/L$ 的硫酸溶液，2 ml 1∶1 磷酸，1 ml 5 g/L 二苯碳酸二肼—丙酮溶液，用水稀释至刻度，摇匀后放置 15 min，在分光光度计上，选用 3 cm 比色杯，在 540 nm 处测定消光值（以试剂空白作参比）。

2. 绘制工作曲线

同水中铬分析工作曲线绘制方法。

13.24.4 结果计算

$$土壤中铬（Cr，mg/kg）=\frac{m\times V}{m_0\times V_1}$$

式中：m——从工作曲线上查得的铬量，μg；

V——定容后滤液总体积，ml；

V_1——分析用吸取滤液体积，ml；

m_0——称取试样重量，g。

13.24.5 注意事项

1. 加入硫酸中和时，要慢慢地加，摇动使碳酸钠全部分解成二氧化碳逸出，否则加入显色剂后溶液呈乳状或不能显色。
2. 加入乙醇还原高价锰时，一定要煮沸，使多余的乙醇挥发掉。
3. 熔融温度最好在 850 ℃，低于此温度结果偏低。

13.25 土壤中镉的分析（双硫腙比色法）

13.25.1 方法原理

同水中镉的分析方法。

13.25.2 试剂与设备

1. 1:1 盐酸溶液。
2. 30%（体积比浓度）双氧水。
3. 其他均同水中镉的测定。

13.25.3 操作方法

1. 样品分析

称取试样 2.0～3.0 g 于 50 ml 烧杯中，加 20 ml 1:1 盐酸和 2 ml 30%（体积比浓度）的双氧水，于砂浴上蒸发近干，冷却后加入 15 ml 0.5 mol/L 盐酸，加热使可溶性盐溶解，过滤于 50 ml 容量瓶中，用 0.5 mol/L 盐酸洗涤沉淀 3 次，最后用 0.5 mol/L 盐酸稀释至刻度。取 5～25 ml 定容后的滤液于已用 0.5 mol/L 盐酸转好型的离子交换柱中，以

1.5 ml/min 的流速进行交换，用 15 ml 0.1 mol/L 盐酸分 3 次淋洗交换柱，然后用 20 ml 0.5 mol/L 硝酸以 1.0～1.5 ml/min 流速解吸镉于 60 ml 分液漏斗中，在分液漏斗中依次加入 5 ml 200 g/L 柠檬酸，6 ml 400 g/L 氢氧化钠，摇匀后加入 8 ml 0.03 g/L 双硫腙—四氯化碳溶液，萃取 2 min，静置分层，用滤纸擦干净漏斗颈壁上的水分，将有机相转至干燥的试管中，用 2 cm 比色杯，在波长为 510 nm 处，以试剂空白作参比，测其消光值。

2. 绘制工作曲线

同水中镉分析工作曲线绘制方法。

13.25.4　结果计算

$$\text{土壤中镉（Cd，mg/kg）} = \frac{m \times V}{m_0 \times V_1}$$

式中：m——从工作曲线上查得的镉量，μg；

V——定容后滤液总体积，ml；

V_1——分析用吸取滤液体积，ml；

m_0——称取试样重量，g。

13.25.5　注意事项

1. 开始加入 1:1 盐酸时，必须缓慢地加入，防止因反应激烈使样品外溢而造成的损失。
2. 样品蒸发近干时，要特别小心，防止样品残渣飞溅。
3. 有机质多的样品最好放入高温炉中灰化，千万不能用浓硝酸硝化，这样对后面吸附不利。

13.26　生物样中砷的分析

13.26.1　方法原理

同水中砷的分析原理。

13.26.2　试剂与设备

1. 浓硝酸。
2. 1%（体积比浓度）硫酸。
3. 电炉。

4. 烘箱。
5. 马福炉。
6. 瓷蒸发皿。
7. 其他均同水中砷的分析方法。

13.26.3　操作方法

生物样品的干燥、炭化、灰化的处理方法同生物中铀的分析方法。灰分以后的操作方法同土壤中砷的分析方法。

13.26.4　结果计算

$$\text{生物中砷（As，mg/kg）}=\frac{m\times V}{m_0\times V_1}$$

式中：m——从工作曲线上查得的砷量，μg；
V——定容后滤液总体积，ml；
V_1——分析用吸取滤液体积，ml；
m_0——称取试样重量，g。

13.26.5　注意事项

1. 计算公式中 m_0 已将生物的灰分换算成生物的干重或湿重。
2. 生物样中一般砷含量比较低，其滤液可以不定容全部用作分析，这样计算公式中的 V、V_1 均可删去。
3. 其他注意事项同水中铀的分析和土壤中砷的分析。

13.27　生物样中铬的分析

13.27.1　方法原理

同水中铬的分析。

13.27.2　试剂与设备

同前。

13.27.3　操作方法

生物样品的干燥、炭化、灰化的处理方法同生物样中铀的分析方法。灰分以后的操作方法同土壤中铬的分析方法。

13.27.4　结果计算

$$生物中铬（Cr，mg/kg）=\frac{m\times V}{m_0\times V_1}$$

式中：m——从工作曲线上查得的铬量，μg；

V——定容后滤液总体积，ml；

V_1——分析用吸取滤液体积，ml；

m_0——称取试样重量，g。

13.27.5　注意事项

同土壤中铬分析。

13.28　生物样中镉的分析

13.28.1　方法原理

同水中镉的分析。

13.28.2　试剂与设备

1. 1:1 盐酸。
2. 30%（体积比浓度）双氧水。
3. 其他均同土壤中镉的分析。

13.28.3　操作方法

生物样品的干燥、炭化、灰化的处理方法同生物样中铀的分析方法。灰分以后的操作方法同土壤中镉的分析方法。

13.28.4　结果计算

$$生物中镉（Cd，mg/kg）=\frac{m\times V}{m_0\times V_1}$$

式中：m——从工作曲线上查得的镉量，μg；

V——定容后滤液总体积，ml；

V_1——分析用吸取滤液体积，ml；

m_0——称取试样重量，g。

13.28.5　注意事项

同土壤中镉的分析方法。

13.29　用原子分光光度计测定土壤中铜、锌、镍

13.29.1　方法原理

在贫燃性的空气—乙炔火焰中，铜、锌、镍的化合物易于原子化，可将试样直接或经过适当的稀释后喷入火焰，用校正曲线法定量。

13.29.2　试剂与设备

1. 铜标准贮备液：称取纯铜丝（铜≥99.9%）0.100 0 g。于小烧杯中，加 1:1 硝酸溶液溶解完全后，转移至 100 ml 容量瓶中，用水稀释至刻度，此溶液 1 ml 含 1 mg 铜。

2. 锌标准贮备液：称取纯金属锌（锌含量≥99.9%）0.100 0 g 小烧杯中，加 1:1 硝酸溶解，溶解完全后，转移至 100 ml 容量瓶中，用水稀释至刻度，此溶液 1 ml 含 1 mg 锌。

3. 镍标准贮备液：称取分析纯氧化镍（NiO）1.272 0 g 于小烧杯中，加浓盐酸加热溶解，冷却后，转移至 1 000 ml 容量瓶中，并用水稀释至 1 000 ml，摇匀，此溶液 1 ml 含 1.00 mg 镍。

4. 铜、锌、镍混合标准溶液：分别吸取铜、锌、镍标准贮备液 5.00、2.00、和 5.00 ml 于 100 ml 容量瓶中，用 1%（体积比浓度）盐酸稀释至标线，摇匀，此溶液每毫升含铜 50 μg、锌 20 μg、镍 50 μg。

5. 原子分光光度计。

6. 仪器的工作参数如表 13-3 所示。

表 13-3　仪器工作参数

类型	Cu 空心阴极灯	Zn 空心阴极灯	Ni 空心阴极灯
测量波长/nm	224.8	213.0	232.0
光谱通带/nm	2.6	2.6	0.2
试液范围/（mg/L）	0.2～0.5	0.05～0.2	0.3～0.5
火焰类型	空气—乙炔	贫燃火焰	蓝紫色

13.29.3　操作方法

1. 样品分析

称取试样 0.100 0～1.000 0 g 置于聚四氟乙烯烧杯中，加浓硝酸 10 ml，待剧烈反应

停止后，移至低温电热板上，加热分解。若反应还产生棕黄色烟，说明有机质多，要反复补加适量硝酸，加热分解至液面平静，不产生棕黄色气体。取下，稍冷，加入氢氟酸 5 ml，加热煮沸 10 min，取下，冷却，加入高氯酸 5 ml，蒸发至近干。然后再加高氯酸 2 ml，再次蒸发至近干，残渣为灰白色。冷却，加入 1%（体积比浓度）盐酸 25 ml，煮沸溶解残渣，移至 100 ml 容量瓶中，加 1%（体积比浓度）盐酸至标线，摇匀。按表中各金属的测定参数，喷雾一中间标准溶液调节仪器最佳工作状态，这样就可以喷雾已制备好的样品溶液，测量其吸光度。

2. 绘制工作曲线

取 7 只 100 ml 容量瓶，分别加入混合标准溶液 0、0.5 ml、1.0 ml、2.0 ml、3.0 ml、4.0 ml、5.0 ml，用 1%（体积比浓度）盐酸稀释至标线。按样品的测定条件，测量各份溶液的吸光度。根据所测铜、锌、镍 3 种金属各自的吸光度，为之所对应的铜、锌、镍的重量（μg），用最小二乘法，进行直线回归，并绘制其工作曲线。

13.29.4 结果计算

$$\text{土壤中铜含量（Cu，mg/kg）} = \frac{m}{m_0}$$

$$\text{土壤中锌含量（Zn，mg/kg）} = \frac{m}{m_0}$$

$$\text{土壤中镍含量（Ni，mg/kg）} = \frac{m}{m_0}$$

式中：m——从铜、锌、镍各自的工作曲线上查得的铜、锌、镍量，μg；

m_0——称取试样重量，g。

13.29.5 注意事项

1. 若试样中待测金属超过了它的线性范围，可分取适量试样于 25 ml 容量瓶中，用 1%盐酸稀释至刻度，再喷入火焰进行测定。

2. 在空气—乙炔火焰中测定铜、锌、镍很少遇到化学干扰，试液一般即使存在 1 000 mg/L 共存元素也不影响测定。含有量大于 4%的硫酸根，对铜、锌有分子吸收，产生正干扰；大量偏硅酸对锌稍有负干扰；大量铁、钙、钾、钠盐类使镍的吸光度增加，这是产生背景吸收的缘故，可以用氘灯扣除。

3. 试液除了可用于土壤或底质样品中铜、锌、镍的测定外，还可用于铅、镉、铬等元素的分析。

13.30 土壤中汞的分析（双硫腙比色法）

13.30.1 方法原理

试样用硫酸与高锰酸钾加热处理，使有机汞转化为二价无机汞，汞离子在酸性溶液中与双硫腙生成橙色络合物，借此进行比色测定。

13.30.2 试剂与设备

1. 5%的高锰酸钾溶液。
2. 1:1 硫酸。
3. 200 g/L 盐酸羟胺溶液。
4. 20 g/L 乙二氨四乙酸二钠溶液（EDTA-2Na）。
5. 100 g/L 亚硫酸钠溶液。
6. 双硫腙—四氯化碳溶液（配制方法同水中汞的分析）。

13.30.3 操作方法

1. 样品分析

称取试样 5～10 g 于 150 ml 三角瓶中，加入少量水湿润，加 8 ml 1:1 硫酸，20 ml 50 g/L 的高锰酸钾溶液，摇匀，置于水浴锅，于水温 80 ℃条件下保持 1 h，过程中每隔 5 min 左右充分摇动 1 次。如果高锰酸钾褪色了，则需要补加直至紫红色不褪，当溶液冷却后，滴加 200 g/L 盐酸羟胺溶液至刚褪色后再过量 2 ml，开口放置半小时，将溶液全部转移至 100 ml 容量瓶中，并用水稀释至刻度，静置半小时。取上清液 50 ml 于 150 ml 分液漏斗中，加 2 ml 20 g/L 的 EDTA-2Na，1 ml 100 g/L 亚硫酸钠，摇匀，加 10 ml 双硫腙—四氯化碳溶液，萃取 2 min，分层后将有机相放入另一分液漏斗中，加 3 ml 1:1 氨水萃取 1 min，用滤纸吸去颈壁上的水，取有机相于 2 cm 比色杯中，在分光光度计的 485 nm 波长处，以试剂空白作参比，测量其消光值。

2. 绘制工作曲线

同水中汞的分析，但加入双硫腙—四氯化碳溶液量改用 10 ml，比色时改用 2 cm 比色杯。

13.30.4 结果计算

$$土壤中汞（Hg，mg/kg）=\frac{m\times V}{m_0\times V_1}$$

式中：m——从工作曲线上查得的汞量，μg；

V——定容后溶液总体积，ml；

V_1——分析所用溶液体积，ml；

m_0——称取试样重量，g。

13.30.5　注意事项

1. 试样的消化温度不能高于 80 ℃，因汞在高温下易变成汞蒸气而挥发，使结果偏低。
2. 高锰酸钾的量必须能保证在全过程中，溶液的紫红色不褪为限度。
3. 双硫腙的纯化方法见水中镉的分析。

13.31　土壤中铅的分析

13.31.1　方法原理

同水中铅的分析。

13.31.2　试剂与设备

1. 浓盐酸。
2. 浓硝酸。
3. 0.7 mol/L 盐酸：量取 58 ml 浓盐酸于 1 000 ml 容量瓶中，加水至刻度，摇匀即可。
4. 其他试剂均同水中铅的分析。

13.31.3　操作方法

1. 样品分析

称取试样 0.5～1.0 g 于 50 ml 小烧杯中，加入 10 ml 浓盐酸，于低温电炉上加热 5～10 min，加入 5 ml 浓硝酸，加热使试样分解，蒸发至近干后冷却，加 5 ml 浓盐酸蒸发近干，再加 5 ml 浓盐酸蒸发近干，冷却后，加入 0.7 mol/L 盐酸 20 ml，微热使残渣全部溶解。过滤于 100 ml 容量瓶中，并用 0.7 mol/L 盐酸洗涤沉淀物 3 次，然后用水稀释至刻度，摇匀。吸取定容后的溶液 5 ml 于 60 ml 分液漏斗中，用 1:1 氨水调节溶液 pH=7，加 10 ml 250 g/L 的柠檬酸，10 ml 80 g/L 的焦磷酸钠，2 ml 20 g/L 二乙基二硫代氨基甲酸钠，10 ml 四氯化碳，萃取 3 min，分层后转移至另一分液漏斗中，用 15 ml 1.2 mol/L 盐酸反萃取 3 min，分层后弃去大部分有机相，然后加 1 滴酚酞，加 1 滴 1:1 氨水，用力上下振动几下，使水相中的少量有机相全部进入下部有机相中，进而弃去全部有机相，向水相中加入 2 滴酚酞，用 1:1 氨水调节溶液刚出现粉红色再过量 2 滴，此时溶液 pH=9.3，加入 2 ml 氯化铵—氢氧化铵缓冲溶液，1.5 ml 250 g/L 正乙酸钠溶液，5 ml 混合掩蔽剂（每加一种试剂都要摇动），放置 10 min。加 5 ml Br-PADAP—氯仿溶液，萃取 3 min，分层后将有机相在分光光度计上用 1 cm 比色杯，于 570 nm 处，以试剂空白作参比测其消光值。

2. 绘制工作曲线

同水中铅分析工作曲线绘制方法。

13.31.4 结果计算

$$\text{土壤中铅（Pb，mg/kg）} = \frac{m \times V}{m_0 \times V_1}$$

式中：m——从工作曲线上查得的汞量，μg；

V——定容后溶液总体积，ml；

V_1——分析所用溶液体积，ml；

m_0——称取试样重量，g。

13.31.5 注意事项

1. 反萃取水相中的有机相必须分离干净，不然对下步萃取有影响，使分析结果偏低。

2. 其他注意事项同水中铅分析的注意事项。

13.32 用原子分光光度法分析土壤中铁、锰、镁、铅、铜、镉、镍、钠、钾含量

13.32.1 方法原理

样品用硝酸、硫酸反复加热处理，经适当稀释，直接喷入原子吸收分光光度计火焰中测定其各元素的吸光度。

13.32.2 试剂与仪器

1. 浓硝酸。

2. 浓硫酸。

3. 6 mol/L 盐酸。

4. 标准溶液的配制：准确称取一定量高纯金属（或其化合物）铁、锰、镁、铅、铜、镉、锌、镍、钠、钾分别于 50 ml 的小烧杯中，加入 30 ml 1:1 盐酸溶解，其中锰、

铜、铅用 1:1 硝酸溶解，待溶解完全后，移入 1 000 ml 容量瓶，加水稀释至刻度，摇匀。最后配制成每毫升含 10 μg 量级的各种使用溶液，备用。

5. 原子分光光度计、各元素阴极灯。

13.32.3　操作方法

准确称取已加工好的土壤样品 5.000 0 g，放入 250 ml 烧杯中，加几滴水湿润，加入 100 ml 浓硝酸，待剧烈反应停止后，置电炉上加热蒸发浓缩至近干，再加 100 ml 浓硝酸和 5 ml 浓硫酸继续蒸发至近干，当出现 SO_3 白烟、溶液尚末变清透明时，再补加 50 ml 浓硝酸，再继续加热至冒白烟，当溶液已变清透明时，蒸至近干。冷却后，用少量 6 mol/L 盐酸溶解残渣，加水冲稀过滤不溶物，用 0.1 mol/L 盐酸洗涤滤纸上的残渣 5～7 次，其滤液用 100 ml 容量瓶承接，加水稀释至刻度，摇匀，备用。

测量时采用标准加入法进行分析，为了避免共存元素的影响，用氘灯扣除主量元素光散射产生的背景影响。

上述制备好的试样溶液，其稀释倍数视该元素在样品中的含量高低而定。加入法标准曲线中测试溶液和标准溶液的浓度通常由以下两点决定：

1. 浓度吸光度曲线成直线；
2. 标准溶液的浓度与被测试样溶液的浓度应为同一数量级。

根据以上诸元素在土壤中的含量，提供如表 13-4 所示稀释数据作为参考。加入标准溶液浓度和各元素仪器测试条件分别如表 13-5 和表 13-6 所示。

表 13-4　样品稀释倍数

元素	Fe	Mn	Mg	Pb	Cu	Cd	Zn	Ni	Na	K
倍数	200	100	200	25	5	5	400	10	10	500

表 13-5　加入标准溶液的浓度

元素名称	配制标准溶液浓度/（μg/ml）
Fe	0、1.00、2.00、3.00、4.00
Mn	0、0.25、0.50、0.75、1.00
Mg	0、0.05、0.10、0.15、0.20
Pb	0、2.00、4.00、6.00
Cd	0、0.20、0.40、0.60、0.80
Cu	0、0.50、1.00、1.50、2.00
Zn	0、0.10、0.20、0.40、0.60、1.00
Na	0.0、0.50、5.00、10.00、15.00
K	0、0.25、0.50、1.00、1.50、2.00、2.50
Ni	0、0.25、0.50、1.00、1.50、2.00

表 13-6　各元素仪器测试条件

元素	Fe	Mn	Mg	Pb	Cd	Zn	Na	K	Cu	Ni
波长/nm	248.9	279.5	285.2	383.3	228.8	213.8	380.2	266.5	324.7	232.0
狭缝/nm	0.33	0.33	0.33	0.33	0.33	0.33	0.33	0.18	0.33	0.33
灯电流/mA	10	10	10	10	8	10	10	10	10	10
火焰	乙炔流量：3.5 L/min；压力 0.5 kg/cm^2 空气：14 L/min　　　压力 1.8 kg/cm^2									
燃烧器	单缝燃烧器									

13.32.4　结果计算

$$土壤中某元素含量（Me，mg/kg）= \frac{m \times V}{m_0 \times V_1}$$

式中：m——从工作曲线上查得的某元素量，μg；

V——定容后溶液总体积，ml；

V_1——分析所用溶液体积，ml；

m_0——称取试样重量，g。

13.32.5　注意事项

1. 样品溶液的稀释倍数要根据实际情况而定。
2. 绘制标准曲线时用的标准溶液浓度，应与被测试样溶液的浓度同一量级。
3. 在能保证标准曲线成直线的前提下，一般标准溶液的测点数应不少于 3～4 个点。
4. 各种标准溶液最好到已通过国家计量认证的单位购买，如核工业北京理化研究院等。

第 14 章　环境空气监测方法

14.1　空气中铀的分析

14.1.1　方法原理

用滤布过滤空气集尘法收集空气中的粉尘，然后经灰化后，用硝酸提取，使铀进入溶液，用荧光法进行测定。

14.1.2　试剂与设备

1. 浓硝酸。
2. 30%（体积比浓度）双氧水。
3. 固休氟化钠（一级）。
4. 测尘用的滤膜。
5. 吸尘器（DK-60 型）。

14.1.3　操作方法

将已采集空气中粉尘的滤膜样品置于 50 ml 瓷坩埚内，先在电炉上炭化，再放入 400 ℃的马福炉内灰化半小时，取出冷却后，加入 5 ml 浓硝酸及几滴双氧水，置低温电炉上加热蒸发至干，再加入 1 mol/L 硝酸 1 ml 及蒸馏水 1～2 ml，加热煮沸约 1 min，将溶液倒入 10 ml 容量瓶中，用水仔细洗涤坩埚 4～5 次（每次约 1.5 ml），并用水稀释至刻度。用滴管吸取样液，滴 1 滴于铂金丝的氟化钠片上，在酒精喷灯上烧制成珠球，在荧光灯下与同样条件下制备的标准珠球进行荧光强度比较，得出结果。

14.1.4　结果计算

$$\text{空气中的铀浓度（U，mg/m}^3\text{）} = \frac{C_1 \times V_1}{V_0 \times t}$$

式中：C_1——样品珠球的铀含量，μg/ml；

V_1——样品溶液体积，ml；

V_0——采样泵抽气速度，L/min；

t——泵的抽气时间，min。

14.1.5 注意事项

1. 本方法只适用于空气中含可溶性铀的粉尘，对于矿井复杂类型的粉尘必须先将样品灰化，经酸消化处理，使粉尘中的铀全部转化为可溶性铀，再用乙醚萃取，分离干扰元素后，方可进行荧光比色测定。

2. 滤膜样品必须认真灰化，若灰化以后的样品中仍然有少量的黑色小颗粒，分析结果明显偏低。

14.2 空气中微量铀的荧光分析

14.2.1 方法原理

用超细纤维滤膜过滤被抽取的一定体积的空气，将滤膜灰化后，用酸浸取铀，以TBP萃取分离，之后进行荧光比色测定。

14.2.2 试剂与设备

1. 浓硝酸（AR）。

2. 30%（体积比浓度）双氧水（AR）。

3. 400 g/L 硝酸铵溶液：称取 40 g 硝酸铵溶于 60 ml 蒸馏水中，加入 0.25 g 乙二氨四乙酸二钠，用硝酸调节 pH=2，摇匀，备用。

4. 100 g/L 碳酸铵溶液：称取 10 g 碳酸铵溶解于 100 ml 蒸馏水中。

5. 20%（体积比浓度）TBP—煤油溶液（纯化见水中微量铀 TBP—煤油萃取荧光分析）。

6. 其他试剂同土壤中铀分析。

14.2.3 操作方法

将取好样的滤膜放入 30 ml 瓷坩埚中，先在电炉上炭化至不冒烟，放入马福炉内于550～650 ℃温度下灼烧半小时。取出冷却，加 4 ml 浓硝酸和 2 ml 浓盐酸，于砂浴上蒸干，再加 3 ml 浓硝酸，蒸干，最后加入 2 ml 30%（体积比浓度）双氧水，蒸干。加入 10 ml pH=2 酸化水，微热使之溶解，趁热用快速定量滤纸过滤于 60 ml 分液漏斗中，原器皿和滤纸用 pH=2 酸化水洗涤 5～7 次，每次 3～5 ml，使滤液总体积达到 40～50 ml，用 1:1 氨水或 1:1 硝酸调节溶液 pH=2，加入 0.5 ml 6 mol/L 硫氰酸铵溶液和 0.5 ml 2 mol/L 酒石酸溶液，2 ml 75 g/L 乙二氨四乙酸二钠溶液，摇匀，静置 5 min，加入 10 ml TBP—煤油溶液萃取 3 min，静置分层约 30 min，放出水相，有机相加 5 ml 400 g/L 硝酸铵溶液洗涤 1 min，分层后弃去水相，再重复洗涤 1 次，准确加入 2.00 ml 0.02 g/L 铀试剂—Ⅲ溶液反萃取 3 min，吸取 0.1 ml 反萃取液滴于铂金丝环上的氟化钠片上，于酒精喷灯上熔融成珠球，在荧光灯下与铀标准珠球进行比较测定。

14.2.4　结果计算

$$空气中的铀浓度（U，mg/m^3）= \frac{m \times V}{V_s \times V_1}$$

式中：m——样品珠球的铀含量，μg；

V_s——采取空气样体积，L；

V——反萃取液总体积，ml；

V_1——吸取烧球用的反萃取液体积，ml。

14.2.5　注意事项

1. 一般空气中的铀含量都比较低，为了满足方法灵敏度的需要，可以将同一地点同一工作类别的多个粉尘样品汇集成一个样品分析。

2. 样品的灰化必须彻底，不能有细小的黑色颗粒，否则样品分析结果偏低。

3. 滤膜的出产地不同，灰化时的温度也有一定的差异，一般国外的滤膜灰化时的温度在 550 ℃，国产滤膜灰化时的温度大约在 650 ℃，而且灰化所需要的时间也略长一点。

4. 反萃取液也可以用 10 g/L 的无水碳酸钠溶液，不过用碳酸钠烧球时有气泡产生，当熔融温度高时，氟化钠甚至会发生爆炸现象，造成样品报废。

14.3　空气中 ^{210}Po 分析

14.3.1　方法原理

用超细纤维采取空气样品，经硫酸与双氧水湿法灰化样品，在 0.5 mol/L 盐酸介质中，用铜片自镀，低本底α探测仪测量，计算得出结果。

14.3.2　试剂与设备

1. 低本底α探测仪（本底计数为 0.1～0.2 cpm）。
2. 马福炉。
3. 水浴锅。
4. 采样泵。
5. 铜片（0.1 mm，纯度为 99.9%）。
6. ^{239}Pu 标准源ϕ=2.4 cm，强度为 600 dpm。
7. ^{210}Po 标准溶液（0.5 mol/L 盐酸介质中）。
8. 浓硫酸 d=1.84，含量为 98%。

9. 双氧水，浓度为（体积比浓度）30%。

10. 0.5 mol/L 盐酸溶液：量取 41.7 ml 浓盐酸于 1 000 ml 容量瓶中，加水至刻度，摇匀。

14.3.3 操作方法

在采样泵的取样头上装上滤膜，采取一定体积的空气样品后，取下滤膜，放入 50 ml 小烧杯中，加入 5 ml 浓硫酸，盖上表面皿，在通风柜内的电炉上加热，使滤布炭化变黑，一直加热到在杯壁和表面皿上布满黑点，这时才能沿杯壁加入少量的双氧水，继续加热，并逐渐地加入双氧水，溶液由黑变白，并用双氧水洗涤表面皿及烧杯壁，使溶液变成无色，继续加热至双氧水分解赶尽。加入约 60～70 ml 0.5 mol/L 盐酸，加少量抗坏血酸，以下操作同土壤中 ^{210}Po 分析。

14.3.4 结果计算

$$\text{空气中}\ ^{210}\text{Po 浓度（Bq/m}^3\text{）} = \frac{N - N_0}{V_s \times \eta} \times K$$

式中：K——校正系数，贝克/（脉冲/分）；

N——样品加本底计数率，脉冲/分；

N_0——本底计数率，脉冲/分；

V_s——采取空气样品的体积，m^3；

η——仪器的探测效率，%。

14.3.5 注意事项

1. 硫酸炭化过程中，双氧水不能加早了，否则滤布就需要很长时间才能完全炭化。
2. 在自镀过程中，要适当加热水使自镀液体积始终保持在 70 ml 左右。

14.4 空气中镭的分析（闪烁射气法）

14.4.1 方法原理

利用滤膜集尘法采集空气中的粉尘样品，经炭化、灰化后，用盐酸加热浸取，使粉尘中的镭转变成溶液，于扩散器中封闭积累由 ^{226}Ra 衰变而产生的氡及其氡子体，将氡子体转移至闪烁室中，在定标器上进行计数测量。

14.4.2 试剂与设备

1. 吸尘器。
2. ϕП—15 滤膜或国产 1#滤膜。
3. 定标器 FH—408。

4. 氡钍测量仪（配制 0.5 L 闪烁室）。

5. 马福炉。

6. 1:1 盐酸溶液：1 体积浓盐酸与 1 体积的蒸馏水混合即成。

14.4.3　操作方法

将用滤膜集尘法所采集的一定空气的粉尘样品放入 50 ml 瓷坩埚中，先在电炉上炭化完全后，放入马福炉内，于 650 ℃的温度下灰化 30 min，取出冷却，加入 1:1 盐酸 10 ml，于电热板上蒸发至 2～3 ml，再加 1:1 盐酸 10 ml，继续蒸发至 1 ml，加入 15 ml 热蒸馏水，趁热过滤，坩埚及滤纸用 1%的热稀盐酸洗涤 4～5 次，滤液总体积应控制在 30 ml 左右，然后将滤液转移至 100 ml 扩散器中，封闭 15～20 d 后，将封闭的氡转移至事先已抽成真空的闪烁室内，等待 3 h 后，用氡钍仪进行测量。

14.4.4　结果计算

$$\text{空气中镭浓度（Ra，Bq/m}^3\text{）} = \frac{K\times(N-N_0)}{(1-\mathrm{e}^{-\lambda\tau})\times V_s}$$

式中：N——样品加本底计数率，脉冲/分；

N_0——本底计数率，脉冲/分；

V_s——采取空气样品的体积，m^3；

$1-e^{-\lambda\tau}$——氡的积累系数；

K——校正系数，贝克/（脉冲/分）。

14.4.5　注意事项

1. 样品灰化必须彻底，不能有黑色小颗粒物质，因为炭粒物质对氡有较强的吸附作用，使分析结果偏低。

2. 由扩散器向闪烁室转移氡的各连接管路要尽可能减少胶管与氡的接触，因为胶管对氡的吸附作用也是很强的，尤其是低浓度样品，更要注意。

3. 校正系数是用标准镭源校正的，使用时一定要按操作规程进行，而且必须在通风柜内进行。

14.5　空气中钍的分析

14.5.1　方法原理

用滤膜集尘的样品经硝酸、氢氟酸和高氯酸加热处理后，先将铁和钒还原为不可萃取的形式，然后再用高分子量的 N235—二甲苯溶液萃取钍，盐酸溶液反萃取，钍试剂—Ⅲ显色测定。

14.5.2 试剂与设备

1. 浓硫酸。
2. 浓硝酸。
3. 高氯酸。
4. 马福炉。
5. 瓷坩埚。
6. 其他试剂和设备同土壤中钍的分析。

14.5.3 操作方法

将采取一定空气后的滤膜放入瓷坩埚内，加入 10 ml 浓硝酸，在电炉上徐徐加热，直到滤纸溶解及其和硝酸的反应停止。若滤纸溶解不完全，继续加硝酸，以使滤纸完全溶解。冷却，加入 5 ml 硝酸、2 ml 氢氟酸和 3 ml 高氯酸，加热到逸出乳白色浓烟，然后继续加热到大部分高氯酸挥发掉为止。冷却后加入 10 ml 硝酸铝与酒石酸混合盐析剂，微热使残渣溶解，趁热过滤于 60 ml 分液漏斗中，加入 10 ml N235—二甲苯溶液，摇动萃取 3 min，静置分层后弃去水相。以下操作同土壤中钍的分析。

14.5.4 结果计算

$$\text{空气中钍的含量（Th，mg/m}^3\text{）} = \frac{m \times 10^{-3}}{V_s \times \eta}$$

式中：m——从工作曲线上查得的钍量，μg；

V_s——采取空气样体积，m^3；

η——化学回收率，%。

14.5.5 注意事项

1. 滤膜的消化处理，必须要在滤膜溶解完全后，方可进行下一步操作，否则样品溶液难以变为无色溶液。

2. 加入硝酸铝和酒石酸混合盐析剂溶解后，应加入一定量的抗坏血酸，使铁和钒还原成不被萃取的物质。

3. N235 的化学名称是 N—苄基苯胺。

14.6 空气中粉尘浓度的测定（计重法）

14.6.1 方法原理

用采集泵将空气中的粉尘阻留在已称重的超细纤维滤膜上，再称取集尘后的滤膜重量，根据采样体积计算空气中的粉尘浓度。

14.6.2　试剂与设备

1. 过氯乙烯超细纤维滤膜（LXGL-15 型测尘滤膜）。
2. 取样头（武安型产塑料采样头）。
3. 抽气泵（DK-60 采样装置）。
4. 气体流量计。
5. 秒表。
6. 分析光电天平（感量 0.000 1 g 或 0.000 01 g）。
7. 电热恒温干燥箱。
8. 石油醚（AR）。

14.6.3　操作方法

在清洁无尘的条件下，将滤膜两边的纱布或衬布撕掉，编号后置于 50 ℃的恒温干燥箱内，烘烤 20～30 min，取出置于干燥器中冷却至室温，在分析天平上称出滤膜的重量，然后在相同温度下再烘烤 15 min，取出冷却，称重，两次称量结果的误差不大于 0.2 mg，否则要进行第三次烘烤称量，直至恒重为止，将已恒重的滤膜装入取样泵的取样头上，连接好取样设备各个部件，开启电源，调节好流量计并计时开始，当到达一定时间后，采样结束，取下滤膜，将有粉尘的一面朝上放入样品盒内，再按取样前滤膜的烘烤条件，烤干与恒重。

14.6.4　结果计算

$$\text{空气中粉尘浓度（mg/m}^3\text{）} = \frac{(m - m_0)\times 1\,000}{V_s \times t \times f}$$

式中：m——采样后的滤膜重量，mg；

m_0——采样前滤膜重量，mg；

V_s——采样流速，L/min；

t——采样时间，min；

f——滤膜对粉尘的过滤效率，%。

14.6.5　注意事项

1. 滤膜的烘烤温度绝对不能超过 50 ℃，高于 50 ℃时滤膜容易变质，造成样品报废。

2. 取样的高度一般应在人的呼吸带，即 1.5 m 高度左右。若在井下的工作面取样时，一定要避开进风风流，所取样品要有真正的代表性。

3. 当在井下所取样品含有机油时，应用石油醚将机油除掉以后才能计算粉尘浓度。

具体操作方法是：将所取粉尘样品放入盛有 20 ml 石油醚的培养皿内（注意有粉尘的一面朝上）浸泡 15 min，取出用摄子两次对折并夹住，放入盛有石油醚的小烧杯内轻轻地洗一洗，取出放入 50 ℃烘箱内烘干至恒重。

14.7 空气中氡浓度的测定（活性炭吸附法）

14.7.1 方法原理

根据活性炭在常温下能定量地吸附空气中的氡，而在高温下又能将吸附的氡定量地解析出来的性质，将一定体积的空气在常温干燥的状态下以一定的比流速通过活性炭管，这时空气中的氡被活性炭吸附，然后将吸附氡的活性炭管置于解析电炉中加热至 400 ℃左右，被解析的氡用闪烁室收集，最后用氡钍仪进行测量。

14.7.2 仪器与设备

1. 活性炭管：ϕ= 50 mm，L = 120 mm。
2. 颗粒状活性炭（粒度为 0.5～1.0 mm）。
3. 抽气泵（DK-60 型）。
4. 真空泵。
5. 解析电炉（自制）。
6. 氡钍测量仪（FD-125 型）。
7. 秒表。
8. 液体镭标准源（n × 10^{-9} Ci）。

14.7.3 操作方法

取样前先将活性炭管置于解析电炉中于 450 ℃温度下驱除炭管内的氡（活性炭中的镭所产生的氡）和水分，封闭炭管，冷却至常温，先向炭管内缓慢地放入净化的空气用以补偿由于温度变化而造成的管内外的压差，之后方可用于取样。按干燥管、取样炭管、流量计和 DK-60 抽气泵的顺序连接设备，然后以规定的流速和取样时间进行取样。将已取好样的活性炭管两头夹住，按干燥管、滤氡炭管、滤氡子体滤膜管、饱和氯化钙溶液起泡器管、取样活性炭管和预先抽成真空的闪烁室的顺序连接好以上设备，之后打开闪烁室和活性炭管连接处的全部阀门，把待解析的炭管放入解析电炉中，缓慢地升高温度，当温度达到 250 ℃时，打开设备的所有阀门，并调好起泡器上的流速，开始向系统内放气，控制解析时间在 25 min，这时放气终了，而且温度应保持在 430 ℃，立即关闭闪烁室阀门，放置 3 h，用氡钍仪进行测量。

14.7.4 结果计算

$$空气中氡浓度（Rn，Bq/L）=\frac{K\times(N-N_0)}{F_1\times F_2\times V_s\times t\times\delta}$$

式中：N——样品加本底计数率，脉冲/分；

N_0——本底计数率，脉冲/分；

K——校正系数，贝克/（脉冲/分）；

F_1——活性炭吸附效率，%；

F_2——活性炭解析效率，%；

V_s——取样时的气流速度，L/min；

t——取样时间，min；

δ——取样时现场温度对吸附效率的校正系数，%。

14.7.5 注意事项

1. F_1、F_2 和 δ 3 个参数在实际测量中一般都不予考虑，因为这 3 个参数在正常情况下的乘积接近 1，对分析结果影响不大。

2. 氡引进闪烁室后，必须在等待 3 h 后按时测量，提前或滞后测量都要进行修正。

3. 井下氡浓度较高，可以直接用闪烁室到井下取样，在氡钍仪上进行测量。

14.7.6 附件

本方法中吸附效率与温度、比流速的关系，解析温度对解析效率的影响，Rn 引入闪烁室 3 h 前测量的修正系数如表 14-1～表 14-4 所示。

表 14-1　采样时的温度对吸附效率的影响

温度/℃	20	25	30	35	40	45
η %	99.9	99.9	99.8	99.0	86.0	65.0

表 14-2　解析时的温度对解析效率的影响

解吸温度/℃	200	250	300	350	400	450
F_2%	89.0	95.0	99.7	99.6	99.8	99.8

表 14-3　吸附效率与比流速的关系

比流速/（L/min）	0.21	0.32	0.42	0.53	0.64	0.74	0.85	1.06	1.33	1.60
吸附效率/%	99.9	99.9	99.8	99.8	99.8	99.3	99.0	95.0	91.6	79.8

表 14-4　Rn 引入闪烁室 3 h 前测量的修正系数

Rn 入室/min	10	15	30	40	50	60	70	80	100	120	180
修正值	1.402	1.375	1.290	1.240	1.192	1.151	1.120	1.085	1.050	1.020	1.00

14.8 空气中长寿命α放射性气溶胶浓度的测定

14.8.1 方法原理

利用滤膜过滤空气中α放射性物质，采样后将样品放置 4 d，等待短寿命放射性物质完全衰变掉后用α仪测量滤膜上的α放射性，并计算出空气中长寿命α放射性气溶胶浓度。

14.8.2 仪器与设备

1. 抽气泵（DK-60）。
2. 超细纤维滤膜（L×GL-15-1 滤膜）。
3. 低本底α探测仪（FJ-13α探测仪）。

14.8.3 操作方法

按前面空气中粉尘浓度测定的操作方法采取样品，把采取好的长寿命子体样品（即滤膜）放入干燥器中，等待 4 d，用低本底α探测仪进行其α放射性强度的测量。

14.8.4 结果计算

$$\text{空气中长寿命}\alpha\text{放射性气溶胶浓度（Bq/L）}=\frac{N-N_0}{\eta\times V_s\times t\times F}\times K$$

式中：η——仪器的探测效率，%；

V_s——取样时的气流速度，L/min；

t——取样时间，min；

F——滤膜过滤效率，%；

N——样品加本底计数率，脉冲/分；

N_0——样品本底计数率，脉冲/分；

K——校正系数，贝克/（脉冲/分）。

14.8.5 滤膜过滤效率的测定

1. 过滤效率 F 是指捕集在滤膜上的放射性粉尘每分钟放出的α粒子数与被测空气中放射性物质每分钟放出的α粒子数之比。

2. α粒子在滤膜中的射程δ的确定：以测量标准源加滤膜与不加滤膜时的计数率来确定δ值。

$$\delta=\alpha\frac{N_0}{N_0-N}$$

式中：δ——α 粒子在滤膜中的射程，mg/cm^2；

N_0——不加滤膜时测量标准源的计数率，脉冲/分；

N——加滤膜时测量标准源的计数率，脉冲/分；

α——滤膜的质量厚度，mg/cm^2。

3. α值的确定：

$$\alpha=\frac{m}{S}$$

式中：m——滤膜质量，mg；

S——滤膜面积，cm^2。

4. 滤膜透过系数 K 值的确定：

使空气通过两层质量厚度相同的滤膜，分别测定各层的计数率，透过量。之后计算透过量。

$$K=n_1/n_2$$

式中：K——透过系数；

n_2——第二层滤膜上的计数率，脉冲/分；

n_1——第一层滤膜上的计数率，脉冲/分。

5. F 值的计算：

当$\delta<\alpha$时：

$$F=1+\frac{1}{\frac{\delta}{\alpha}\times\ln K}\times e^{\frac{\delta}{\alpha}\ln K}$$

当$\delta>\alpha$时：

$$F=1-K+\frac{\alpha}{\delta}K\left(\frac{1}{\ln K}+\frac{1}{K\ln K}\right)$$

当$\delta=\alpha$时：

$$F=1+\frac{1}{\ln K}(1-K)$$

对于不同滤膜和不同流速，过滤效率亦不同。更换不同型号滤膜和改变流速时必须重新测定过滤效率。

14.9　空气中氡的短寿命子体浓度测定（即α潜能）

14.9.1　方法原理

用超细纤维滤膜以一定的气流速度滤取空气中的氡子体，取样后在指定时间里测定滤膜上的计数率，然后换算为氡子体α潜能。

14.9.2 仪器设备

1. 超细纤维滤膜。
2. 采样头。
3. 抽气泵（DK-60 微型取样仪）。
4. 低本底α探测仪（FJ-13α探测仪）。
5. 秒表。
6. 其他常用工具等。

14.9.3 操作方法

按粉尘采样方法连接好仪器设备，使取样头位于 1.5 m 的高度，调节好取样装置已标定的各种参数：气流速度为 20 L/min；采样时间为 5 min。采样结束后 7～10 min 进行测量，并记录积分计数，然后按下式计算氡子体α潜能值。

$$\text{空气中氡子体的}\alpha\text{潜能浓度（}E_a\text{，MeV/L）}=\frac{40N_{7\sim10}}{V_s\times F\times f_\alpha\times\eta}=KN_{7\sim10}$$

式中：$N_{7\sim10}$——采样后 7～10 min 的积分计数；

V_s——取样流速，L/min；

F——滤膜的过滤效率，%；

f_α——样品的自吸收数，%；

η——仪器的探测效率，%；

40——与取样时间（5 min）、等待时间（7 min）、测量时间（3 min）和能量有关的系数。

K——总系数，且恒等于 $40/(V_s \cdot F \cdot f_\alpha \cdot \eta)$。

14.9.4 总系数 *K* 的确定

可以通过分别确定 V_s、η、F 和 f_α 来确定 K 值，因为用同一样品不同时间的计数算出来的α潜能值应该相等，故有：

$$E_a=KN_{7\sim10}=\frac{40N_{7\sim10}}{V_s\times F\times f_\alpha\times\eta}=\frac{78\times N_{56\sim59}}{V_s\times\eta\times F\times f_\alpha}$$

将上式变换一下得：$K=\dfrac{78}{V_s\times\eta\times F\times f_{\text{自}}}\times\dfrac{N_{56\sim59}}{N_{7\sim10}}$

式中：$f_{\text{自}}$——相对于 $N_{56\sim59}$ 的样品自吸收系数；

η——相对于 $N_{56\sim59}$ 的探测效率；

78——与 40 相似的系数；如果放射性微粒在滤膜中的分布是指数分布，则有：

$$f\zeta=1-\frac{\alpha}{\delta}\cdot\frac{k}{k-1}\left(1-\frac{1}{\ln k}+\frac{1}{k\ln k}\right)$$

式中：α——所用滤膜的质量厚度，mg/cm^2；

δ——RaC'α粒子在滤膜中的射程，mg/cm^2；

k——平均透过系数，$k=1-F$。

1. RaC'α粒子在滤膜中的射程

$$\delta=\frac{\alpha \times N_0}{N_0-N_\alpha}$$

式中：N_0——RaC'薄源的计数率，脉冲/分；

N_α——同一量时间 RaC'薄源盖上质量厚度为α的薄膜后的计数率，脉冲/分；

应用上述条件是探测器在盖与不盖滤膜两种状况下的探测效率相等。

2. RaC'薄源的制备

将自制高浓度镭源（10^4～10^5 Bq）中的氡转移至密闭容器内，以器壁为正极，以与容器壁绝缘的铜片为负极，接上负高压电源。这样由氡子体衰变的α粒子便收集在铜片上。待收集一定时间后，切断电源，取出铜片，静置 30 min，待 RaA 全部衰变掉以后，铜片就成了 RaC'薄源了。

14.9.5　注意事项

1. 总系数 K 一般定期由原核工业第六研究所标准氡室进行标定（现改为南华大学标准化氡室）。

2. 环境氡子体浓度比较低，要求取样泵的取样头、滤膜等物品一定要保持清洁干净，每次取完样后，取样头都要用酒精仔细擦洗，晾干备用。

14.10　空气中苯含量的测定（乙醚—丙酮比色法）

14.10.1　方法原理

苯于硝化混合液中被硝化成二硝基苯，在强碱性溶液中（pH=12），用乙醚萃取，在乙醚层中加入丙酮及氢氧化钠后，呈现蓝紫色，由此进行比色定量。

14.10.2　试剂与设备

1. 小型气泡吸收管。
2. 气体采样仪。
3. 流量计 0～1 L/min。
4. 分光光度计 721 型或 7230 型。
5. 吸收液（硝化混合液）：称取 10 g 于 80 ℃干燥过的硝酸铵，溶于 100 ml 浓硫酸中。

6. 乙醚。

7. 丙酮。

8. 570 g/L 氢氧化钠溶液：称取 57 g 氢氧化钠溶于 100 ml 水中，冷却后贮于聚乙烯塑料瓶中。

9. 苯标准溶液：在 25 ml 容量瓶中放入 10 ml 吸收液，准确称量其重量，加入 2 滴苯，再准确称其重量，两次称量之差即为苯的重量，摇匀，置沸水浴中加热 30 min，并时时振摇，取出加吸收液至刻度，混匀，计算出 1 ml 溶液中苯的含量，使用时用吸收液稀释成 1 ml=100 μg 苯的标准液。

14.10.3 操作方法

1. 样品分析

串连 2 个各装有 2 ml 吸收液的小型气泡吸收管，以 0.1 L/min 的抽气速度抽取 1 L 空气。停止取样后，用吸收液洗涤进气管内壁 3 次，将吸收管置于沸水浴中加热 30 min，冷却后，将 2 管样品倒入 1 只 20 ml 的比色管中，用水洗涤吸收管数次，洗液一并倒入比色管中，加水稀释至刻度，摇匀。吸取 5 ml 样品溶液，加到预先放有 6 ml 水的分液漏斗中，冷却后，加 1 滴酚酞指示剂，滴加 570 g/L 的氢氧化钠溶液至出现红色，再多加 1 ml，混匀，放冷加 10 ml 乙醚，萃取摇动 3 min，静置分层后，放出水相，再加 10 ml 水洗涤乙醚，分层后放出水相，将乙醚从上口倒入 10 ml 比色管中，加入乙醚至刻度。

2. 标准管的配制

取 1 ml 苯标准溶液置于盛有 10 ml 水的分液漏斗中，按上述乙醚萃取方法进行萃取洗涤，然后用乙醚提取液（1 ml=10 μg 苯）按表 14-5 配制标准管。

表 14-5　苯标准管的配制

管号	0	1	2	3	4	5	6	7
乙醚提取液/ml	0.0	0.2	0.4	0.6	0.8。	1.0	2.0	3.0
乙醚/ml	3.0	2.8	2.6	2.4	2.2	2.0	1.0	0.0
苯含量/μg	0.0	2.0	4.0	6.0	8.0	10.0	20.0	30.0

吸取 3 ml 样品乙醚萃取液于比色管中，向全部样品管和标准管各加入 7 ml 丙酮，2 ml 570 g/L 氢氧化钠溶液，摇匀，静置 15 min，于波长 575 nm 处进行比色测量。

14.10.4 结果计算

$$\text{空气中苯浓度（mg/m}^3\text{）} = \frac{40\times C}{3V_{0S}}$$

式中：C——所取乙醚萃取液中苯含量，μg；

V_{0S}——换算成标准状况下的采样体积，L。

14.10.5 注意事项

1. 硫酸极易吸收空气中水分，使硝化混合液被稀释，稀释后的硝化混合液不能使苯硝化完全，结果偏低。配制好的硝化混合液需盖紧存放。

2. 采样时，吸收管前面应加过滤管，用以去掉空气中的粒状物质。

3. 在用乙醚提取时，当温度低时，常有结晶析出而堵塞分液漏斗，此时加入 10 ml 水于已提取完全的分液漏斗中，使结晶溶解，才能将水放出。

4. 生成的颜色易褪，要求在 1 h 之内测量。

5. 苯和甲苯共存时，可用同一样品测定，不需要分两次采样。

14.11 空气中甲苯的测定（乙醚—乙醇比色法）

14.11.1 方法原理

甲苯在硝化混合液中被硝化生成三硝基甲苯，于碱性溶液中（pH=9）用乙醚萃取，加入乙醇和氨水后，生成紫红色，比色测定。

14.11.2 试剂与设备

1. 甲苯标准溶液：在 25 ml 称量瓶中放入 10 ml 吸收液，准确称重，滴入 2 滴甲苯，再准确称重，两次称量之差即为甲苯重量，摇匀。置沸水浴中加热 30 min，并时时振摇，取出冷却加吸收液至刻度，摇匀，计算 1 ml 溶液中甲苯的含量，使用时用吸收液稀释成 1 ml=200 μg 甲苯的标准溶液。

2. 缓冲溶液：0.1 mol/L 硝酸铵与 0.1 mol/L 氢氧化铵等体积混合，摇匀。

3. 其他试剂与设备：同苯的分析。

14.11.3 操作方法

1. 样品分析

按苯的采样方法进行采样和处理，量取 5 ml 处理后的溶液，放入盛有 6 ml 水的分液漏斗中，加 1 滴 0.5%酚酞指示剂，用氨水中和 pH=9，冷却后，加入 10 ml 缓冲液，摇匀，加入 10 ml 乙醚摇动 3 min，静置分层后弃去水相，将乙醚从分液漏斗的上口倒入 10 ml 比色管中，并加乙醚至刻度，摇匀。

2. 标准管的配制

取 1 ml 甲苯溶液（200 μg）置于盛有 10 ml 水的分液漏斗中，按样品操作方法加乙醚萃取和洗涤，然后用乙醚提取液（1 ml=20 μg 甲苯）按表 14-6 配制标准管。

表 14-6 甲苯标准管的配制

管号	0	1	2	3	4	5	6
乙醚提取液/ml	0	0.25	0.50	1.00	1.50	2.00	3.00
乙醚/ml	5.00	4.75	4.50	4.00	3.50	3.00	2.00
甲苯含量/μg	0	5.00	10.00	20.00	30.00	40.00	60.00

量取 5 ml 样品乙醚提取液于比色管中，向全部样品管及标准管中各加入 5 ml 乙醇，2 ml 氨水，摇匀，显色后立即在波长 530 nm 处比色定量。

14.11.4 结果计算

$$\text{空气中甲苯含量（mg/L）} = \frac{8C}{V_{0S}}$$

式中：C——所取乙醚提取液中甲苯的含量（μg）；

V_{0S}——换算成标准状况下的所采气体样品之体积，L。

14.11.5 注意事项

1. 生成的颜色极易褪色，应放置暗处并尽快比色测量。

2. 在分析溶液中，苯含量不超过 0.6 mg 时，二甲苯含量不超过 0.4 mg 时，不干扰甲苯的测定。

3. 其他注意事项参看苯的乙醚—丙酮比色法测定。

14.12 空气中二甲苯含量分析（乙醚—乙醇比色法）

14.12.1 方法原理

二甲苯于较稀的硝化液中被硝化后，用乙醚萃取，于乙醚层中加入乙醇及氢氧化钠后，立即呈蓝绿色，比色定量。

14.12.2 试剂与设备

1. 稀硝化混合吸收液：称取 10 g 经 80 ℃干燥过的硝酸铵溶于 100 ml 86%硫酸中；

2. 86%（质量百分比浓度）硫酸溶液：量取浓硫酸 95.4 ml，缓缓加到盛有 27 ml

水的烧杯中，摇匀。

3. 50 g/L 氢氧化钠吸收液：称取 5 g 氢氧化钠溶于 100 ml 水中（临用时配制）。

4. 二甲苯标准溶液：在 25 ml 称量瓶中加入 10 ml 吸收液，准确称重，加入 2 滴二甲苯，再称其重量，两次称量之差即为二甲苯重量，摇匀。置于 50 ℃水浴中加热 30 min，冷却，用吸收液稀释至刻度，计算每毫升溶液中二甲苯含量，再用吸收液稀释成 1 ml=250 μg 二甲苯标准溶液。

5. 其他试剂与设备：同苯的乙醚—丙酮比色法。

14.12.3　操作方法

1. 样品分析

串连 2 个装有 2 ml 吸收液的小型气泡吸收管，以 0.1 L/min 的速度抽取 1 L 空气。然后将吸收管置于 50 ℃水浴中，加热 30 min。将 2 个吸收管的吸收液倒入同一分液漏斗中，用 10 ml 水分数次洗涤吸收管，洗液并入分液漏斗中，冷却后加入 10 ml 乙醚摇动萃取 3 min，静置分层后，弃去水相，乙醚从分液漏斗上口移入 10 ml 比色管中，加乙醚至刻度，摇匀。

2. 标准管的配制

取 4 ml 二甲苯标准溶液（1 ml=250 μg 二甲苯），放入盛有 10 ml 水的分液漏斗中，加入 10 ml 乙醚萃取 3 min，分层后，弃去水相，乙醚从分液漏斗上口倒入 10 ml 比色管中，加乙醚至刻度，摇匀。

按表 14-7 配制 1 ml = 100 μg 二甲苯标准管。

表 14-7　二甲苯标准管的配制

管号	0	1	2	3	4	5	6	7
乙醚萃取液/ml	0	0.20	0.40	0.60	0.80	1.00	1.50	2.00
乙醚/ml	5.00	4.80	4.60	4.40	4.20	4.00	3.50	3.00
二甲苯含量/μg	0	20.0	40.0	60.0	80.0	100.0	150.0	200.0

量取 5 ml 样品乙醚萃取液于比色管中，向全部样品管和按上表配制的标准管中加入 5 ml 乙醇及 0.1 ml 50 g/L 的氢氧化钠溶液，混匀显色后，立即于波长 610 nm 处比色定量。

14.12.4　结果计算

$$\text{空气中二甲苯含量（mg/m}^3\text{）} = \frac{2 \times C}{V_{0S}}$$

式中：C——所取乙醚萃取液中二甲苯的含量，μg；

V_{0S}——换算成标准状况下的采样体积，L。

14.12.5 注意事项

1. 二甲苯硝化温度必须控制在 50 ℃左右，温度过高会使苯及甲苯部分硝化，温度过低会使二甲苯硝化不完全，使结果偏低。

2. 生成的颜色极易褪色，应放置暗处，并尽快比色测定。

3. 在分析常用液中苯含量不超过 1 mg，甲苯含量不超过 0.3 mg，不干扰二甲苯的测定。

4. 空气中有苯、甲苯和二甲苯共存时可串连 2 对小型气泡吸收管，其中一对吸收管中各加 2 ml 硝化混合液，用作采集苯和甲苯样。另一对吸收管中各加入稀硝化混合液，用作采集二甲苯样。

14.13 空气中三硝基甲苯分析（碱—乙醇比色法）

14.13.1 方法原理

三硝基甲苯的乙醇溶液与碱作用，生成紫色，颜色的深浅与三硝基甲苯的含量成正比，以此进行比色定量。

14.13.2 试剂与设备

1. 95%（体积比浓度）的乙醇。

2. 50 g/L 氢氧化钠溶液。

3. 三硝基甲苯标准溶液：称取 0.050 0 g 三硝基甲苯，置于 50 ml 容量瓶中，加乙醇溶解并稀释至刻度，1 ml 此溶液含 1 mg 三硝基甲苯。取此溶液稀释成 1 ml=10 μg 三硝基甲苯的标准使用溶液。

4. 采样泵。

5. 流量计（5～10 L/min）。

14.13.3 操作方法

1. 样品分析

将取样头装上双层滤膜，以 5 L/min 的流速抽取 25 L 空气样品。采完样后用镊子小心地将滤膜取下，放入 10 ml 比色管中，加入 10 ml 乙醇，盖紧磨口盖，摇动 10 min，取出 5 ml 样品溶液于比色管中，同标准管一起进行分析。

2. 配制三硝基甲苯标准管

按表 14-8 所示配制三硝基甲苯标准管。

表 14-8 三硝基甲苯标准管的配制表

管号	0	1	2	3	4	5	6	7	8	9
标准溶液/ml	0	0.10	0.30	0.50	0.70	0.90	1.00	2.00	3.00	4.00
乙醇/ml	5.00	4.90	4.70	4.50	4.30	4.10	4.00	3.00	2.00	1.00
三硝基甲苯含量/μg	0	1.00	3.00	5.00	7.00	9.00	10.0	20.0	30.0	40.0

向所有样品管和标准管各加入 2 滴 50 g/L 的氢氧化钠溶液，摇匀，放置 5 min 后比色定量。

14.13.4 结果计算

$$空气中三硝基甲苯含量（mg/m^3）=\frac{2\times C}{V_{0S}}$$

式中：C——所取样品溶液中三硝基甲苯含量，μg；

V_{0S}——换算成标准状况下的采样体积，L。

14.13.5 注意事项

1. 标准溶液放在室温保存，颜色逐渐变深，浓度也随之降低。因此标准溶液应放在冰箱中保存（有效期 1 周）或者使用前配制。

2. 为避免变色出现浑浊，配制氢氧化钠用的水应煮沸除去二氧化碳，氢氧化钠选用没有吸水、表面光滑的氢氧化钠。配制的溶液也应在使用前配制。

3. 因三硝基甲苯是易爆物质，所以抽气泵应是防爆设备，以保证安全。

14.14 空气中苯、甲苯、二甲苯联合测定（气相色谱法）

14.14.1 方法原理

用二硫化碳作吸收液，吸收空气中的苯、甲苯、二甲苯化合物，其吸收液直接用气相色谱仪氢火焰离子化检测器测定。

14.14.2 设备与试剂

1. 气相色谱仪，带有氢火焰离子化检测器。

2. 大气采样仪（CD-1 型大气采样仪）。

3. 二硫化碳。
4. 苯、甲苯、二甲苯（均为色谱纯试剂）。
5. 担体（6201 型，60～80 目）。
6. 冰块。
7. 氯化钠。
8. 吸收管。
9. 气相色谱条件：
（1）色谱柱为长 3 m，内径 4 mm，不锈钢管；
（2）担体为 6201 淡红色，60～80 目；
（3）固定液为 3.4%有机皂土-34+2.5%邻苯二甲酸二壬酯；
（4）温度为柱箱 78 ℃，检测室 145 ℃，气化室 200 ℃；
（5）气体流速为氮气 24 ml/min，空气 320 ml/min，氢气 30 ml/min。

14.14.3 操作方法

1. 绘制标准曲线

首先采用静态配气方法，以二硫化碳为溶剂配成含苯和甲苯 2、4、6、8、10 mg/L，二甲苯 4、8、12、16、20 mg/L 标准系列的标准溶液。分别吸取 2 μL 标准系列溶液注入色谱仪中，分别记录各组分峰高值，每种浓度重复 3 次，取 3 次平均值。以苯、甲苯和二甲苯的各自浓度对峰高作图，绘制标准曲线。

2. 样品分析

于吸收管中加入 10 ml 二硫化碳，并将吸收管放置在准备好的冰壶中（壶内装有冰+食盐=100 g+50 g 混合物），连接取样泵，以 0.5 L/min 的气流速度采样 20 min。采样完毕，于采样管口套上胶管帽，置于冰壶中带回实验室。补加二硫化碳至 10 ml，摇匀，按标准曲线的操作条件，调节好色谱仪的各项参数，吸取一定量的吸收液注入色谱仪中，记录峰高。在标准曲线上查出与样品峰高相对应的苯、甲苯或二甲苯的浓度，按下列公式计算出大气样品中苯、甲苯或二甲苯的含量。

14.14.4 结果计算

$$\text{空气中苯（甲苯或二甲苯）(mg/m}^3\text{)} = \frac{C_{\text{标}} \times V_{\text{标}} \times V_{CS_2}}{V_{\text{标}} \times V_{\text{空}}}$$

式中：$C_{\text{标}}$——样品峰高相对应的浓度值，μg/μL；

$V_{\text{标}}$——标准溶液（苯、甲苯或二甲苯）的进样量，μL；

V_{CS_2}——二硫化碳的体积，ml；

$V_{\text{样}}$——样品溶液的进样量，μL；

$V_{空}$——采取空气的体积，L。

14.14.5　注意事项

1. 本方法对苯系化合物的吸收率很高，单管能达到 90%以上。

2. 由于二硫化碳沸点低，易于挥发，故在采样时流速不宜过大，时间不宜过长，以二硫化碳在采样时损失不超过一半为宜。

3. 在采样时，吸收管必须放在碎冰食盐的混合物内，在整个采样过程中冰不能完全溶解。

4. 空气中苯系列化合物也可以采用活性炭吸附法，之后再用二硫化碳解析，吸取解吸液进行色谱分析。

14.15　用火焰原子吸收分光光度法测定空气中铬、铜、锰、锌、镍、镉等元素含量

14.15.1　方法原理

将试样溶液喷入火焰中，使被测元素解离成基态原子。当空心阴极灯发射的共振线通过原子蒸气时，基态原子对特征谱线产生选择性吸收，在一定条件下，吸光度与待测元素的浓度成正比，因此，通过测定吸光度即可计算出该元素在空气中的含量。

14.15.2　试剂与设备

1. 硝酸，GR 纯。

2. 高氯酸，GR 纯。

3. 氢氟酸，GR 纯。

4. 去离子蒸馏水：首先用不锈钢电热蒸馏器烧制蒸馏水，再经阴离子树脂和阳离子树脂吸附交换处理，其电阻率为 10^6～10^7 Ω·cm 之间。

5. 铜、锌、镉、锰、镍、和铬的标准贮备溶液：分别称取光谱纯的上述金属 0.500 0 g 于 150 ml 烧杯中，分别加入适量的 1:1 的硝酸，在低温电炉上加热溶解，然后定量地转移至 500 ml 的容量瓶中，并稀释至刻度，摇匀。此溶液为 1 ml＝1.00 mg 的铜、锌、镉、锰、镍和铬的标准溶液。

6. 金属标准使用溶液：临用时，吸取 10 ml 上述金属贮备溶液于 100 ml 容量瓶中，用 1%（体积比浓度）的稀硝酸溶液，按照稀释方法分配制成 1 ml＝100 μg 铜、锰、铬、镍、镉、锌各金属使用溶液。

7. 过氯乙烯测尘滤膜：ϕ＝10 cm。

8. 大流量抽气泵：流量为 120～180 L/min。

9. 原子分光光度计。

10. 其他常规玻璃器皿等。

14.15.3 操作方法

1. 采样与样品处理

用大流量采样器，将采样头、采样管和抽气泵连接好，以 150 L/min 的大流速采集 20～40 m^3 空气样品。取样后，用镊子小心卸下滤膜，将尘面朝里，两次对折后，放入银坩埚中，先于电炉上炭化至不冒烟，冷却后滴加 2 滴硝酸，低温蒸干硝酸，再放入马福炉内，在 700 ℃灼烧 2～3 h，直至无黑色颗粒物，取出坩埚冷却，加 3 ml 浓硝酸，0.4 ml 1:1 氢氟酸及 0.2 ml 高氯酸，置低温电热板上加热，溶解残渣。继续加热并蒸干至白烟冒尽，冷却后，准确加入 2 ml 浓硝酸，溶解残渣，将溶液小心转移至 10 ml 容量瓶中，器皿用 20 g/L 硝酸溶液洗涤并稀释至刻度，摇匀备用。

2. 绘制标准曲线

取 100 ml 容量瓶，按照表 14-9 中各待测元素配制的标准系列，并按照表 14-10 所示的原子吸收分光光度计的工作条件，测定各元素的吸光度。以吸光度对相应元素的浓度（μg/ml）绘制标准曲线。

表 14-9 六元素混合标准系列

瓶号	0	1	2	3	4	5	6	7
Cd 标准使用液/ml	0	0.20	0.30	0.40	0.50	0.60	0.80	1.00
Cd 浓度/（μg/ml）	0	0.20	0.30	0.40	0.50	0.60	1.50	1.00
Cr 标准使用液/ml	0	0.50	1.00	1.50	2.00	3.00	4.00	5.00
Cr 浓度/（μg/ml）	0	0.50	1.00	1.50	2.00	3.00	4.00	5.00
Cu 标准使用液/ml	0	0.50	1.00	2.00	3.00	4.00	5.00	8.00
Cu 浓度/（μg/ml）	0	0.50	1.00	2.00	3.00	4.00	5.00	8.00
Mn 标准使用液/ml	0	0.50	1.00	1.50	2.00	3.00	4.00	5.00
Mn 浓度/（μg/ml）	0	0.50	1.00	1.50	2.00	3.00	4.00	5.00
Ni 标准使用液/ml	0	0.50	1.00	1.50	2.00	3.00	4.00	5.00
Ni 浓度/（μg/ml）	0	0.50	1.00	1.50	2.00	3.00	4.00	5.00
Zn 标准使用液/ml	0	0.20	0.40	0.60	0.80	1.00	2.00	3.00
Zn 浓度/（μg/ml）	0	0.20	0.40	0.60	0.80	1.00	2.00	3.00
水/ml	100.00	97.60	95.30	92.50	89.70	85.40	80.20	73.00

表 14-10　火焰原子吸收分光光度计法工作条件

元素	波长/nm	狭缝/nm	灯电流/mA	火焰类型	线性范围/ppm
Cd	228.8	0.7	2	贫燃焰	0.2～1.0
Cr	357.9	0.7	20	富燃焰	0.5～5.0
Cu	324.7	0.7	6	贫燃焰	0.5～8.0
Mn	279.5	0.2	6	贫燃焰	0.5～5.0
Ni	232.0	0.2	12	中性焰	0.5～5.0
Zn	213.9	0.7	15	贫燃焰	0.2～3.0

按与标准曲线绘制相同的仪器工作条件测定样品溶液的吸光度，并取同批号、等面积的空白滤膜，按样品测定的操作方法测定空白值。

14.15.4　结果计算

$$镉（Cd，mg/m^3）=\frac{(C-C_0)\times V}{V_{0S}\times 1\,000}$$

式中：C——样品溶液的镉浓度，μg/ml；

C_0——空白溶液的镉浓度，μg/ml；

V——样品溶液的体积，ml；

V_{0S}——标准状态下的采样体积，m^3。

其他 5 种金属均可参照上述公式计算。

14.15.5　注意事项

1. 在制备样品蒸干过程中，温度不能过高，防止溶液崩溅。

2. 不同型号仪器的最佳工作条件有所不同，因此要根据仪器使用说明书正确选择波长、灯电流、火焰类型以及样品的干燥、灰化温度等，使仪器测定的灵敏度高，重现性好及线性范围宽。

3. 如果空气中粉尘浓度高，不一定采用大流量采样，一般当粉尘量达到 10 mg 时，就可以满足分析的需要。

14.16　粉尘样品中游离二氧化硅分析（焦磷酸重量法）

14.16.1　方法原理

粉尘样品中的绝大部分硅酸盐及其他杂质在加热时都溶于焦磷酸，而游离二氧化硅在此情况下几乎不溶解，故可以用焦磷酸处理样品，用重量法测定游离的二氧化硅。

14.16.2 试剂与设备

1. 电炉。

2. 马福炉。

3. 25 ml 镍坩埚或瓷质坩埚。

4. 50 ml 硬质玻璃三角瓶。

5. 焦磷酸：将 85%（体积比浓度）的市售磷酸置于硬质烧杯中加热除去一部分水，直至温度达到 250 ℃，液体不再冒泡为止，冷却，贮于试剂瓶中备用。

6. 硝酸铵。

7. 0.1 mol/L 盐酸溶液：量取浓盐酸 0.9 ml，加水稀释至 100 ml，摇匀。

8. pH 试纸（1～14）。

14.16.3 操作方法

将滤膜采集的粉尘样品（一般均为在矿山井下主要作业场所采集的粉尘样品）放入 50 ml 的三角瓶中，加入 15 ml 的焦磷酸和数毫克的硝酸铵，用玻璃棒搅拌至全部样品湿润，插入 300 ℃温度计置电炉上加热至 245～250 ℃温度下保持 15 min（不能超过 250 ℃，否则焦磷酸脱水，硅酸析出，形成胶状沉淀物），应不断地进行搅拌，取下冷却至 60～70 ℃，将液体转移至盛有 50 ml 热蒸馏水（约 70～80 ℃）的 400 ml 烧杯中，边倒边搅拌，使水和粘稠的酸液充分混合，并用热蒸馏水洗涤三角瓶，洗液并入烧杯中，使最后体积约为 150～200 ml。将溶液煮沸，趁热用慢速定量滤纸过滤，先用 0.1 mol/L 热盐酸洗涤 5～6 次，再用热水洗涤，洗至无酸性反应为止（用 pH 试纸检验）。将滤纸连同沉淀物取出放入已恒重的坩埚内，先在电炉上低温烘干，再加热使其炭化完全，盖上坩埚盖，放入马福炉中，于 700 ℃灰化 30 min，取出放入干燥器中冷却至室温，称至恒重。

14.16.4 结果计算

$$\text{粉尘中游离二氧化硅含量（}SiO_2\text{，\%）} = \frac{m - m_1}{m_0} \times 100\%$$

式中：m——坩埚与残渣重量之和，mg；

m_1——坩埚重量，mg；

m_0——粉尘样品重量，mg；

14.16.5 注意事项

1. 样品加热溶解后，在加水稀释过程中，应按规定的温度进行，并充分搅拌。若温度过高，可能出现胶状沉淀，此时应弃去重做。

2. 焦磷酸可溶解 100 多种矿物，适用于大多数矿物性粉尘。但绍兴柱石、黄玉、电石和硅藻土等不溶。

3. 加硝酸铵对粉尘中的硫化物起氧化作用，使其溶解完全。

4. 含有机物较多的样品，如煤尘、棉尘、纤维、烟草和谷物等，用焦磷酸加热溶解时，会产生大量二氧化碳气泡，不易溶好，应事先称取一定量的样品，在马福炉内进行灰化，去掉有机物，再用焦磷酸溶解。

5. 含氟样品（如氟化化钙、磷矿石）必须先用水蒸气蒸馏除氟。

14.17　空气中氮氧化物的分析（盐酸萘乙二胺比色法）

14.17.1　方法原理

二氧化氮被吸收液吸收后，生成亚硝酸和硝酸，其中亚硝酸与对氨基苯磺酸起重氮化反应，再与盐酸萘乙二胺偶合，呈玫瑰红色，颜色深浅与空气中氮氧化物含量高低成正比，用分光光度计测定。

14.17.2　试剂与设备

1. 吸收原液：称取 5 g 对氨基苯磺酸直接放入 1 000 ml 棕色容量瓶中，加入 50 ml 冰乙酸与 900 ml 水的混合液，盖上瓶盖，轻轻摇动，待对氨基苯磺酸全部溶解后，加入 0.65 g 盐酸萘乙二胺，溶解后，用水稀释至标线，摇匀，密封存放于冰箱内，可保存 3 个月。

2. 吸收液：取 4 份吸收原液和 1 份水相混合，摇匀。

3. 三氧化铬氧化剂：取出 20～40 目石英砂或普通砂，用 1:2 的盐酸溶液浸泡一夜，用水洗至中性，烘干，将三氧化铬与砂按重量比 1:20 进行混合，加少量水调匀，放在红外线灯下或者在 105 ℃烘箱内烤干，烤干过程中应搅拌几次，制备好的三氧化铬—砂混合物应是松散的，若粘在一起，说明三氧化铬比例太大，可适当增加一些砂，重新制备。称取 8 g 三氧化铬—砂混合物装入双球玻璃管，两端用少量脱脂棉塞紧，并用滴管帽盖住，取样时将滴管帽摘掉，用胶管与吸收管连接。

4. 亚硝酸钠标准贮备溶液：称取 0.150 0 g 亚硝钠（$NaNO_2$，预先在干燥器中干燥 24 h 以上）溶解于水，移入 1 000 ml 容量瓶中，用水稀释至标线。此溶液每毫升含 100.00 μg 亚硝酸根（NO_2^-），贮于棕色瓶，保存于冰箱中，可稳定 3 个月。

5. 亚硝酸钠标准溶液：临用前，吸取贮备液 5.00 ml 于 100 ml 容量瓶中，用水稀释至刻度。此溶液每毫升含 5.00 μg 亚硝酸根（NO_2^-）。

14.17.3　操作方法

用 1 支内装 5 ml 吸收液的多孔玻板吸收管，进气口接氧化管，并使管口略微向下倾斜，以免当湿空气将氧化剂弄湿时，污染后面吸收液。以 0.2～0.3 L/min 的流量，避光采样至吸收液呈微红色为止，计录采样时间，密封好采样管，带回实验室，当日测量。按标准溶液测量方法测量吸光度。

绘制标准曲线：取 7 支 10 ml 具塞比色管，按表 14-11 配制标准色列。

表 14-11 亚硝酸钠标准色列

管号	0	1	2	3	4	5	6
亚硝酸钠标准溶液/ml	0	0.10	0.20	.030	0.40	0.50	0.60
吸收原液/ml	4.00	4.00	4.00	4.00	4.00	4.00	4.00
水/ml	1.00	0.90	0.80	0.70	.0.60	0.50	0.40
亚硝酸根含量/μg	0	0.5	1.0	1.5	2.0	2.5	3.0

各管摇匀后，避开直射阳光，放置 15 min，在波长 540 nm 处，用 1 cm 比色杯，以水为参比，测定吸光度。以吸光度对亚硝酸根含量绘制标准曲线。

14.17.4 结果计算

$$空气中氮氧化物（NO_2，mg/L）=\frac{(E-E_0)\times B}{V_{0S}\times 0.76}$$

式中：E——样品溶液的吸光度；

E_0——试样空白溶液吸光度；

B——校正因子，μg/吸光度单位；

V_{0S}——标准状况下的采样体积，m^3；

0.76——由二氧化氮转换成亚硝酸根的系数。

14.17.5 注意事项

1. 配制吸收液时应避免溶液在空气中长时间暴露，防止吸收空气中的氮氧化物。

2. 日光照射能使吸液变色，因此在采样、运输及存放等环节上，都要采取避光措施，以保证样品质量。

3. 三氧化铬氧化管适应于相对湿度为 30%～70%时使用，当相对湿度大于 70%时，应勤换氧化管，当相对湿度少于 30%时，在采样前应使潮湿空气通过氧化管，平衡 1 h。

4. 绘制标准曲线，在吸取亚硝酸钠标准使用液时，应使用经标定合格的同一支移液管，且要缓慢地加入。

14.18 空气中二氧化硫的分析（四氯汞钾—盐酸副玫瑰苯胺比色法）

14.18.1 方法原理

二氧化硫被四氯汞钾溶液吸收后，生成稳定的二氯亚硫酸盐络合物，再与甲醛及盐酸副玫瑰苯胺作用，生成紫红色络合物，根据其颜色深浅，比色定量。

14.18.2　试剂与设备

1. 0.04 mol/L 四氯汞钾溶液：称取 10.9 g 二氯化汞（$HgCl_2$），6.0 g 氯化钾和 0.07 g 乙二胺四乙酸二钠盐（EDTA-2Na）溶解于水，稀释至 1 000 ml，摇匀。此溶液在密闭容器中贮存，可稳定 6 个月，如发现有沉淀不可再用。

2. 2.0 g%（体积比浓度）甲醛溶液：量取 36%～38%甲醛溶液 1.1 ml，用水稀释至 200 ml，临用现配。

3. 6.0 g/L 胺基磺酸铵溶液：称取 0.6 g 胺基磺酸铵（$H_2NSO_3NH_4$），溶解于 100 ml 水中，临用现配。

4. 碘贮备液：$c\left(\frac{1}{2}, I_2\right)=0.01$ mol/L，称取 12.7 g 碘于烧杯中，加入 40 g 碘化钾和 25 ml 水，搅拌至全部溶解后，用水稀释至 1 000 ml，摇匀，贮于棕色试剂瓶中。

5. 碘溶液：$c\left(\frac{1}{2}, I_2\right)=0.01$ mol/L，量取 50 ml 碘贮备溶液，用水稀释至 500 ml，摇匀，贮于棕色试剂瓶中。

6. 2 g/L 淀粉指示剂：称取 0.2 g 可溶性淀粉，用少量水调成糊状物，慢慢倒入 100 ml 沸水中，继续煮沸直到溶液澄清，冷却后贮于试剂瓶中。

7. 3.0 g/L 碘酸钾标准溶液：称取 1.500 0 g 已于 110 ℃烘干的碘酸钾（KIO_3，优质纯）溶解于水，移入 500 ml 容量瓶中，用水稀释至刻度。

8. 盐酸溶液[$c(HCl)=1.2$ mol/L]：量取 100 ml 浓盐酸，用水稀释至 1 000 ml。

9. 硫代硫酸钠溶液[$c(Na_2S_2O_3)=0.1$ mol/L]，称取 25 g 硫代硫酸钠（$Na_2S_2O_3 \cdot H_2O$）溶解于煮沸并已冷却的水中，加入 0.2 g 无水碳酸钠，贮于棕色试剂瓶中，放置 1 周后标定其浓度。

标定方法：吸取碘酸钾溶液 25.00 ml，置于 250 ml 碘量瓶中，加入新煮沸并已冷却的水，加 1 g 碘化钾，振荡至完全溶解后，再加 1.2 mol/L 盐酸 10.0 ml，立即盖好瓶塞，混匀，用硫代硫酸钠溶液滴至淡黄色，加淀粉指示剂 5.0 ml，继续滴定至蓝色刚好褪去，记录消耗硫代硫酸钠溶液体积，其浓度按下式计算：

$$c(Na_2S_2O_3)=\frac{m\times 1\,000}{35.67\times V}\times\frac{25.00}{500.0}=\frac{50\times m}{35.67\times V}$$

式中：$c(Na_2S_2O_3)$——硫代硫酸钠溶液的浓度，mol/L；

m——称取碘酸钾重量，g；

V——滴定所用硫代硫酸钠溶液体积，ml；

35.67——相当于 1 L 1 mol/L 硫代硫酸溶液的碘酸钾$\left(\frac{1}{6}KIO_3\right)$的质量，g。

10. 硫代硫酸钠标准溶液[$c(Na_2S_2O_3)=0.01$ mol/L]：吸取 50.00 ml 已标定过的

0.1 mol/L 硫代硫酸钠溶液，置于 500 ml 容量瓶中，用新煮沸并已冷却的水稀释至标线。

11. 亚硫酸钠标准溶液：称取 0.20 g 亚硫酸钠（Na_2SO_3）及 0.01 g 的 EDTA-2Na，溶解于新煮沸并已冷却的水中，轻轻摇匀。放置 2～3 h 后标定。

标定：取 4 个 250 ml 碘量瓶（A_1、A_2、B_1、B_2）分别加入 0.01 mol/L 碘溶液 50.00 ml。在 A_1、A_2 内各加 25 ml 水，在 B_1 瓶内加入 25.00 ml 上述亚硫酸钠标准溶液，盖好瓶塞。与此同时吸取 2.00 ml 二氧化硫标准溶液放入已加有 40～50 ml 四氯汞钾吸收液的 100 ml 容量瓶中，紧接着再吸取 25.00 ml 亚硫酸钠标准溶液加入 B_2 瓶内，盖好瓶塞，然后用四氯汞钾吸收液将 100 ml 容量瓶中的溶液稀释至标线。将上述 4 个碘量瓶于暗处放置 5 min 后，用硫代硫酸钠标准溶液滴定至浅黄色，加 5 ml 淀粉指示剂，继续滴定至蓝色刚好褪去。

100 ml 容量瓶中亚硫酸钠标准溶液浓度由下式计算：

$$二氧化硫标准溶液浓度\ c（SO_2，\mu g/ml）=\frac{(V_0-V)\times c(Na_2S_2O_3)\times 32.02\times 1\,000}{25.00}\times\frac{2.00}{100}$$

式中：V_0——空白消耗硫代硫酸钠溶液的平均值，ml；

V——样品消耗硫代硫酸钠溶液的平均值，ml；

c（$Na_2S_2O_3$）——硫代硫酸钠标准溶液的摩尔浓度，mol/L；

32.02——相当 1 L 1 mol/L 硫代硫酸钠标准溶液的二氧化硫 $\left(\frac{1}{2}SO_2\right)$ 的质量，g。

根据以上计算的二氧化硫标准溶液浓度，用四氯汞钾吸收液稀释成每毫升含 2.00 μg 的二氧化硫标准溶液，此溶液用于绘制标准曲线，在冰箱中保存，可稳定 20 天。

12. 2 g/L 盐酸副玫瑰苯胺（对品红）贮备液：称取 0.20 g 已提纯的对品红溶解于 1 mol/L 100 ml 盐酸中。

13. 磷酸溶液 $c\left(\frac{1}{3}H_3PO_4\right)=3$ mol/L：量取 41 ml 85%浓磷酸，用水稀释至 200 ml。

14. 0.16 g/L 对品红使用液：吸取 0.2%对品红贮备液 20 ml 于 250 ml 容量瓶中，加入 3 mol/L 磷酸溶液 25 ml，用水稀释至标线。至少放置 24 h 方可使用，存于暗处，可稳定 9 个月。

14.18.3 操作方法

1. 绘制标准曲线

取 7 只 25 ml 容量瓶，按表 14-12 配制标准系列。

表 14-12　亚硫酸钠标准系列

瓶号	0	1	2	3	4	5	6
0.2 μg/ml 亚硫酸钠标准溶液/ml	0	0.50	2.00	4.00	6.00	8.00	10.00
四氯汞钾吸收液/ml	10.00	9.50	8.00	6.00	4.00	2.00	0.00
二氧化硫含量/μg	0	1.00	4.00	8.00	12.00	16.00	20.00

在以上各管中分别加入 6.0 g/L 氨基磺酸铵溶液 1.00 ml，摇匀，再加入 0.2%（体积比浓度）甲醛溶液 2.00 ml、0.16 g/L 对品红使用液 5.00 ml，用新煮沸并已冷却的水稀释至标线，摇匀。当室温为 15～20 ℃时，显色 30 min；室温为 20～25 ℃时，显色 20 min；室温为 25～30 ℃时，显色 15 min。用 1 cm 比色杯于波长 548 nm 处，以水为参比，测定吸光度。以吸光度相对应的二氧化硫含量（μg）绘制标准曲线。

2. 样品测定

用 1 个内装 10.00 ml 四氯汞钾吸收液的多孔玻板吸收管，以 0.5 L/min 流量采气 10～20 L。样品放置 20 min，使臭氧分解。将样品溶液全部倒入比色管中，用水洗涤吸收管，并入比色管中，使体积为 10.00 ml，加 1.00 ml 氨基磺酸铵溶液，放置 10 min，以除去氮氧化物的干扰，以下同标准曲线的绘制。

14.18.4　结果计算

$$\text{二氧化硫（}SO_2\text{，}mg/m^3\text{）} = \frac{m}{V_{0S}}$$

式中：m——样品溶液中二氧化硫含量，μg；

V_{0S}——标准状态下的采样体积，L。

14.18.5　注意事项

1. 温度对显色有影响，温度越高，空白值越大，温度高时显色快，褪色也快，最好使用恒温水浴控制显色温度。

2. 因六价铬能使紫红色络合物褪色，产生负干扰。故应避免用硫酸—重铬酸洗液洗涤玻璃器皿。

3. 用过的具塞比色管及比色杯应及时用酸洗涤，否则红色难以洗净，具塞比色管用 1:4 的盐酸溶液洗涤，比色杯用 1:4 的盐酸加 $\frac{1}{3}$ 体积乙醇混合溶液洗涤。

4. 四氯汞钾溶液为剧毒试剂，使用时应小心，如溅到皮肤上，立即用水冲洗。使用过的废液要集中回收处理，以免污染环境。

14.19 空气中氨的分析（纳氏试剂比色法）

14.19.1 方法原理

氨被吸收在稀硫酸溶液中，与纳氏试剂作用生成黄棕色化合物，根据颜色深浅，用分光光度计测定。

14.19.2 试剂与设备

1. 吸收液：硫酸溶液 $c\left(\frac{1}{2}H_2SO_4\right)=0.01$ mol/L。

2. 纳氏试剂：称取 5 g 碘化钾，溶于 5 ml 水，另称取 2.5 g 氯化汞（$HgCl_2$）溶于 10 ml 热水，将氯化汞溶液慢慢地加到碘化钾溶液中，不断搅拌，直到形成的红色沉淀（HgI_2）不溶为止。冷却后，加入氢氧化钾溶液（15 g 氢氧化钾溶于 30 ml 水），加水稀释至 100 ml，再加 0.5 ml 氯化汞溶液，静置 1 天。将上清液贮于棕色细口瓶中，盖紧橡皮塞，存于冰箱中，可使用 1 个月。

3. 酒石酸钾钠溶液：称取 50 g 酒石酸钾钠（$KNaC_2H_4O_6\cdot 4H_2O$）溶于水中，加热煮沸以驱除氨，放冷，稀释至 100 ml。

4. 氯化铵标准贮备液：称取 0.785 5 g 氯化铵，溶于水中，移入 250 ml 容量瓶中，用水稀释至标线。此溶液每毫升相当于 1 000 μg 氨。

5. 氯化铵标准溶液：临用时，吸取氯化铵贮备液 5.00 ml 于 250 ml 容量瓶中，用水稀释至标线，此溶液每毫升相当于含 20.00 μg 氨。

6. 10 ml 大型气泡吸收管。

7. 空气采样器　流量 0～1 L/min。

8. 分光光度计。

14.19.3 操作方法

1. 绘制标准曲线

取 6 支 10 ml 具塞比色管，按表 14-13 配制氯化铵标准色列。

表 14-13　氯化铵标准色列

管号	0	1	2	3	4	5
氯化铵标准溶液/ml	0	0.10	0.20	0.50	0.70	1.00
水/ml	10.00	9.90	9.80	9.50	9.30	9.00
氨含量/μg	0	2.0	4.0	10.0	14.0	20.0

在各管中加入酒石酸钾钠溶液 0.20 ml，摇匀，再加纳氏试剂 0.20 ml，放置 10 min（当室温低于 20 ℃时，放置 15～20 min），用 1 cm 比色皿，于波长 420 nm 处，以水为参比，测定吸光度。以吸光度对氨含量（μg）绘制标准曲线。

2. 样品分析

用一个内装 10 ml 吸收液的大型气泡吸收管，以 1 L/min 的流量，采集 20～30 L 气体样。采样后，将样品溶液移入具塞比色管中，用少量吸收液洗涤吸收管，其洗涤液并入同一比色管中，用吸收液稀释至 10 ml 标线。以下操作同标准曲线。

14.19.4　结果计算

$$\text{空气中氨含量（}NH_3\text{，}mg/m^3\text{）} = \frac{m}{V_{0S}}$$

式中：m——测得样品溶液中氨含量，μg；

V_{0S}——标准状态下的采样体积，L。

14.19.5　注意事项

1. 本方法所用之水均为无氨蒸馏水。其制备方法是于普通蒸馏水中加入少量高锰酸钾至浅紫红色，再加氢氧化钠呈碱性，蒸馏。取其中间部分的水，加少量硫酸呈微酸性，再重蒸馏 1 次即可。

2. 如果在吸收管上事先做好 10 ml 处的标记，采样后用吸收液补充体积至 10 ml，这样可代替具塞比色管直接在其中显色。

3. 在氯化铵标准贮备液中，加入 2 滴氯仿，可以抑制微生物的生长，延长贮备液的使用时间。

14.20　空气中硫化氢的分析（碘量法）

14.20.1　方法原理

硫化氢与锌离子生成硫化锌沉淀，在酸性条件下被碘氧化，过量的碘用硫代硫酸钠溶液反滴定，计算出硫化氢含量。

14.20.2　试剂与设备

1. 吸收液：取 20 g 乙酸锌溶于水，加 10 ml 冰乙酸，加水稀释至 1 000 ml。

2. 碘标准溶液$\left[c\left(\frac{1}{2}I_2 = 0.005\ mol/L\right)\right]$：吸取 10.00 ml 0.1 mol/L 溶液于 200 ml 容量瓶中，用水稀释至标线，摇匀。

3. 硫代硫酸钠标准溶液[$c(Na_2S_2O_3=0.005$ mol/L)]：吸取 50 ml 标定后的 0.1 mol/L 硫代硫酸钠标准溶液于 1 000 ml 容量瓶中，用新煮沸后冷却的水稀释至标线（配制与标定见空气中二氧化硫分析方法）。

4. 淀粉溶液：配制见空气中二氧化硫分析方法。

14.20.3 操作方法

将玻璃筛板吸收瓶装入 5.0 ml 吸收液，以 0.5～1.0 L/min 流量采样 30 min。采样后将吸收液移入 250 ml 碘量瓶中，用少量吸收液洗涤吸收瓶 1～2 次，洗液并入碘量瓶中，加入与吸收液等体积的水，25.00 ml 0.005 mol/L 碘标准溶液和 2 ml 盐酸，盖上盖子，混匀。置暗处 5 min，用 0.005 mol/L 硫代硫酸钠标准溶液滴定至浅黄色，加入 2 ml 淀粉溶液，继续滴定至蓝色刚好消失，记下消耗体积 V，另外取等体积吸收液按同样方法做空白滴定，记下消耗体积 V_0。

14.20.4 结果计算

$$\text{空气中硫化氢含量（}H_2S\text{，mg/m}^3\text{）}=\frac{(V_0-V)\times c\times 17.00}{V_{0S}}\times 1\,000$$

式中：V_0——滴定空白溶液消耗硫代硫酸钠标准溶液体积，ml；

V——滴定样品溶液消耗硫代硫酸钠标准溶液体积，ml；

c——硫代硫酸钠标准溶液的摩尔浓度，mol/L；

V_{0S}——换算成标准装态下的采样体积，L；

17.00——相当于 1 L 1 mol/L 硫代硫钠标准溶液的硫化氢$\left(\frac{1}{2}H_2S\right)$的质量，g。

14.20.5 注意事项

1. 当有其他还原性物质共存时，需将样品溶液过滤。并用含 10%吸收液的水洗涤吸收瓶及滤纸 3～4 次，把带有沉淀的滤纸放入碘量瓶中，用玻璃棒捣碎，加 50 ml 水及 25 ml 0.005 mol/L 碘溶液。按上法用硫代硫酸钠标准溶液滴定。

2. 若采样环境温度高（锅炉烟气），采样时应将吸收瓶置于冷水或冰水中。

14.21 空气中氯含量的测定（碘量法）

14.21.1 方法原理

氯被氢氧化钠溶液吸收，生成次氯酸钠，用盐酸酸化，释放出游离氯。游离氯再氧化碘化钾生成碘，用硫代硫酸钠溶液滴定，计算出氯的含量。

14.21.2　试剂与设备

1. 吸收液：称取 4 g 氢氧化钠溶于水，移入 1 000 ml 容量瓶中，稀释至标线，摇匀。

2. 2:1 盐酸。

3. 5 g/L 淀粉溶液。

4. 碘化钾。

5. 0.1 mol/L 硫代硫酸钠标准溶液（配制与标定方法见二氧化硫分析方法）。

6. 0.01 mol/L 硫代硫酸钠标准溶液（配制与标定方法见二氧化硫分析方法）。

7. 气体采样装置。

8. 玻璃筛板吸收瓶。

9. 250 ml 碘量瓶。

14.21.3　操作方法

串连 2 个分别装有 30 ml 吸收液的玻璃筛板吸收瓶，以 0.5～1.0 L/min 流量采气 10 min。采样后，将第二个吸收瓶的吸收液倒入第一个吸收瓶中，用吸收液洗涤第二个吸收瓶 1～2 次，将洗涤液并入第一个吸收瓶中，加吸收液至 125 ml，摇匀。用大肚吸管吸取 25.00 ml 吸收液于 250 ml 碘量瓶中，加等体积的水，加入 2 g 碘化钾，摇动溶解后，加入 5 ml 2:1 的盐酸溶液，混匀，塞紧，于暗处放置 5 min，用 0.01 mol/L 硫代硫酸钠标准溶液滴定至淡黄色，加入 5 g/L 的淀粉溶液，继续用 0.01 mol/L 硫代硫酸钠标准溶液滴定至蓝色刚好消失为止，记下消耗体积 V；另吸取 25.00 ml 吸收液，加等体积水，用同样的操作方法做空白滴定，记下消耗的硫代硫酸钠体积为 V_0。

14.21.4　结果计算

$$\text{空气中氯气含量（}Cl_2\text{，mg/L）}=\frac{(V_0-V)\times c_{Na_2S_2O_3}\times 35.5\times V_{总}}{V_{0S}\times V_1}\times 1\,000$$

式中：V_0——所取空白溶液消耗硫代硫酸钠标准溶液体积，ml；

V——所取样品溶液消耗硫代硫酸钠标准溶液体积，ml；

$c_{Na_2S_2O_3}$——硫代硫酸钠标准溶液的摩尔浓度，mol/L；

$V_{总}$——样品溶液总体积，ml；

V_1——分析时所取样品溶液体积，ml；

V_{0S}——换算成标准状态下的采样体积，L；

35.5——相当于 1 L 1 mol/L 硫代硫酸钠标准溶液的氯气 $\left(\frac{1}{2}Cl_2\right)$ 的质量，g。

14.21.5 注意事项

1. 氯气有水蒸气存在下，生成盐酸和次氯酸，具有很强的腐蚀性，因此，采样管应用玻璃或聚四氟乙烯塑料制作。

2. 空气中存在氧化性气体时，对分析有干扰。

14.22 空气中氯化氢的分析（硫氰酸汞比色法）

14.22.1 方法原理

氯离子与硫氰酸汞作用，置换出硫氰酸根与高铁离子反应而显血红色，比色定量。

14.22.2 试剂与设备

1. 吸收液：称取 4 g 优质纯氢氧化钠溶于水中，稀释至 1 000 ml，混匀。

2. 硫氰酸汞—乙醇溶液：称取 0.4 g 硫氰酸汞（用乙醇重结晶的）溶于 100 ml 无水乙醇中，保存于棕色瓶中，放置 1 周后将上清液吸至另一试剂瓶中使用。

3. 120 g/L 硫酸高铁铵溶液：称取 12 g 硫酸高铁铵溶于 100 ml 6 mol/L 硝酸溶液中，如有沉淀应过滤。

4. 氯化氢贮备液：准确称取 0.204 4 g 经 105 ℃干燥过的氯化钾，用少量水溶解后，移入 1 000 ml 容量瓶中，加水稀释至标线，摇匀。此溶液 1 ml 含 0.1 mg 氯化氢。

5. 氯化氢标准溶液：准确吸取上述贮备液 10.00 ml 于 100 ml 容量瓶中，用吸收液稀释至刻度，摇匀。此溶液 1 ml 含 10 μg 氯化氢。

6. 硝酸。

7. 无水乙醇。

14.22.3 操作方法

1. 标准曲线的绘制

取 9 支 25 ml 比色管，按表 14-14 配制标准色列。

表 14-14 氯化氢标准色列

管号	0	1	2	3	4	5	6	7	8
标准溶液/ml	0.00	0.50	1.00	1.50	2.00	2.50	3.00	3.50	4.00
吸收液/ml	5.00	4.50	4.00	3.50	3.00	2.50	2.00	1.50	1.00
氯化氢含量/μg	0	5	10	15	20	25	30	35	40

于各管中加入 1 ml 12%的硫酸高铁铵溶液，混匀，再加 1.00 ml 硫氰酸汞溶液，10 ml 无水乙醇，混匀。放置 15～30 min，在波长 460 nm 处，用 2 cm 比色皿，以试剂空白作参比，测定吸光度，根据吸光度相对应的氯化氢浓度绘制标准曲线。

2. 样品分析

串连 2 支玻璃筛板吸收瓶，内盛 30 ml 0.1 mol/L 氢氧化钠吸收液，与取样装置连接好，以 0.5 L/min 的流速采气 30 min。采样后，将第二吸收瓶的吸收液倒入第一吸收瓶，用吸收液洗涤第二吸收瓶 2～3 次，洗涤液并入第一吸收瓶，用吸收液稀释至 100 ml 标线，摇匀。吸取 5 ml 样品溶液于比色管中，以下操作同标准曲线的绘制。

14.22.4 结果计算

$$\text{氯化氢（HCl，mg/m}^3\text{）} = \frac{m \times V_1}{V_{0S} \times V_2}$$

式中：m——样品溶液含氯化氢的量，μg；

V_1——样品溶液总体积，ml；

V_2——分析时所取样品溶液的体积，ml；

V_{0S}—换算成标准状态下的采样体积，ml。

14.22.5 注意事项

1. 当空气中含有其他卤化物、硫化物和氰化物等时对测定有干扰。

2. 硫氰酸汞的制备：称取 5 g 硝酸汞，溶于 200 ml 0.5 mol/L 硝酸中，加 3 ml 硫酸高铁铵溶液，在充分搅拌下，滴加 40 g/L 的硫氰化钾溶液，至溶液呈微橙红色为止。生成的硫氰酸汞白色沉淀用玻璃砂漏斗过滤，沉淀用水以倾注法充分洗涤，风干或在 60 ℃真空干燥箱内干燥。保存于棕色瓶中。

14.23 空气中甲醛的分析

14.23.1 方法原理

在高铁离子存在下，甲醛与酚试剂氧化产物反应生成蓝色化合物。根据颜色深浅，用分光光度法测定。

14.23.2 试剂与仪器

1. 吸收液：称取 0.1 g 酚试剂[3-甲基-苯并噻唑啉酮腙盐酸盐水合物，$C_6H_4SN(CH_3)C{:}NNH_2 \cdot HCl$，简称 MBTH] 溶于水中，稀释至 100 ml，即为吸收原液，贮存于棕色瓶中。在冰箱中可以稳定 3 天。采样时取 5 ml 原液加入 95 ml 水，摇匀，即为吸收液。

2. 10 g/L 硫酸高铁铵溶液：称取 1.0 g 硫酸高铁铵，用 0.1 mol/L 的盐酸溶液溶解，并稀释至 100 ml。

3. 甲醛标准溶液：量取 10 ml 36%～38%（体积比浓度）甲醛，用水稀释至 500 ml，用碘量法标定甲醛溶液浓度。使用时，先用水稀释成每毫升含 10 μg 甲醛的溶液，然后立即吸取 10.00 ml 此稀释溶液于 100 ml 容量瓶中，加入 5.0 ml 吸收原液，再用水稀释至标线。此溶液每毫升含 1.00 μg 甲醛。放置 30 min 后，用此溶液配制标准色列，此标准溶液可稳定 24 h。

标定方法：吸取 5.00 ml 甲醛溶液于 250 ml 碘量瓶中加入 40 ml 0.1 mol/L 碘溶液，立即加入 300 g/L 氢氧化钠溶液，至颜色褪至淡黄色。放置 10 min，用 1:5 的稀盐酸酸化（做空白滴定时需多加 2 ml）。置暗处放置 10 min。加入 100～150 ml 水，用 0.1 mol/L 硫代硫酸钠标准溶液滴定至淡黄色，加入 5 ml 新配制的淀粉指示剂，继续滴定至蓝色刚刚褪去。另取 5 ml 水，按上述方法进行空白滴定。

按下式计算甲醛溶液浓度：

$$\text{甲醛溶液浓度（mg/ml）} = \frac{(V_0 - V)\times c\times 15.00}{5.00}$$

式中：V_0——滴定空白溶液时消耗硫代硫酸钠标准溶液体积，ml；

V——滴定甲醛标准溶液时消耗硫代硫酸钠标准溶液体积，ml；

c——硫代硫酸钠标准溶液的摩尔质量浓度，mol/L；

15.0——相当于 1 L 1 mol/L 硫代硫酸钠标准溶液的甲醛$\left(\frac{1}{2}CH_2O\right)$的质量，g。

14.23.3 操作方法

1. 绘制标准曲线

取 8 支 10 ml 比色管（10 ml 容量瓶），按表 14-15 配制标准色列。

表 14-15 甲醛标准色列

管号	0	1	2	3	4	5	6	7
甲醛溶液/ml	0	0.10	0.20	0.40	0.60	0.80	1.00	1.50
吸收液/ml	5.00	4.90	4.80	4.60	4.40	4.20	4.00	3.50
甲醛含量/μg	0	0.10	0.20	0.40	0.60	0.80	1.00	1.50

然后向各管中加入 10 g/L 硫酸高铁铵溶液 0.4 ml，摇匀。在室温下（8～35 ℃）显色 20 min。在波长 630 nm 处，用 1 cm 比色杯，以水为参比，测定吸光度。以吸光度对甲醛含量绘制标准曲线。

2. 样品分析

用 1 个内装有 5.00 ml 吸收液的大型气泡吸收管，连接好采样泵，以 0.5 L/min 的流量，采集 10 L 气体样品。采样后，将样品溶液移入比色管中，用少量吸收液洗涤吸收管，洗涤液并入比色管，使总体积为 5.00 ml，室温下（8～35 ℃）放置 80 min，以下操作同标准曲线的绘制。

14.23.4　结果计算

$$\text{甲醛（mg/m}^3\text{）}=\frac{m}{V_{0S}}$$

式中：m——空气样品中甲醛含量，μg；

V_S——标准状态下采取空气样品的体积，L。

14.23.5　注意事项

1. 绘制标准曲线时与样品测量时温差不能太大，尽可能做到一致。

2. 标定甲醛时，在摇动下逐滴加入 30%的氢氧化钠溶液，至颜色明显减褪，再摇动片刻，待褪成淡黄色，放置后应褪至无色。若碱量加入过多，则 5 ml 1:5 的盐酸溶液不足以使溶液酸化。

3. 当与二氧化硫共存时，会使结果偏低。二氧化硫产生的干扰可以在采样时使气体先通过装有硫酸锰滤纸的过滤器即可排除。

14.24　空气中汞的分析（金膜富集—冷原子吸收分光光度法）

14.24.1　方法原理

用金膜微粒富集管在常温下可以富集空气中的微量汞，生成金汞齐。采样后加热到 500 ℃以上，将金汞齐上的汞定量地释放出来，被载气带入测汞仪内，利用汞蒸气对波长 253.7 nm 紫外光的吸收作用，用冷原子分光光度法测定。

14.24.2　仪器与试剂

1. 50 ml 汞蒸气发生管。

2. 干燥管，内装无水氯化钙。

3. 金膜微粒汞富集采样管（简称富集管）：内径为 5 mm，长 170 mm 的石英管，中间装有 10 mm 长的金膜微粒（约 0.45 g），两端用石英棉塞紧。该管对汞的饱和吸收量为 1 μg。也可购买商品汞富集石英管使用。

4. 汞蒸气尾气净化器，含碘活性炭管。

5. 汞富集解吸器。
6. 空气采样器，流量 0～1 L/min。
7. 冷原子吸收测汞仪。
8. 记录仪。
9. 硫酸溶液：$c\left(\frac{1}{2}H_2SO_4\right)=0.2$ mol/L，用优级纯硫酸配制。

10. 300 g/L 氯化亚锡溶液；称取 30 g 氯化亚锡（$SnCl_2 \cdot 2H_2O$）于 150 ml 烧杯中，加入 25 ml 浓盐酸，加热至全部溶解后，用水稀释至 100 ml，以 1 L/min 的流量通入纯氮气，以除去本底汞。

11. 氯化汞标准贮备液：称取 1.354 0 g 氯化汞（$HgCl_2$），溶于 0.05 mol/L 硫酸溶液中，移入 1 000 ml 容量瓶中，用 0.05 mol/L 硫酸溶液稀释至刻度，此溶液每毫升含 1 000 μg 汞。

12. 氯化汞标准使用溶液：临用前，用 0.05 mol/L 硫酸溶液将氯化汞标准贮备液逐级稀释为每毫升含 0.1 μg 汞的标准使用液。

14.24.3 操作方法

1. 绘制工作曲线

（1）取 6 支试管按表 14-16 配制标准系列。

表 14-16 氯化汞标准系列

管号	0	1	2	3	4	5
氯化汞标准使用液/ml	0	0.10	0.30	0.50	0.70	1.00
0.2 mol/L 硫酸/ml	5.00	4.90	4.70	4.50	4.30	4.00
汞含量/μg	0	0.010	0.030	0.050	0.070	0.100

（2）富集。依次将各管溶液移入汞蒸气发生瓶，使汞蒸气发生瓶与富集管连接，富集管插入汞富集解析器的富集孔内，将气路开关拨到富集档，富集时间调至 2 min，然后在汞蒸气发生瓶内加入 30 g/L 氯化亚锡溶液 0.30 ml，立即按下启动开关，仪器即自动进行富集，2 min 后自动停止。

（3）解吸。取下富集管，将其插入解吸孔内，将气路开关拨到解吸档。解吸时间调到 25 s（根据气温等因素控制时间在 20～30 s）。按下启动开关，仪器将自动进行加温解析，可在记录仪上得到一个峰值，以峰高对汞含量（μg）绘制工作曲线。

2. 样品分析

将加热除汞处理的富集管连接在空气采样器上，使富集管处于直立位置，进气口朝下，以 1 L/min 的流量采集 60～100 min，采样后两端用滴管帽封闭，带回实验室处理。将采集好的富集管取下两端的滴管帽，插入汞富集解吸器的解吸孔内，按工作曲线绘制的解吸方法进行操作，测定样品中汞含量。

14.24.4 结果计算

$$\text{汞（Hg，mg/m}^3\text{）}=\frac{m}{V_{0S}}$$

式中：m——样品中测得的汞含量，μg；

V_{0S}——标准状态下采样体积，L。

14.24.5 注意事项

1. 采样前，应将富集管在汞富集解吸器上加热解吸 1 次，以除去本底或残存的汞和其他干扰物质，当记录仪回到基线时，表示富集管已净化，立即将两端用滴管帽封住。

2. 富集管中金膜微粒的制备方法：称取 0.2 g 氯金酸（$HAuCl_4 \cdot 3H_2O$）溶于 50 ml 水中，加入 50～60 目的石英砂 5.0 g，搅拌均匀，在沸水浴上蒸干，然后装在石英管中，在管状电炉内加热到 800 ℃以上灼烧，同时吹入净化的空气，使金酸分解，在石英砂颗粒表面形成金膜薄层，然后放入干燥器中冷却，装瓶备用。

3. 金膜富集法采样流量不宜过大，1 L/min 的流量其吸附效率可达到 100%；1.5 L/min 为 95%；2.0 Lmin 为 90%。

4. 富集管解吸器若市场购买困难，可以参照活性炭测氡解析炉的形式自己动手制作。

14.25 一氧化碳的测定（检气管法）

14.25.1 方法原理

一氧化碳将五氧化二碘氧化成游离的碘，碘与三氧化硫作用，生成绿色络合物，根据变色长度，确定一氧化碳含量。

14.25.2 仪器与试剂

1. 检气管（市场购买）。
2. 100 ml 注射器。
3. 聚乙烯塑料采气袋或球胆。
4. 双联球（鼓气泡）。
5. 秒表。

14.25.3 操作方法

1. 检气管的标定方法

预先制备 0.05%的一氧化碳标准气体。取 5 支检气管，用 100 ml 注射器分别吸取 0、10 ml、25 ml、50 ml 和 100 ml 0.05%一氧化碳标准气体。用不含一氧化碳的空气稀释成 100 ml，则一氧化碳浓度分别为 0、62.5 mg/m^3、156.2 mg/m^3、312.5 mg/m^3 和 625.0 mg/m^3。将上述气体分别以一定速度分别注入 5 支检气管中，3 min 后测其变色长度，以浓度（mg/m^3）对变色长度（mm）绘制标准曲线。

2. 样品分析

用采气袋或球胆按气体采样方法在现场采取样品，注射器用样品气体冲洗 3 次，然后准确量取 100 ml 气体样品，用细的乳胶管连接已将两端锉断的检气管，按一定的速度将气体样品小心地通过过滤管注入检气管中。3 min 后在检气管的刻度上直接读出一氧化碳的浓度（mg/m^3）。

14.25.4 注意事项

1. 检气管的变色长度与温度和注入样品气体的速度有关，所以，测定时应严格按说明书的要求进行操作。

2. 二氧化碳、二氧化硫不干扰测定，硫化氢和浓度为 0.1%（体积比浓度）以下的乙烯通过保护胶对测定无影响或影响很小。一氧化氮可使指示胶变色，可用铬酸—硫酸浸泡过的硅胶制成的过滤管除去。

3. 一氧化碳可以用甲酸分解制备。

14.26 灰尘自然沉降量测定

14.26.1 方法原理

大气中的灰尘（包括烟尘）自然沉降在集尘缸内，经蒸发，干燥，称量处理后，以重量法测定沉降尘的量。其测定结果以每月每平方公里上沉降的吨数[即 t/（km^2 •月）]表示。

14.26.2 试剂与仪器

1. 酸洗石棉。
2. 0.1%硫酸铜溶液。
3. 20%甲醇或乙醇水溶液。

4. 集尘缸，内径 15 cm，高 30 cm 的圆筒型玻璃缸，可在外面套一个聚乙烯型塑料套。

5. 古氏坩埚。

6. 50 ml 瓷蒸发皿。

7. 分析天平，感量 0.1 mg。

8. 烧杯、抽滤瓶、抽水泵、抽滤垫及胶皮管。

9. 500 ml 量筒。

10. 2.4 kW 电热板。

11. 多孔水浴锅。

14.26.3　操作方法

向清洗好的集尘缸中加入 300～500 ml 蒸馏水，并用塑料盖或塑料膜盖好缸口（带到采样地点后取下），放置在不受外界因素影响的地点，同时记录地点、时间及周围环境的详细地理位置。一般放置 30 天左右，将集尘缸取回实验室（在取回时其缸口必须盖好）。

1. 非水溶性降尘量的测定

首先用小镊子将落入集尘缸内的树叶、小虫等取出，并用蒸馏水仔细冲洗附着在异物上的细小尘粒。开启抽水泵，在抽滤条件下，将集尘缸内的样品溶液分次小心倒入已恒重的古氏坩埚内，用定量滤纸擦下缸壁上的尘粒，同时用水仔细冲洗，直到将全部尘粒转移至古氏坩埚内。抽干。将古氏坩埚放入 105 ℃烘箱烘干，并称之恒重。

2. 水溶性降尘量的测定

将以上抽滤瓶中滤液转移至 500 ml 量筒中，并用水冲洗滤瓶数次，洗涤水并入量筒，再加水至 500 ml，用玻璃棒搅拌均匀。如果滤液体积大于 500 ml，可先将滤液转移至 1 000 ml 烧杯中，在电热板上小心蒸发，蒸发至溶液体积小于 500 ml，再转入量筒中，其操作同前。从 500 ml 滤液中准确量取 200 ml，分次倒入已恒重的瓷蒸发皿中，在水浴锅中蒸发至干，之后于 105 ℃的烘箱内烘干至恒重为止。

14.26.4　结果计算

1. 非水溶性降尘量测定结果计算

$$m_1 = \frac{(W_1 - W_2)}{s \times n} \times 30$$

式中：m_1——非水溶性降尘量，吨/（平方公里 • 月）；

W_1——非水溶性降尘及古氏坩埚（带有酸性石棉）的重量，g；

W_2——古氏坩埚（带有酸性石棉）的重量，g；

S——集尘缸缸口圆面积，m^2；

n——采样天数。

2. 水溶性降尘量测定结果计算

$$m_2=\frac{(W_1'-W_2'')}{S\times n}\times 20\times 2.5$$

式中：m_2——水溶性降尘量，吨/（平方公里·月）；

W_1'——水溶性降尘及瓷蒸发皿重量，g；

W_2''——瓷蒸发皿重量，g；

S——集尘缸缸口圆面积，m^2；

n——采样天数。

14.26.5 注意事项

1. 对于同一样品所使用的古氏坩埚、量筒、烧杯和瓷蒸发皿等，编号必须一致，并与集尘缸的编号相同。

2. 采样点附近不应有高大的建筑物，并且不受局部污染源影响。

3. 集尘缸放置距离地面的高度应在 3～30 m。如放在屋顶，应距屋顶 1.0～1.5 m，以避免屋面扬尘影响。

4. 在绿化条件好的清洁地区，选择对照测量点，用以对比。

参考文献

［1］马荣骏. 湿法炼铜新技术［M］. 长沙：湖南科学技术出版社，1985.

［2］陈家镛. 湿法冶金手册［M］. 北京：冶金工业出版社，2005.

［3］陈仕安. 细菌浸出在我国铀矿采冶领域中的应用及前景［J］. 铀矿冶，1999，(4)：255-261.

［4］王清良，胡凯光，刘迎九，等. 伊宁铀矿 512 矿床地浸中细菌代替双氧水初步试验研究［J］. 铀矿冶，1999，(4)：262-268.

［5］唐泉，雷泽勇，符辰湛. 堆浸雾化布液与滴淋布液的比较［J］. 金属矿山，2006，(4)：23-25.

［6］二机部环保教材编写组. 核工业环境保护（上册）［M］. 北京：原子能出版社，1982.

［7］孙淑媛，孙龄高，殷齐西，等. 矿石及有色金属分析手册［M］. 北京：冶金工业出版社，1990.

［8］李远功. 郴州地区建材天然放射性水平及其剂量估算［J］. 铀矿冶，2009，28（2）：103-105.

［9］李远功，周业荣. 搞好化学计量工作为提高企业经济效益服务［J］. 航空计测技术，1994，(2)：39-42.

［10］李远功. 用坑道污水配制铀矿石堆浸淋浸剂的实践［J］. 铀矿冶，2004，(4)：215-216.

［11］李远功. 环境土壤样品中微量钍的测定［J］. 铀矿冶，2010，29（3）：164-166.

［12］李远功. 长江水系 ^{210}Po 放射性水平［M］// 李振平. 长江水系放射性水平调查及评价：1984. 北京：原子能出版社，1988：47-50.

［13］李远功. 活性二氧化锰吸附法测定水中总α［J］. 环保通讯，1982（1）：49-51.